中国气象灾害年鉴

（2020）

中国气象局

中国气象灾害年鉴

Yearbook of Meteorological Disasters in China

内容简介

本年鉴是中国气象局主要业务产品之一。全书共分为六章，第一章重点描述和分析 2019 年重大气象灾害和异常气候事件；第二章按灾种分析年内对我国国民经济产生较大影响的干旱、暴雨洪涝、台风、冰雹与龙卷、沙尘暴、低温冷冻害和雪灾、雾和霾、雷电、高温热浪等发生的特点、重大事例，并对其影响进行了评估；第三、四章分别从月和省（区、市）的角度概述气象灾害的发生情况；第五章分析 2019 年全球气候特征、重大气象灾害；第六章介绍 2019 年中国气象局防灾减灾重大事例。附录给出气象灾害灾情统计资料和月、季、年气候特征分布图以及港澳台地区的部分气象灾情。本书比较全面地总结分析了 2019 年我国气象灾害特点及其影响，可供从事气象、农业、水文、地质、地理、生态、环境、保险、人文、经济和社会其他行业以及灾害风险评估管理等方面的业务、科研、教学和管理决策人员参考。

图书在版编目（CIP）数据

中国气象灾害年鉴. 2020 / 中国气象局编著. -- 北京 : 气象出版社, 2021.11
ISBN 978-7-5029-7587-6

Ⅰ. ①中… Ⅱ. ①中… Ⅲ. ①气象灾害－中国－2020－年鉴 Ⅳ. ①P429-54

中国版本图书馆CIP数据核字(2021)第214402号

出版发行：气象出版社
地　　址：北京市海淀区中关村南大街 46 号　　**邮政编码**：100081
电　　话：010-68407112(总编室)　010-68408042(发行部)
网　　址：http://www.qxcbs.com　　**E-mail**：qxcbs@cma.gov.cn
责任编辑：张　斌　　**终　　审**：吴晓鹏
责任校对：张硕杰　　**责任技编**：赵相宁
封面设计：王　伟
印　　刷：北京中科印刷有限公司
开　　本：889 mm×1194 mm　1/16　　**印　　张**：14
字　　数：402 千字
版　　次：2021 年 11 月第 1 版　　**印　　次**：2021 年 11 月第 1 次印刷
定　　价：200.00 元

中国气象灾害年鉴(2020)

序　言

气象灾害是指由气象因素直接或间接引起的，给人类生产、生活和经济社会发展运行造成损失的现象。20 世纪 90 年代以来，在全球变暖背景下，气象灾害呈明显上升趋势，对经济社会发展的影响日益加剧，给国家安全、经济社会、生态环境以及人类健康带来了严重威胁。随着我国社会经济的快速发展，气象灾害的风险越来越大，影响范围也越来越广。因此，必须把加强防灾减灾作为重要的战略任务，坚决贯彻习近平总书记关于防灾减灾救灾和气象工作的重要指示精神，不断提高气象服务水平和服务手段，加强气象灾害的监测、分析、预报、预警能力，为我国经济社会可持续发展提供科技支撑。

气象灾害信息是气象服务的重要组成部分，也是气象灾害预测与评估的基础资料。中国气象局立足于经济社会发展，为适应提高防灾抗灾能力、保护人民生命财产安全和构建和谐社会的需求，发挥气象部门优势，从 2005 年开始组织国家气候中心、国家气象中心、中国气象科学研究院、国家卫星气象中心以及各省（区、市）气象局共同编撰出版《中国气象灾害年鉴》。《中国气象灾害年鉴》为研究自然灾害的演变规律、时空分布特征和致灾机理等提供了宝贵的基础信息，为开展灾害风险综合评估、科学预测和预防气象灾害提供了有价值的参考。

2019 年，暴雨过程多，但暴雨洪涝灾害总体偏轻；台风生成多，登陆强度总体偏弱，仅“利奇马”灾损重；高温日数多，区域性特征明显；区域性和阶段性干旱明显，但灾害损失偏轻；强对流天气过程偏少，损失偏轻；低温冷冻害及雪灾显著偏轻；春季北方沙尘天气少，影响偏轻。全年，全国因气象灾害及其次生、衍生灾害导致约 1.4 亿人次受灾，死亡和失踪 828

人，其中死亡735人；农作物受灾面积1925.7万公顷，绝收面积280.2万公顷；直接经济损失3179.9亿元。总体来看，2019年气象灾害直接经济损失比1990—2018年平均值偏多，死亡（含失踪）人数和受灾面积均明显少于1990—2018年平均值。综合来看，2019年气象灾害为偏轻年份。

《中国气象灾害年鉴（2020）》系统地收集、整理和分析了2019年我国所发生的干旱、暴雨洪涝、台风、冰雹和龙卷、沙尘暴、低温冷冻害和雪灾等主要气象灾害及其对国民经济和社会发展的影响，还收录了港澳台地区的部分气象灾情及全球重大气象灾害；给出全年主要气象灾害灾情图表、主要气象要素和天气现象特征分布图。希望通过本年鉴对2019年气象灾害的总结分析，能为有关部门加强防灾减灾工作和减少气象灾害损失提供帮助。

中国气象局副局长

余　勇

编写说明

一、资料来源

本年鉴气象资料来自我国各级气象部门的气象观测整编资料、天气气候情报分析、气候影响评估报告，灾情数据主要来源于应急管理部等部门会商核定的数据以及地方各级应急管理部门上报的数据。

二、气象灾害收录标准

1. 干旱

干旱指因一段时间内少雨或无雨，降水量较常年同期明显偏少而致灾的一种气象灾害。干旱影响到自然环境和人类社会经济活动的各个方面。干旱导致土壤缺水，影响农作物正常生长发育并造成减产；干旱造成水资源不足，人畜饮水困难，城市供水紧张，制约工农业生产发展；长期干旱还会导致生态环境恶化，甚者还会导致社会不稳定进而引发国家安全等方面的问题。

本年鉴收录整理的干旱标准为一个省（自治区、直辖市）或约 5 万平方千米以上的某一区域，发生持续时间 20 天以上，并造成农业受灾面积 10 万公顷以上，或造成 10 万以上人口生活、生产用水困难的干旱事件。

2. 暴雨洪涝

暴雨洪涝指长时间降水过多或区域性持续的大雨（日降水量 25.0～49.9 毫米）、暴雨以上强度降水（日降水量大于等于 50.0 毫米）以及局地短时强降水引起江河洪水泛滥，冲毁堤坝、房屋、道路、桥梁，淹没农田、城镇等，引发地质灾害，造成农业或其他财产损失和人员伤亡的一种灾害。

华西秋雨是我国华西地区秋季（9—11 月）连阴雨的特殊天气现象。秋季频繁南下的冷空气与暖湿空气在该地区相遇，使锋面活动加剧而产生较长时间的阴雨天气。华西秋雨的降水量虽然少于夏季，但持续降水也易引发秋汛。华西秋雨主要涉及的行政区域包括湖北、湖南、重庆、四川、贵州、陕西、宁夏、甘肃等 6 省 1 市 1 区。

本年鉴收录整理的暴雨洪涝标准为某一地区发生局地或区域暴雨过程，并造成洪水或引发泥石流、滑坡等地质灾害，使农业受灾面积超过 5 万公顷，或造成死亡 10 人以上，或造成直接经济损失 1 亿元以上的灾害过程。

3. 台风

热带气旋是生成于热带或副热带洋面上，具有有组织的对流和确定的气旋性环流的非锋面性涡旋的统称，分为热带低压、热带风暴、强热带风暴、台风、强台风和超强台风六个等级。热带气旋底层中心附近最大平均风速达到 10.8～17.1 米/秒（风力 6～7 级）为热带低压，达到 17.2～24.4 米/秒（风力 8～9 级）为热带风暴，达到 24.5～32.6 米/秒（风力 10～11 级）为强热带风暴，达到 32.7～41.4 米/秒（风力 12～13 级）为台风，达到 41.5～50.9 米/秒（风力

14～15级)为强台风,达到或大于51.0米/秒(风力16级或以上)为超强台风。热带气旋尤其是达到台风强度的热带气旋具有很强的破坏力,狂风会掀翻船只、摧毁房屋和其他设施,巨浪能冲破海堤,暴雨能引发山洪。在我国,通常将热带风暴及以上强度的热带气旋统称为"台风"。

本年鉴收录整理的台风标准为中心附近最大风力大于等于8级,且对我国造成10人以上死亡或直接经济损失1亿元以上的热带气旋。

4. 冰雹和龙卷风

冰雹是指从发展强盛的积雨云中降落到地面的冰球或冰块,其下降时巨大的动量常给农作物和人身安全带来严重危害。虽然冰雹出现的范围小、时间短,但来势猛、强度大,常伴有狂风骤雨,因此往往给局部地区的农牧业、工矿企业、电信、交通运输以及人民生命财产造成较大损失。龙卷风是一种范围小、生消迅速,一般伴随降雨、雷电或冰雹的猛烈涡旋,是一种破坏力极强的小尺度风暴。

本年鉴收录整理的冰雹和龙卷风标准为在某一地区出现的风雹过程,使农业受灾面积1000公顷以上或造成3人以上死亡的灾害过程。

5. 沙尘暴

沙尘暴指由于强风将地面大量尘沙吹起,使空气浑浊,水平能见度小于1千米的天气现象。水平能见度小于500米为强沙尘暴,水平能见度小于50米为特强沙尘暴。沙尘暴是干旱地区特有的一种灾害性天气。强风摧毁建筑物、树木等,甚至造成人畜伤亡;流沙埋没农田、渠道、村舍、草场等,使北方脆弱的生态环境进一步恶化;沙尘中的有害物及沙尘颗粒造成环境污染,危害人们的身体健康;恶劣的能见度影响交通运输,并间接引发交通事故。

本年鉴收录整理的沙尘暴标准是沙尘暴以上等级,并且造成3人及以上死亡的灾害过程。

6. 低温冷(冻)害和雪(白)灾

低温冷(冻)害包括低温冷害、霜冻害和冻害。低温冷害是指农作物生长发育期间,因气温低于作物生理下限温度,影响作物正常生长发育,引起农作物生育期延迟,或使生殖器官的生理活动受阻,最终导致减产的一种农业气象灾害。霜冻害指在农作物、果树等生长季节内,地面最低温度降至0℃以下,使作物受到伤害甚至死亡的农业气象灾害。冻害一般指冬作物和果树、林木等在越冬期间遇到0℃以下(甚至－20℃以下)或剧烈降温天气引起植株体冰冻或丧失一切生理活力,造成植株死亡或部分死亡的现象。雪灾指由于降雪量过大,使蔬菜大棚、房屋被压垮,植株、果树被压断,或对交通运输及人们出行造成影响,导致人员伤亡或经济损失的现象。白灾是草原牧区冬、春季由于降雪量过大或积雪过厚,加上持续低温,雪层维持时间长,积雪掩埋牧场,影响牲畜放牧采食或不能采食,造成牲畜饿冻或因而染病,甚至发生大量死亡的一种灾害。

本年鉴收录整理的低温冷(冻)害和雪(白)灾标准为影响范围1万平方千米以上并造成农业受灾面积1000公顷以上,或造成2人以上死亡,或造成死亡牲畜1万头(只)以上,或造成经济损失100万元以上的灾害过程。

7. 雾和霾

雾是指近地层空气中悬浮大量小水滴或冰晶的乳白色集合体,使水平能见度降到1千米以下的天气现象。雾使能见度降低会造成水、陆、空交通灾难,也会对输电、人们日常生活等造成影响。

霾是一种对视程造成障碍的天气现象，大量极细微的干尘粒等均匀地浮游在空中，使水平能见度小于10千米，造成空气普遍浑浊。由于霾发生时，气团稳定，污染物不易扩散，严重威胁人体健康。

本年鉴收录整理的雾、霾标准为影响范围1万平方千米以上，持续时间2小时以上，并因雾、霾造成2人以上死亡，或造成经济损失100万元以上的灾害过程。

8. 雷电

雷电是在雷暴天气条件下发生于大气中的一种长距离放电现象，具有大电流、高电压、强电磁辐射等特征。雷电多伴随强对流天气产生，常见的积雨云内能够形成正、负的荷电中心，当聚集的电量足够大时，形成足够强的空间电场，异性荷电中心之间或云中电荷区与大地之间就会发生击穿放电，这就是雷电。雷电可能导致人员伤亡，建筑物、供配电系统、通信设备、民用电器的损坏，引起森林火灾，造成计算机信息系统中断，致使仓储、炼油厂、油田等燃烧甚至爆炸，危害人民财产和人身安全，同时也严重威胁航空、航天等运载工具的安全。

本年鉴所收集整理的雷电灾害事件标准为雷击死亡3人及以上的灾害过程。

9. 高温热浪

本年鉴将日最高气温大于或等于35℃定义为高温日；连续5天以上的高温过程称为持续高温或“热浪”天气。高温热浪对人们日常生活和健康影响极大，使与热有关的疾病发病率和死亡率上升；加剧土壤水分蒸发和作物蒸腾作用，加速旱情发展；导致水、电需求量猛增，造成能源供应紧张。

本年鉴收录整理的高温热浪标准为对人体健康、社会经济等产生较大影响的高温热浪过程。

10. 农业气象灾害

农业气象灾害是指不利的气象条件给农业生产造成的危害。农业气象灾害按气象要素可分为单因子和综合因子两类。由温度要素引起的农业气象灾害，包括低温造成的霜冻害、冬作物越冬冻害、冷害、热带和亚热带作物寒害以及高温造成的热害；由水分因子引起的有旱害、涝害、雪害和雹害等；由风力异常造成的农业气象灾害，如大风害、台风害、风蚀等；由综合气象要素引起的农业气象灾害，如干热风、冷雨害、冻涝害等。此外，广义的农业气象灾害还包括畜牧气象灾害（如白灾、黑灾、暴风雪等）和渔业气象灾害等。

本年鉴收集整理的农业气象灾害标准为对农作物生长发育、产量形成造成不利影响，导致作物减产、品质降低、农田或农业设施损毁等影响较大的灾害过程或事件。

11. 病虫害

病虫害是农业生产中的重大灾害之一，是虫害和病害的总称，它直接影响作物产量和品质。虫害指作物生长发育过程中，遭到有害昆虫的侵害，使作物生长和发育受到阻碍，甚至造成枯萎死亡；病害指植物在生长过程中，遇到不利的环境条件，或者某种寄生物侵害，而不能正常生长发育，或是器官组织遭到破坏，表现为植物器官上出现斑点、植株畸形或颜色不正常，甚至整个器官或全株死亡与腐烂等。

本年鉴收录整理的病虫害标准为与气象条件相关的，造成受灾面积100万公顷以上的病虫害。

三、港澳台地区灾情

全国气象灾情统计数据未包含香港、澳门特别行政区和台湾省。港澳台地区的部分灾情摘录于新闻媒体。

四、主要灾情指标解释

受灾人口

本行政区域内因自然灾害遭受损失的人员数量(含非常住人口)。

因灾死亡人口

以自然灾害为直接原因导致死亡的人员数量(含非常住人口)。

因灾失踪人口

以自然灾害为直接原因导致下落不明,暂时无法确认死亡的人员数量(含非常住人口)。

紧急转移安置人口

因自然灾害造成不能在现有住房中居住,需由政府进行安置并给予临时生活救助的人员数量(含非常住人口)。包括受自然灾害袭击导致房屋倒塌、严重损坏(含应急期间未经安全鉴定的其他损坏房)造成无房可住的人员;或受自然灾害风险影响,由危险区域转移至安全区域,不能返回家中居住的人员。安置类型包含集中安置和分散安置。对于台风灾害,其紧急转移安置人口不含受台风灾害影响从海上回港但无需安置的避险人员。

因旱饮水困难需救助人口

因旱灾造成饮用水获取困难,需政府给予救助的人员数量(含非常住人口)。具体包括以下情形:①日常饮水水源中断,且无其他替代水源,需通过政府集中送水或出资新增水源的;②日常饮水水源中断,有替代水源,但因取水距离远取水成本增加,现有能力无法承担需政府救助的;③日常饮水水源未中断,但因旱造成供水受限,人均用水量连续15天低于35升,需政府予以救助的。因气候或其他原因导致的常年饮水困难的人口不统计在内。

农作物受灾面积

因灾减产1成以上的农作物播种面积,如果同一地块的当季农作物多次受灾,只计算一次。农作物包括粮食作物、经济作物和其他作物,粮食作物是稻谷、小麦、薯类、玉米、高粱、谷子、其他杂粮和大豆等作物的总称,经济作物是棉花、油料、麻类、糖料、烟叶、茶叶、水果等作物的总称,其他作物是蔬菜、青饲料、绿肥等作物的总称。

农作物成灾面积

农作物受灾面积中,因灾减产3成以上的农作物面积。

农作物绝收面积

农作物受灾面积中,因灾减产8成以上的农作物面积。

倒塌房屋

因灾导致房屋整体结构塌落,或承重构件多数倾倒或严重损坏,必须进行重建的房屋数量。以具有完整、独立承重结构的一户房屋整体为基本判定单元(一般含多间房屋),以自然间为计算单位;因灾遭受严重损坏,无法修复的牧区帐篷,每顶按3间计算。

损坏房屋

包括严重损坏和一般损坏房屋两类。严重损坏房屋指因灾导致房屋多数承重构件严重破坏或部分倒塌，需采取排险措施、大修或局部拆除的房屋数量。一般损坏房屋指因灾导致房屋多数承重构件轻微裂缝，部分明显裂缝；个别非承重构件严重破坏；需一般修理，采取安全措施后可继续使用的房屋间数。以自然间为计算单位，不统计独立的厨房、牲畜棚等辅助用房、活动房、工棚、简易房和临时房屋；因灾遭受严重损坏，需进行较大规模修复的牧区帐篷，每顶按3间计算。

直接经济损失

受灾体遭受自然灾害后，自身价值降低或丧失所造成的损失。直接经济损失的基本计算方法是受灾体损毁前的实际价值与损毁率的乘积。

目 录

概　述

2019 年，中国年平均气温 10.3℃，较常年（9.6℃）偏高 0.7℃（图 1）；5 月接近常年同期，其余各月均偏高，4 月、9 月分别为 1961 年以来同期第二高和第三高。中国平均年降水量 645.5 毫米，比常年（629.9 毫米）偏多 2.5%，较 2018 年（673.8 毫米）偏少 4.2%，为 2012 年以来连续第 8 个多雨年（图 2）。1—4 月、7—8 月、10 月和 12 月降水量均偏多，2 月偏多 32%；9 月和 11 月降水量偏少，11 月较常年少 28%；5 月和 6 月接近常年同期。

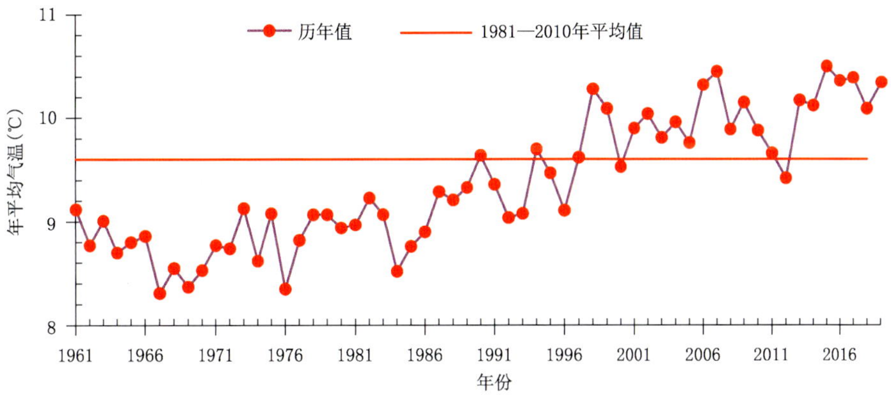

图 1　1961—2019 年全国年平均气温

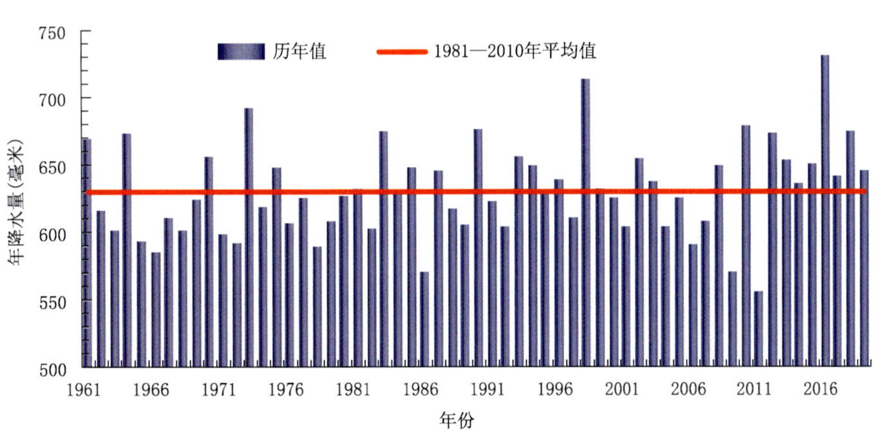

图 2　1961—2019 年全国平均年降水量

2019 年，我国台风、暴雨洪涝、干旱、强对流、低温冷冻害和雪灾、沙尘暴等气象灾害均较常年偏轻。台风生成多，登陆强度总体偏弱，仅“利奇马”灾损重；暴雨过程多，但暴雨洪涝灾害总体较常年偏轻；高温日数多，区域性特征明显；区域性和阶段性干旱明显，但灾害损失偏轻；强对流天气过程偏少，损失偏轻；低温冷冻害及雪灾显著偏轻；春季北方沙尘天气少，影响偏轻。

2019 年，全国因气象灾害及其次生、衍生灾害导致约 1.4 亿人次受灾，死亡（含失踪）828 人，其中死亡 735 人;农作物受灾面积 1925.7 万公顷,绝收面积 280.2 万公顷;直接经济损失 3179.9 亿元(图 3)。总体来看,2019 年气象灾害直接经济损失比 1990—2018 年平均值偏多,死亡(含失踪)人数和受灾面积均明显少于 1990—2018 年平均值。综合来看,2019 年气象灾害为偏轻年份。

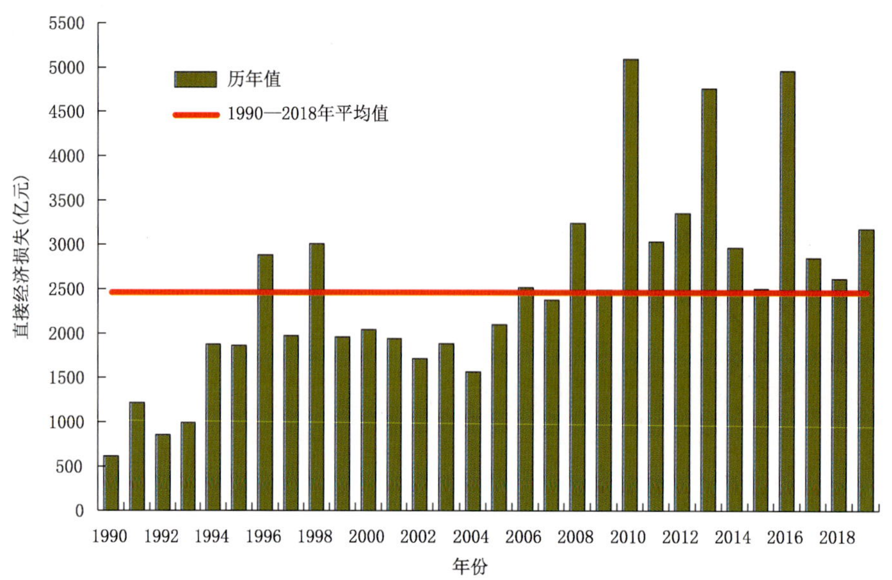

图 3　1990—2019 年全国气象灾害直接经济损失

图 4 给出 2019 年全国主要气象灾害各项损失占总损失的比例。直接经济损失中,暴雨洪涝灾害占比最高,为 60.5%,其次为热带气旋,然后为干旱和局地强对流。死亡人口、绝收面积和倒塌房屋方面,暴雨洪涝灾害占比均为最高,分别为 79.5%、47.2%、84.4%;受灾人口和受灾面积方面,干旱占比最高,分别为 44%和 40.7%,其次为暴雨洪涝灾害。

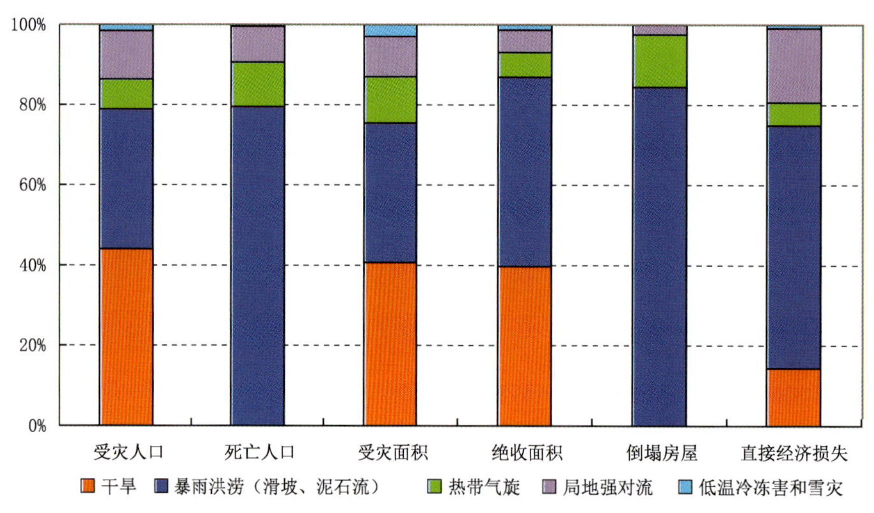

图 4　2019 年全国主要气象灾害各项损失指标比例

与 2018 年相比,2019 年暴雨洪涝灾害造成的直接经济损失和死亡人数均偏多。热带气旋、低温冷冻害和雪灾的直接经济损失和死亡人数均较少(图 5)。

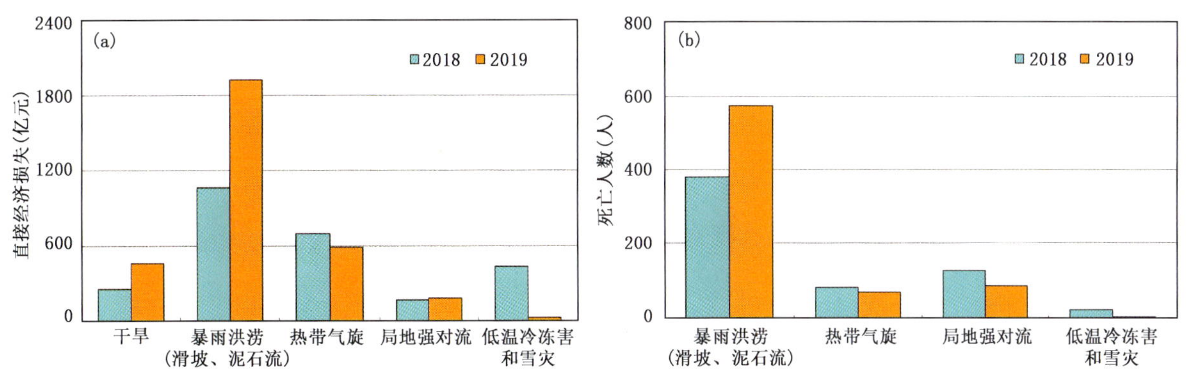

图 5　2019 年全国主要气象灾害直接经济损失(a)和死亡人数(b)与 2018 年比较

2019 年主要气象灾害概述：

干旱　2019 年，中国干旱受灾 783.8 万公顷，较 1990—2018 年平均明显偏小，为 1990 年以来第二少值(图 6)。2019 年，我国旱情比常年偏轻，但区域性和阶段性干旱明显。年内，华北、黄淮、江淮等地出现阶段性春旱，云南遭遇春夏连旱，长江中下游地区遭遇严重伏秋连旱。

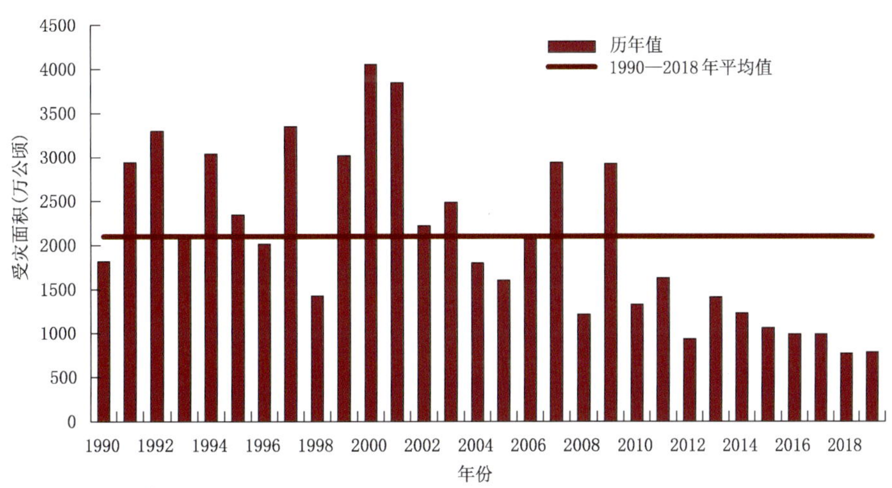

图 6　1990—2019 年全国干旱受灾面积

暴雨洪涝(及其引发的滑坡和泥石流)　2019 年，全国共出现 43 次暴雨过程，较常年(39 次)偏多 4 次，没有发生大范围流域性暴雨洪涝灾害。全国暴雨洪涝受灾面积 668.0 万公顷，死亡 573 人，直接经济损失 1922.7 亿元，与 1990—2019 年平均相比，受灾面积、死亡或失踪人数均偏少，直接经济损失略大(图 7)。总体来看，2019 年属暴雨洪涝灾害略偏轻年份。夏季，全国共出现 13 次暴雨过程，造成多地江河水位上涨，农田渍涝、城市内涝严重。

6—7 月，江南、华南大范围降水区域叠加，灾情较重。强降雨及其叠加效应造成浙江、福建、江西、湖南、广东、广西、重庆、贵州等地遭受洪涝及滑坡、泥石流等灾害。8 月，西南地区局地出现强降水过程，灾情较重，造成汶川等地出现山体滑坡和泥石流等灾害。

2019 年华西秋雨开始偏早 4 天，结束偏晚 29 天。秋雨期间，华西大部地区降水量较常年同期偏多 2～5 成，部分地区偏多 5 成以上；降水日数较常年同期偏多，陕西南部、四川中部、重庆西北部等地偏多 8～12 天，局地偏多 12 天以上。受强降雨影响，陕西、四川、重庆、贵州、甘肃等地部分河流水位上涨、农田被淹、城镇出现严重内涝，局地还遭受滑坡、泥石流等灾害，造成人员伤亡和财产损失，四川、重庆灾害影响重。

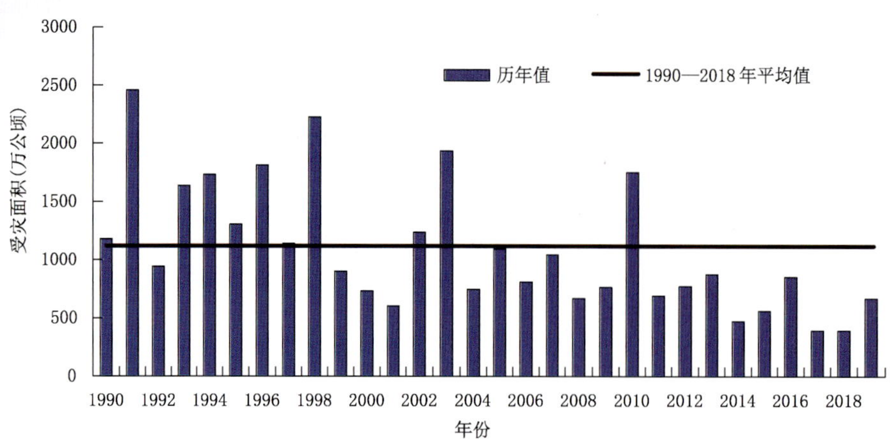

图 7　1990—2019 年全国暴雨洪涝(滑坡、泥石流)受灾面积

热带气旋(台风)　2019 年,西北太平洋和南海共有 29 个台风(中心附近最大风力≥8 级)生成,较常年(25.5 个)偏多 3.5 个,其中 6 个登陆我国,较常年(7.2 个)偏少 1.2 个。初台登陆时间较常年偏晚 8 天,终台登陆时间偏早 5 天。登陆台风强度总体偏弱,但超强台风"利奇马"致灾严重。2019 年台风共造成 74 人死亡和失踪,直接经济损失 588.7 亿元。与 1990—2018 年平均值相比,2019 年台风导致的死亡人数偏少,但造成的直接经济损失偏大。总体而言,2019 年热带气旋灾情偏重(图 8)。

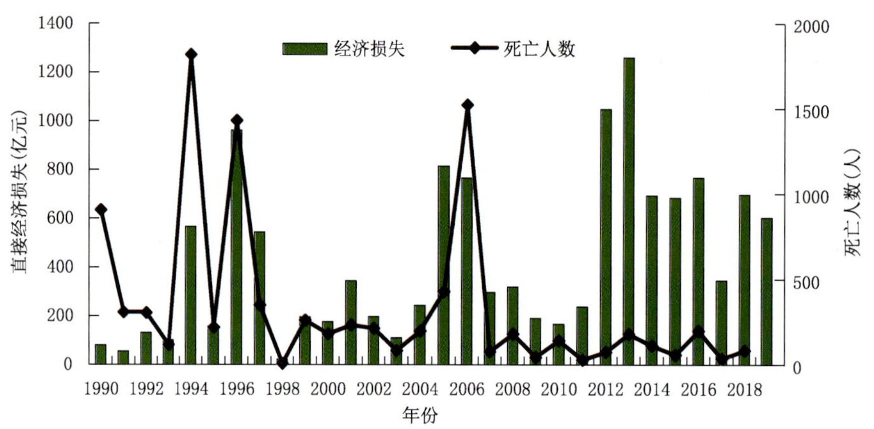

图 8　1990—2019 年全国热带气旋直接经济损失和死亡人数

低温冷冻害和雪灾　2019 年,全国低温冷冻害和雪灾共造成农业受灾面积 58.6 万公顷,绝收 3.6 万公顷,直接经济损失 27.7 亿元。与近 10 年平均(180.7 亿元)相比,经济损失显著偏轻,属低温冷冻害及雪灾偏轻年份。年初青海雪灾频发;1 月南方多地遭受低温冷冻害和雪灾;2 月中旬北方出现大范围降雪,多地遭受低温冷冻害;1—2 月南方出现罕见低温阴雨天气;12 月云南遭受低温冷冻灾害。

沙尘暴　2019 年,我国共出现了 12 次沙尘天气过程,10 次出现在春季(3—5 月)。2019 年春季我国北方沙尘过程总次数接近 2000 年以来历史同期平均(11.1 次);沙尘首发时间较常年偏晚,较 2018 年偏晚 39 天;沙尘日数较常年同期偏少。全年沙尘天气产生的影响总体偏轻。

第 1 章　重大气象灾害和气候事件

1.1　1—2 月南方地区出现罕见阴雨寡照天气

1—2 月，江南大部、华南北部等地降水量较常年同期普遍偏多 5 成至 1 倍，局地偏多 2 倍，浙江、江西降水量均为 1961 年以来历史同期第二多值；江淮南部、江南、华南北部及贵州东南部降水日数较常年同期偏多 8～12 天，日照时数偏少 5 成以上，江苏、安徽、湖北、浙江、上海 5 省(市)日照时数均为 1961 年以来历史同期最少值。持续阴雨寡照对南方地区农业生产、交通运输、电力供应、人体健康等造成一定的影响。

1.2　2 月中旬北方降雪覆盖 1/7 国土面积

2 月中旬，北方地区出现冬季范围最大的降雪过程，近七分之一的国土面积出现降雪。华北、黄淮及内蒙古中东部等地出现 1～6 厘米积雪，北京怀柔、河南焦作等地最大积雪深度达 10～13 厘米。青海玉树州、果洛州等地冬季多次出现降雪过程，玛多最大积雪深度达 22 厘米，杂多最大积雪深度达 19 厘米，发生雪灾。当地政府启动应急预案，调动多方力量进行救援。大雪造成青海玉树、海西、果洛 13.1 万人受灾，100 余万头(只)牲畜觅食困难，死亡牲畜 2 万多头(只)。

1.3　7 月初辽宁开原遭遇罕见强龙卷袭击

7 月 3 日 17—18 时，辽宁省开原市西部出现罕见强龙卷天气，最大强度达四级(相当于 EF4，最大风速大于 74 米/秒)。强龙卷所经之处部分房屋倒塌，大树和电线杆折断，小汽车被抛到空中，造成一定数量人员伤亡，经济损失严重。

1.4　云南温高雨少遭受严重春夏连旱

3—6 月，西南南部、华北东部和南部、黄淮大部、江淮大部等地气温较常年同期偏高 1～2℃，降水量偏少 3～8 成。温高雨少导致上述大部地区出现阶段性气象干旱，森林火险等级偏高，北京、河北、山西、四川、云南等地相继发生森林火灾。其中，云南省平均降水量较常年同期偏少 42%，为历史同期最少值；全省平均气温偏高 1.6℃，为历史同期第二高值；有 24 个县(市)日最高气温达到或突破历史最大值，元江(31 天)、景洪(30 天)、元谋(29 天)等 6 县(市)连续高温日数突破历史极值。长时间温高雨少导致云南出现严重春夏连旱。

1.5 长江中下游地区发生严重伏秋连旱

7月21日至11月26日，湖北、湖南、江西、江苏、安徽、浙江、福建7省区域平均降水量为251.1毫米，较常年同期(428.1毫米)偏少4成，为1961年以来同期最少值，其中湖北、江西均为1961年以来同期最少值，安徽、福建为第二少值。同时，7省大部地区气温较常年同期偏高1～2℃，湖北东部偏高2～4℃，湖北、湖南、江西和安徽平均气温均为1961年以来同期最高值。长时间雨少温高导致长江中下游地区发生严重伏秋连旱。干旱造成部分农作物减产或绝收，江河湖库水位明显下降，鄱阳湖水域面积比常年同期偏少5成，提前进入枯水期。

1.6 华南出现1961年以来最长前汛期

华南前汛期于3月9日开始，较常年偏早28天，为1961年以来开汛第四早年；结束于7月26日，偏晚22天；前汛期为140天，偏长48天，为1961年以来最长的前汛期。华南前汛期雨量为1084毫米，比常年偏多51%，为1961年以来第二多值。6月6—13日，福建、广东中东部、广西北部等地累计降水量普遍有100～250毫米，其中广西桂林雨量达832毫米。7月3—10日，华南北部再次出现强降雨过程，累计降水量超过100毫米，福建北部等地有250～400毫米。强降雨及叠加效应导致福建、广东、广西等地遭受洪涝、滑坡、泥石流等灾害，广西、广东灾情较为严重。

1.7 华西秋雨期明显偏长雨日偏多

华西地区8月27日进入秋雨期，较常年偏早4天，11月30日结束，较常年晚29天，秋雨期明显偏长；秋雨期累计降水量271.7毫米，较常年同期偏多34%。华西大部降水日数较常年同期偏多，陕西南部、四川中部、重庆西北部等地偏多8～12天，局地偏多12天以上。受强降雨影响，陕西、四川、重庆、贵州、甘肃等地部分江河水位上涨、农田被淹、城镇出现严重内涝，局地还遭受山洪、泥石流等灾害，造成人员伤亡和财产损失。

1.8 连续强降水致贵州水城发生“7·23”特大山体滑坡

7月1—23日，贵州省六盘水市水城县鸡场镇坪地村累计雨量288.9毫米，其中19日(49毫米)、20日(37.1毫米)和23日(98毫米)出现了3次强降雨过程。连续强降雨导致土壤含水量饱和，致使该地7月23日21时20分发生了特大滑坡灾害，共造成21幢房屋被埋，52人死亡(含失踪)。灾害发生后，当地政府立即启动Ⅰ级应急响应，紧急组织公安、消防、卫生、气象等部门联合开展抢险救援。

1.9 2019年台风生成多登陆少强度偏弱

2019年，西北太平洋和南海共有29个台风(中心附近最大风力≥8级)生成，较常年(25.5个)偏多3.5个，其中6个登陆我国，较常年(7.2个)偏少1.2个。登陆我国的6个台风中，除“利奇马”登陆时为超强台风级别外，其余5个为热带风暴或强热带风暴级别；平均登陆强度为27.4米/秒(10级)，明显低于常年(30.7米/秒)。另外，秋季西北太平洋和南海共生成16个台风，占2019年台风总生成数的55%，比常年同期（10.8个）多5.2个；11月生成6个，与1991年11月并列为1949年以来同期最多。

1.10 超强台风"利奇马"严重影响华东地区

超强台风"利奇马"于8月10日、11日相继在浙江温岭市沿海、山东青岛市黄岛区、山东昌邑登陆，之后一路北上至华北、东北等地。"利奇马"是1949年以来登陆我国大陆的第五强台风，在登陆浙江的台风中强度排名第三。受其影响，8月9—15日，江南东部、江淮东部、黄淮东部、华北东部、东北东部等地累计降水量50～250毫米，浙江和山东局地超过400毫米；有46县（市）日降水量达极端事件标准，19县（市）突破历史极值；温岭局地风力超过17级。由于风雨强度大，造成了严重的人员伤亡和经济损失。

第2章　气象灾害分述

2.1　干旱

2.1.1　基本概况

2019 年，全国平均降水量 645.5 毫米，较常年偏多 2.5%，比 2018 年偏少 4.2%，为 2012 年以来连续第 8 个多雨年。1—4 月、7—8 月、10 月和 12 月降水量均偏多，2 月偏多 32%；9 月和 11 月降水量偏少，11 月偏少 28%；5 月和 6 月接近常年同期。

2019 年，全国共有 17 个省（区、市）降水量较常年偏多，黑龙江偏多 43%，为 1961 年以来最多值，宁夏偏多 30%；14 个省（区、市）降水量偏少，河南偏少 31%，为历史次少值，湖北偏少 25%（图 2.1.1）。

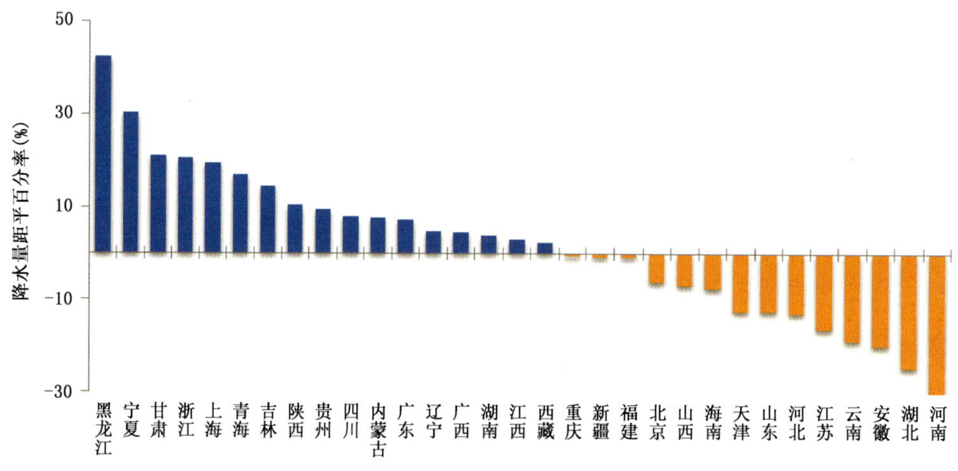

图 2.1.1　2019 年各省（区、市）平均年降水量距平百分率

Fig. 2.1.1　Percentage of annual precipitation anomalies in different provinces of China in 2019（unit：%）

2019 年，我国旱情比常年偏轻，但区域性和阶段性干旱明显。受旱面积较大或旱情较重的省份有山西、湖北、安徽、云南等。年内，华北、黄淮、江淮等地出现阶段性春旱，云南遭遇严重春夏连旱，长江中下游地区遭遇严重伏秋连旱（表 2.1.1）。

2019 年，全国农作物受旱面积 783.8 万公顷，绝收面积 111.4 万公顷；受旱面积较常年少 1658.7 万公顷（图 2.1.2）。山西、湖北、安徽 3 省因旱绝收面积占全国因旱绝收面积的 52.5%。2019 年全国因旱造成 6030.2 万人受灾，其中饮水困难 560.2 万人；直接经济损失 457.4 亿元。

表 2.1.1 2019 年我国主要干旱事件简表

Table 2.1.1 List of major drought events over China in 2019

时间	地区	程度	旱情概况
3 月上旬至 4 月上旬	华北、黄淮、江淮等地出现阶段性春旱	西北地区东部、华北、黄淮大部降水量不足 10 毫米，加上同期气温偏高，气象干旱持续发展，陕西中部、山西中部和西南部、河南北部、山东中西部等地出现特旱	华北大部、西北地区东南部、黄淮西部和北部、江淮大部、江汉北部等地森林火险等级偏高
4 月上旬至 6 月下旬	云南遭遇严重春夏连旱	云南平均降水量较常年同期偏少 42.9%，为 1961 年以来同期最少值；平均气温偏高 1.9℃，为历史同期最高值	干旱造成部分河道断流、水库干涸，逾 30 万人饮水困难，春耕生产和人民生活受到影响
7 月下旬至 11 月中旬	长江中下游地区遭遇严重伏秋连旱	湖北、湖南、江西、江苏、安徽、浙江、福建 7 省平均降水量 246.2 毫米，较常年同期（417.8 毫米）偏少 4 成，为 1961 年以来同期最小值；平均气温较常年同期偏高 1.4℃，为历史同期最高值	伏秋连旱给湖北、湖南、江西、江苏、安徽、浙江、福建 7 省农业生产造成较大影响，旱区部分农作物受灾；江河湖库水位明显下降，鄱阳湖水域面积比常年同期偏少 5 成，提前进入枯水期；森林火险等级偏高，旱区火点个数较常年同期偏多

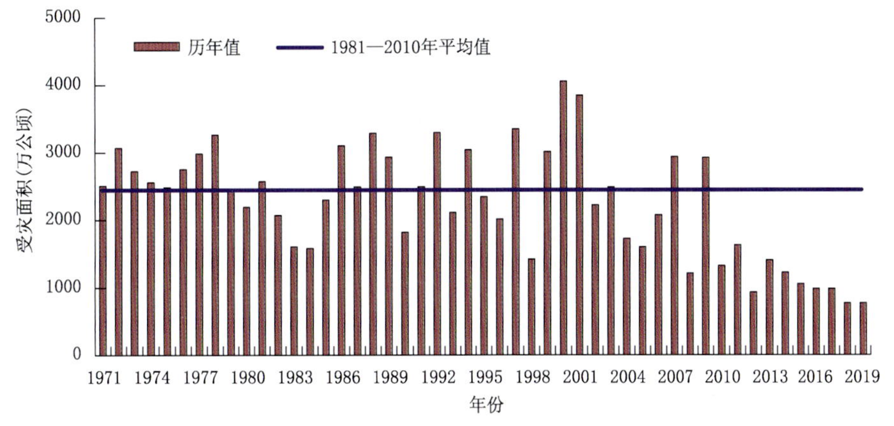

图 2.1.2 1971—2019 年全国干旱受灾面积

Fig. 2.1.2 Drought areas in China during 1971—2019(unit: 10^4 hm^2)

2019 年不同季节主要旱区分布如图 2.1.3 所示，冬季气象干旱主要出现在西南、华北以及广东等省；春季气象干旱主要出现在东北、华北、黄淮、江淮、江汉、西南、西北地区东部、江南北部以及广西等省（区）；夏季，华北、黄淮、江淮、西南、江南北部、江汉以及内蒙古、辽宁、吉林、西藏、新疆等省（区）发生不同程度的气象干旱；秋季，黄淮、江淮、江汉、江南、华南以及河北、四川、云南等省（区）出现气象干旱。2019 年干旱日数超过 50 天的地区主要出现在华北中部和南部、黄淮、江淮、江南北部和东部以及四川南部、云南大部、陕西东部等地（图 2.1.4）。

2.1.2 主要旱灾事例

1. 华北、黄淮、江淮等地出现阶段性春旱

3 月至 4 月上旬，西北地区东部、华北、黄淮大部降水量不足 10 毫米，加上同期气温偏高，气象干旱持续发展，陕西中部、山西中部和西南部、河南北部、山东中西部等地出现特旱；4 月中旬，长江

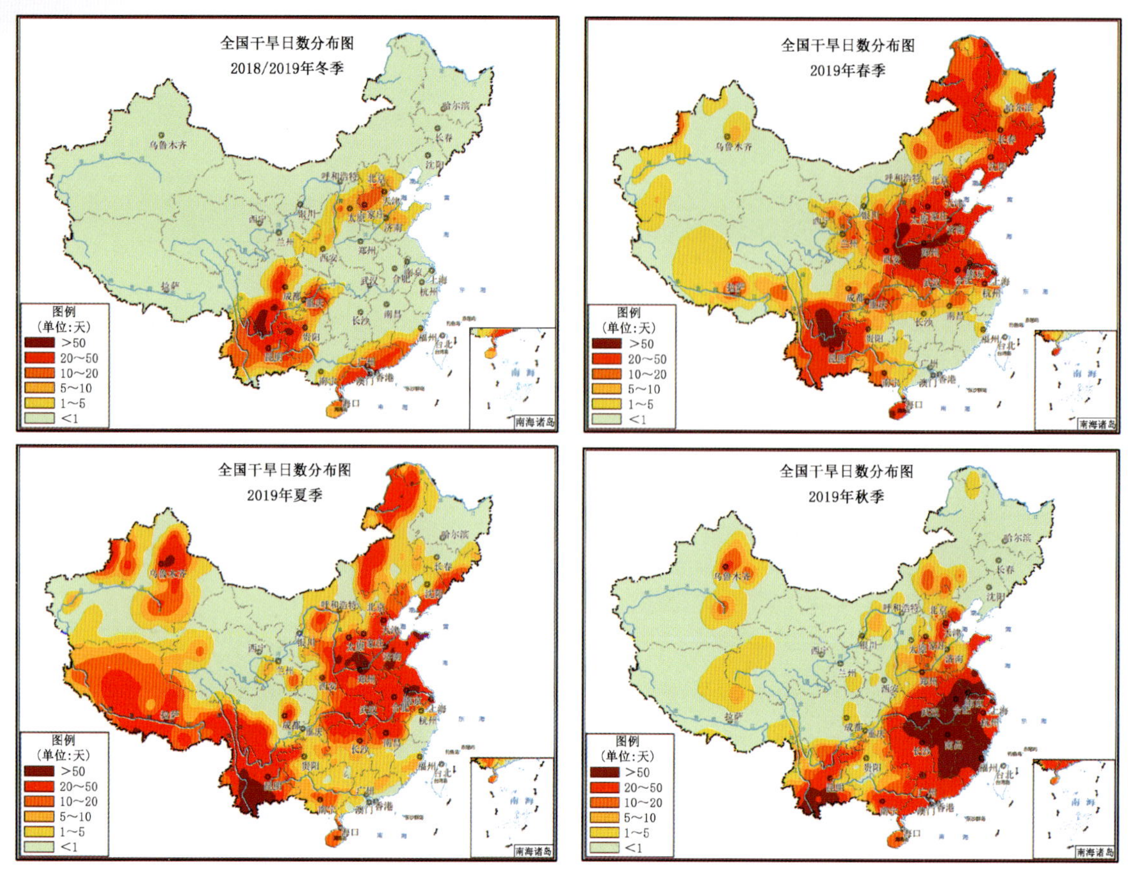

图 2.1.3　2019 年不同季节主要干旱区

Fig. 2.1.3　Sketch of major droughts over China in 2019(unit:d)

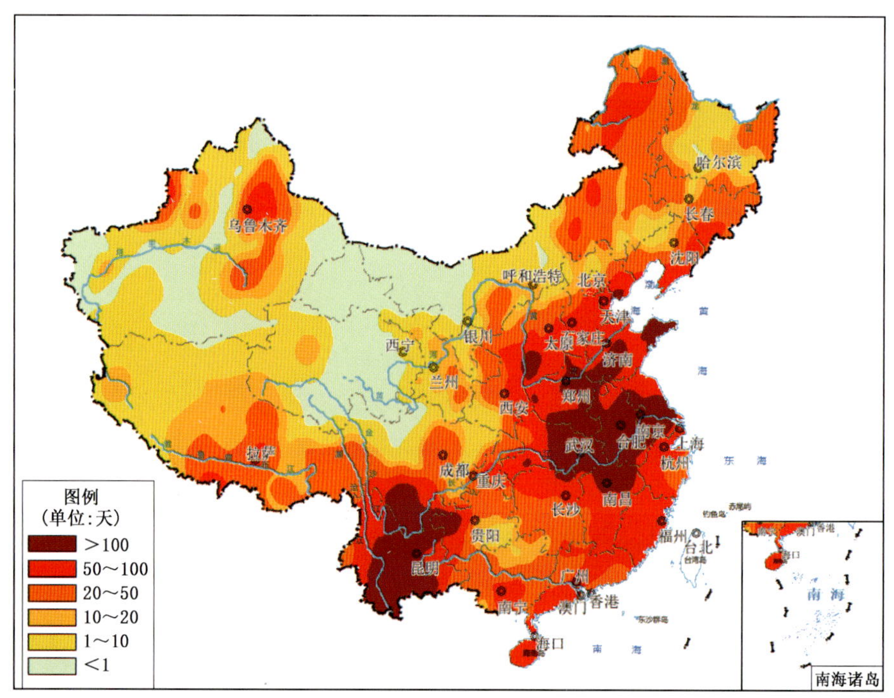

图 2.1.4　2019 年全国中旱以上干旱日数分布

Fig. 2.1.4　Distribution of median drought and more severe drought days of China in 2019(unit:d)

及其以北地区出现大范围降水过程，旱情明显缓和。5月，山东、河南、江苏和安徽平均降水量35.9毫米，较常年同期偏少54.7%，黄淮和江淮地区气象干旱再次发展；6月初，该区域出现大范围降水过程，气象干旱逐步缓和(图2.1.5)。受干旱影响，华北大部、西北地区东南部、黄淮西部和北部、江淮大部、江汉北部等地森林火险等级偏高。

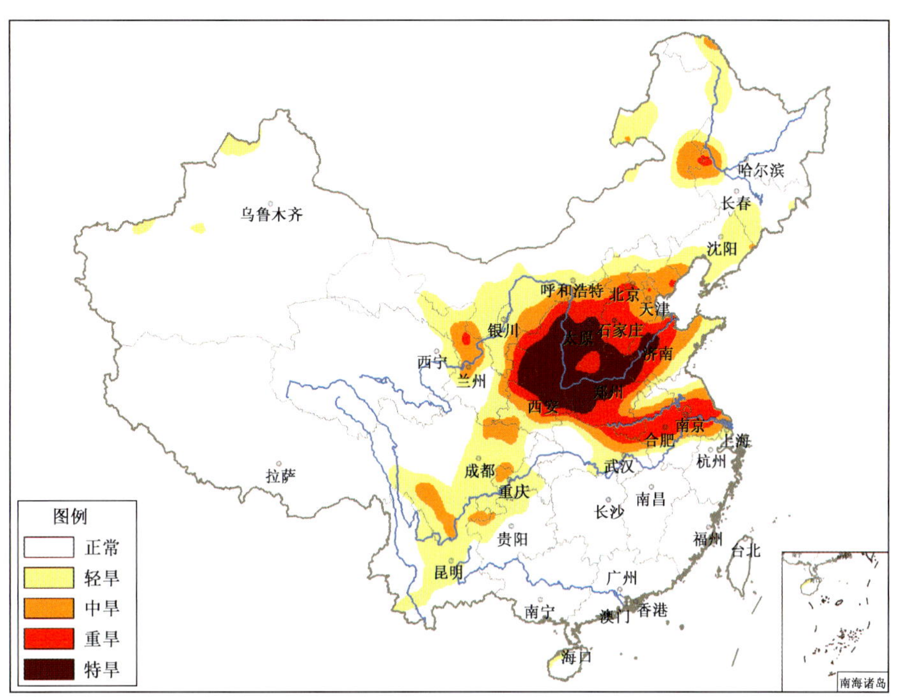

图2.1.5　2019年4月10日全国气象干旱综合监测图
Fig. 2.1.5　Drought monitoring in China on April 10, 2019

2. 云南遭遇严重春夏连旱

4—6月，云南平均降水量较常年同期偏少42.9%，为1961年以来同期最少值；平均气温较常年偏高1.9℃，为历史同期最高值。高温少雨导致云南大部发生严重干旱，气象干旱范围和强度为近20年同期最强(图2.1.6)，造成部分河道断流、水库干涸。云南省旱灾峰值时170余万人因旱需生活救助，春耕生产和人民生活受到影响。

3. 长江中下游地区遭遇严重伏秋连旱

7月下旬至11月中旬，湖北、湖南、江西、江苏、安徽、浙江、福建7省平均降水量246.2毫米，较常年同期(417.8毫米)偏少4成，为1961年以来同期最少值；平均气温较常年同期偏高1.4℃，为历史同期最高值。长时间雨少温高导致长江中下游地区发生严重伏秋连旱，尤其是9月至10月上旬，气象干旱迅速发展(图2.1.7)。此后，长江中下游地区气象干旱有所缓和，但11月上中旬再度呈持续发展态势。11月下旬，长江中下游大部分地区出现5～25毫米降水，湖北和湖南局地超过25毫米，气象干旱逐步缓解。

伏秋连旱给上述7省农业生产造成较大影响，旱区部分农作物受灾；江河湖库水位明显下降，鄱阳湖水域面积比常年同期偏少5成，提前进入枯水期；森林火险等级偏高，旱区火点个数较常年同期偏多。旱灾峰值时湖北、湖南、江西、安徽4省因旱需救助人数达650万人，直接经济损失182亿元，分别占全国旱灾总数的51%和40%。

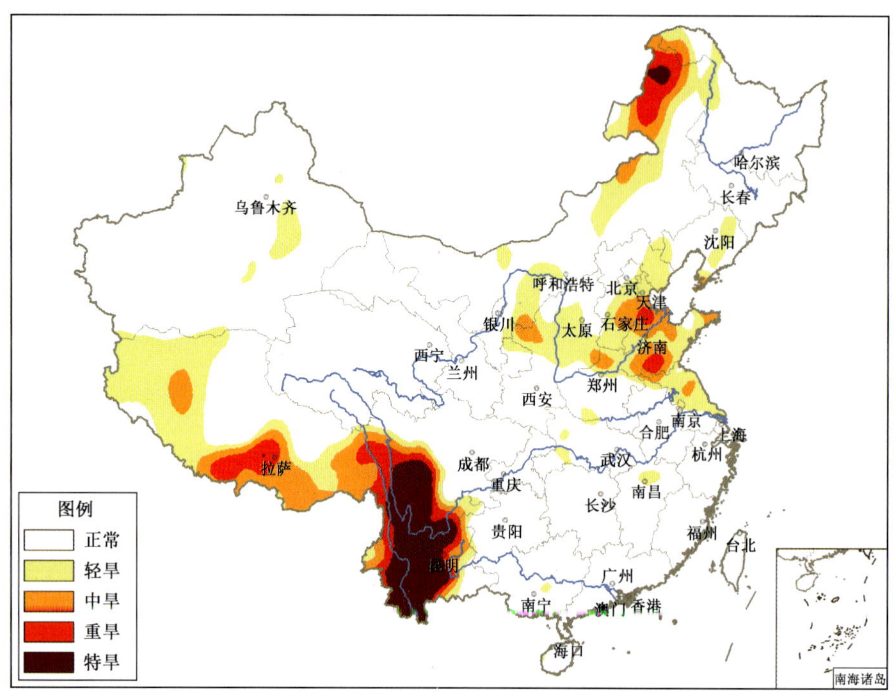

图 2.1.6　2019 年 6 月 21 日全国气象干旱综合监测图

Fig. 2.1.6　Drought Monitoring in China on June 21, 2019

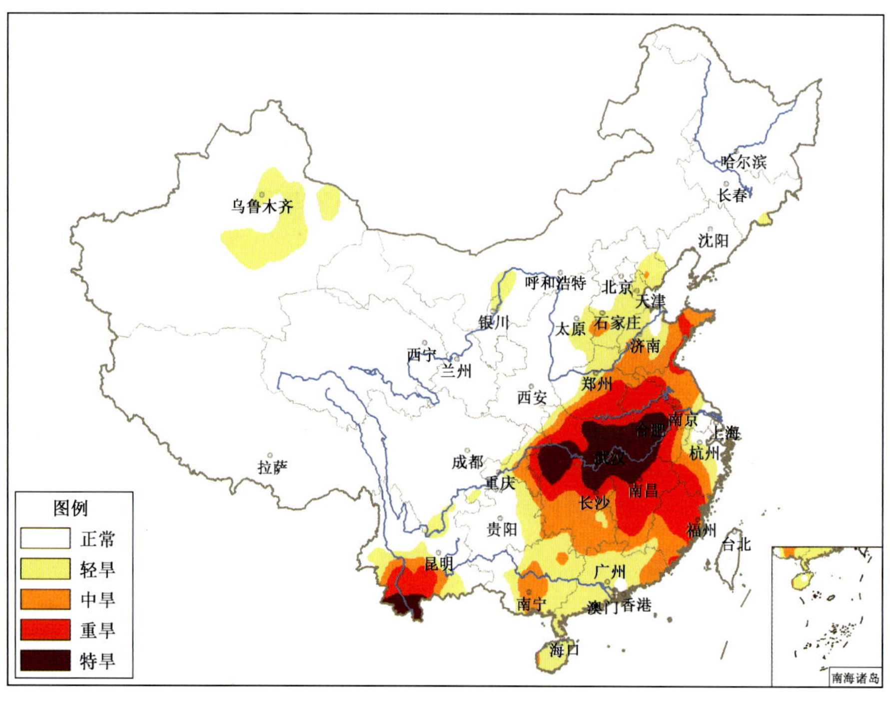

图 2.1.7　2019 年 10 月 4 日全国气象干旱综合监测图

Fig. 2.1.7　Drought Monitoring in China on October 4, 2019

2.2 暴雨洪涝

2.2.1 基本概况

2019 年，全国平均降水量比常年偏多，冬春夏季降水偏多，秋季偏少。2019 年夏季，全国共出现 18 次暴雨过程，但是没有发生大范围流域性暴雨洪涝灾害(图 2.2.1)。夏季，部分地区洪涝灾害严重；华西秋雨开始早结束晚，雨量大、雨日多。据统计，2019 年全国因暴雨洪涝及其引发的滑坡、泥石流灾害共造成 4766.6 万人次受灾，死亡(含失踪)658 人；农作物受灾 668 万公顷，绝收 132.3 万公顷；倒塌房屋 10.3 万间；直接经济损失 1922.7 亿元。

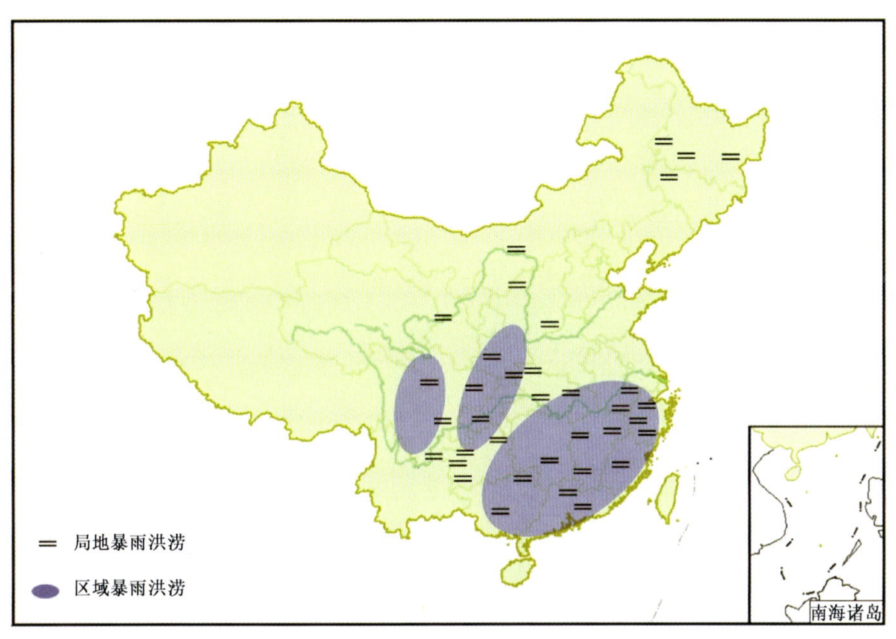

图 2.2.1 2019 年全国主要暴雨洪涝示意图
Fig. 2.2.1 Sketch map of major rainstorm induced floods over China in 2019

总体上看，2019 年暴雨洪涝灾害较常年偏轻。2019 年全国暴雨洪涝造成的受灾面积、死亡或失踪人口、直接经济损等主要灾损指标较 2018 年均有不同程度的增大，受灾面积和死亡人口仍少于近 10 年平均值。2019 年各类气象灾害中，暴雨洪涝灾害比较突出，造成的直接经济损较重。2019 年受暴雨洪涝灾害影响较重的省份有四川、江西、湖南等。

2.2.2 主要暴雨洪涝灾害事例

夏季，全国未发生大范围流域性暴雨洪涝灾害，共出现 18 次暴雨过程，频繁降水造成多地江河水位上涨，农田渍涝、城市内涝严重。

1. 6—7 月，江南、华南大范围降水区域叠加，灾情较重

6 月 6—13 日，湖南中南部、江西、浙江南部、福建、贵州、广西北部、广东中东部等地累计降雨量普遍有 100～350 毫米，广西桂林最大雨量 832 毫米，江西吉安 758 毫米。强降雨过程导致浙江、福建、江西、湖南、广东、广西、重庆、贵州等地遭受洪涝、风雹、滑坡、泥石流等灾害，江西、广西、广东灾情较为明显。

江西 赣州、吉安、鹰潭等 9 市 70 个县(市、区)298.4 万人受灾，12 人死亡，3 人失踪，22.9 万人紧急转移安置;3900余间房屋倒塌,3.8万间不同程度损坏;农作物受灾20.8万公顷,其中绝收3.8万公顷;直接经济损失87.8亿元。

广西 桂林、河池、贺州等8市46个县(市、区)68.4万人受灾,34人死亡,10人失踪,3.4万人紧急转移安置;2100余间房屋倒塌,9200余间不同程度损坏;农作物受灾4.5万公顷,其中绝收3400公顷;直接经济损失22.7亿元。

广东 6月9日以来,河源、梅州、韶关、东莞等8市19个县(市、区)30.7万人受灾,16人死亡,2人失踪,2.1万人紧急转移安置;2200余间房屋倒塌,2700余间不同程度损坏;农作物受灾4.1万公顷;直接经济损失14.5亿元。

6月20—25日,四川达州、重庆南川、云南德宏、贵州遵义、湖北孝感、安徽黄山、湖南株洲和长沙、江西吉安和赣州及上饶、浙江丽水和温州、福建南平和宁德及福州等局地降雨量250～408毫米。

福建 南平、三明、龙岩等5市26个县(市、区)14.1万人受灾,1.5万人紧急转移安置;近100间房屋倒塌,1700余间不同程度损坏;农作物受灾1.6万公顷,其中绝收2200公顷;直接经济损失11.3亿元。

江西 宜春、抚州、萍乡等9市49个县(市、区)78.5万人受灾,1人死亡,2万人紧急转移安置;100余间房屋倒塌,近2000间不同程度损坏;农作物受灾5.1万公顷,其中绝收3200公顷;直接经济损失11.2亿元。

湖南 娄底、湘潭、怀化等14市(自治州)50个县(市、区)66.5万人受灾,3人死亡,1.1万人紧急转移安置;近800间房屋倒塌,4700余间不同程度损坏;农作物受灾6.7万公顷,其中绝收7700公顷;直接经济损失9.8亿元。

四川 巴中、达州、阿坝等4市(自治州)16个县(市、区)27.9万人受灾,3.6万人紧急转移安置;1700余间房屋倒塌,1.2万间不同程度损坏;农作物受灾3.4万公顷,其中绝收2700公顷;直接经济损失11.9亿元。

贵州 铜仁、遵义、黔南等5市(自治州)18个县(市、区)45.9万人受灾,3人死亡,3人失踪,3.1万人紧急转移安置;1700余间房屋不同程度损坏;农作物受灾1.3万公顷,其中绝收1600公顷;直接经济损失9.6亿元。

7月3—10日,长江以南大部分地区再次出现强降雨过程,浙江西南部、福建北部、江西中部、湖南东南部等地降水250～400毫米,江西萍乡(497.3毫米)、峡江(461.4毫米)和湖南耒阳(396毫米)、衡东(348.4毫米)4站连续降水量突破历史极值。强降雨及其叠加效应造成浙江、福建、江西、湖南、广东、广西、重庆、贵州等地遭受洪涝及滑坡、泥石流等灾害。

江西 宜春、抚州、萍乡等9市53个县(市、区)303.2万人受灾,4人死亡,34.2万人紧急转移安置;1100余间房屋倒塌,1.5万间不同程度损坏;农作物受灾19.3万公顷,其中绝收3.1万公顷;直接经济损失55亿元。

湖南 衡阳、株洲、邵阳等10市(自治州)72个县(市、区)258万人受灾,9人死亡,8人失踪,23.4万人紧急转移安置;3300余间房屋倒塌,1.7万间不同程度损坏;农作物受灾17.4万公顷,其中绝收3.2万公顷;直接经济损失48.4亿元。

2. 连续强降水致贵州水城发生"7·23"特大山体滑坡

7月1—23日,贵州省六盘水市水城县鸡场镇坪地村累计雨量288.9毫米,其中19日(49.0毫米)、20日(37.1毫米)和23日(98.0毫米)出现3次强降雨过程,连续强降雨导致土壤含水量饱和,致使该地7月23日21时20分发生特大滑坡灾害,造成近1600人受灾,52人死亡或失踪,700余人紧急转移安置,直接经济损失1.9亿元。

3. 8月中下旬四川盆地西部出现强降雨过程

8 月 19—22 日，四川盆地西部出现强降雨过程，累计降水量普遍有 50～250 毫米，局地超过 300 毫米。有 20 站次的日降水量超 50 毫米，最大出现在都江堰(155.9 毫米)；最大过程降水量出现在芦山县，达 316.3 毫米。强降水导致汶川等地出现山体滑坡和泥石流等灾害，造成阿坝、雅安、乐山等 9 市(自治州)35 县(市、区)44.6 万人受灾，45 人死亡(含失踪)，农作物受灾面积 1.5 万公顷，直接经济损失 158.9 亿元。

4. 华西秋雨开始早结束晚，雨量大、雨日多

2019 年华西秋雨开始较常年早 4 天，结束较常年晚 29 天。秋雨期间，华西大部分地区降水量较常年同期偏多 2～5 成，部分地区偏多 5 成以上；降水日数较常年同期偏多，陕西南部、四川中部、重庆西北部等地偏多 8～12 天，局地偏多 12 天以上(图 2.2.2)。

受强降雨影响，陕西、四川、重庆、贵州、甘肃等地部分河流水位上涨，渭河、汉江干支流出现明显洪水过程，多条支流出现超警洪水；土壤趋于饱和，农田被淹，城镇出现严重内涝，局地还遭受滑坡、泥石流等灾害，造成人员伤亡和财产损失，四川、重庆灾害影响重。

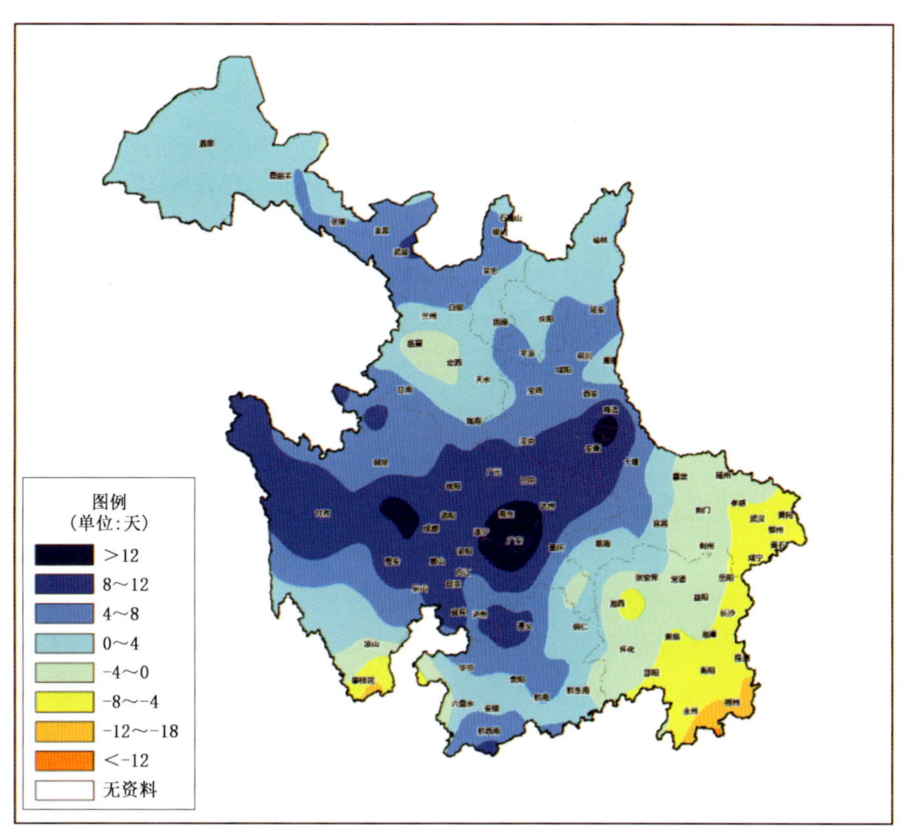

图 2.2.2　2019 年华西地区秋雨期(8 月 27 日至 11 月 30 日)降水日数距平分布

Fig. 2.2.2　Distribution of precipitation days anomaly over China from August 7 to November 11, 2019(unit:d)

9 月 7—11 日，西北地区东南部、西南地区东部等地经历强降雨过程，四川中北部、贵州西部累计雨量超过 100 毫米，四川巴中(281.2 毫米)、贵州关岭(238.5 毫米)等站累计雨量超过 200 毫米。重庆、四川、贵州部分地区遭受的洪涝灾害造成上述 3 省(直辖市) 17 市(自治州)51 个县(市、区) 15.1 万人受灾，2 人因房屋倒塌死亡，近 4500 人紧急转移安置；近 200 间房屋倒塌，3100 余间不同程度损坏；农作物受灾面积 6300 公顷，其中绝收 1200 公顷；直接经济损失 1.9 亿元。

2.3 台风

2.3.1 基本概况

2019 年，西北太平洋和南海共有 29 个台风（中心附近最大风力≥8 级）生成，生成个数较常年平均（25.5 个）多 3.5 个。1904 号“木恩”（Mun）、1907 号“韦帕”（Wipha）、1909 号“利奇马”（Lekima）、1911 号“白鹿”（Bailu）、1914 号“剑鱼”（Kajiki）、1918 号“米娜”（Mitag）共 6 个台风先后在我国登陆（图 2.3.1）。与常年相比，2019 年台风生成个数偏多，起编时间偏早，停编时间偏晚；登陆个数、登陆比例均偏少，初台登陆时间偏晚、末台偏早，登陆强度总体偏弱。

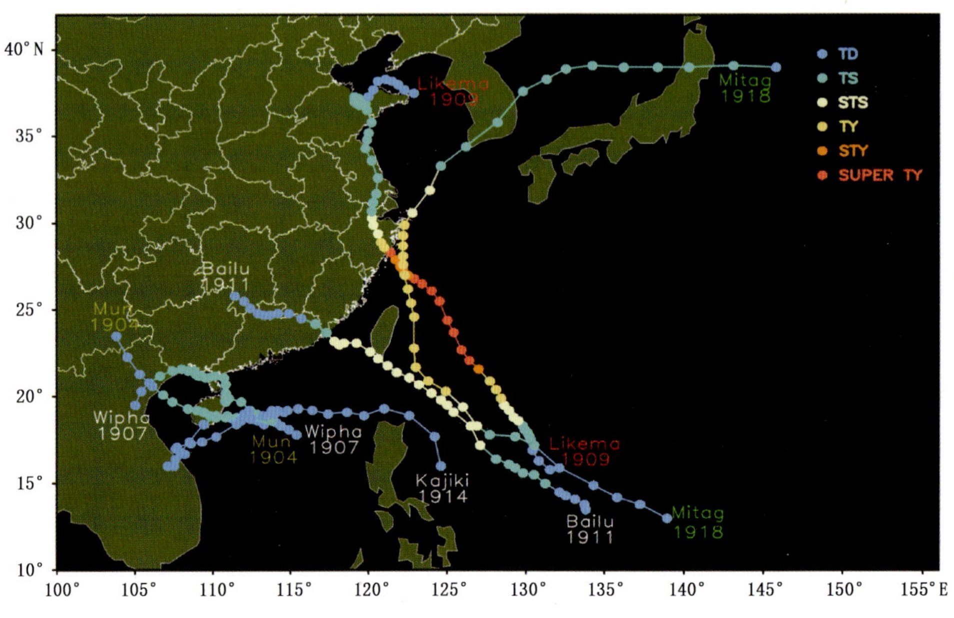

图 2.3.1 2019 年登陆中国台风路径（中央气象台提供）

Fig. 2.3.1 The tracks of tropical cyclones landed on China during 2019(By Central Meteorological Office of CMA)

2019 年，影响我国的台风带来了大量降水，对缓解南方部分地区的夏伏旱和高温天气以及增加水库蓄水等十分有利，但由于登陆或影响时间集中，部分地区因降水强度大、风力强，造成了一定的人员伤亡和经济损失。据统计，全国共有 1659.2 万人次受灾，69 人死亡，5 人失踪，转移安置 246.9 万人，192.4 万公顷农作物受灾，倒塌房屋 1.59 万间，直接经济损失 588.7 亿元（表 2.3.1）。2019 年，台风造成的死亡和失踪人数少于 1990—2018 年平均值，但直接经济损失多于 1990—2018 年平均值。其中，影响较大的是 1909 号“利奇马”（Lekima）。总体而言，2019 年台风造成直接经济损失与近 10 年平均值持平。

2.3.2 主要台风灾害事例

1. 1907 号“韦帕”（Wipha）

1907 号台风“韦帕”于 7 月 31 日 08 时在中国南海北部海面生成，8 月 1 日 01 时 50 分前后登陆海南省文昌市翁田镇沿海（9 级，23 米/秒），中心最低气压为 982 百帕；在文昌市内打转 8 小时后，于 1 日 10 时移入海南东北部海面，17 时 40 分前后在广东省湛江市坡头区沿海再次登陆（登陆强度与第一次登陆时一致），并转向偏西方向移动，22 时前后进入北部湾北部海面，沿广西沿海西行；2 日 21 时 20 分前后在广西防城港沿海第三次登陆（登陆强度与前两次登陆一致），之后继续西行进入越

表 2.3.1　2019 年我国台风主要灾情

Table 2.3.1　List of tropical cyclones and associated disasters over China in 2019

国内编号及中英文名称	登陆时间（月.日）	登陆地点	最大风力（级）（风速，米/秒）	受灾地区	受灾人口（万人）	死亡人口（人）	失踪人口（人）	转移安置（万人）	倒塌房屋（万间）	受灾面积（万公顷）	直接经济损失（亿元）
1907 号"韦帕"（Wipha）	8.1 8.1 8.2	海南文昌 广东湛江 广西防城港	9(23) 9(23) 9(23)	广西	22.0			0.4	0.02	2.5	2.3
				广东	13.2			1.4	0.01	5.7	1.3
				海南	8.1			1.0		0.2	0.5
1909 号"利奇马"（Lekima）	8.10 8.11 8.12	浙江温岭 山东青岛 山东昌邑	16(52) 9(23) 9(23)	浙江	757.7	46	2	136.2	0.6	25.8	385.4
				山东	502.6	12		41.3	0.7	64.3	90.1
				安徽	19.5	6	3	2.3	0.2	2.4	32.9
				江苏	53.3	1		1.1		15.5	4.7
				辽宁	36.5			13.0		2.5	0.8
				河北	15.0					1.7	0.8
				上海	15.0			15.0		0.3	0.4
				吉林	2.2			0.2		1.2	0.2
				福建	0.6			0.6			
1911 号"白鹿"（Bailu）	8.24 8.25	台湾屏东 福建东山	11(30) 9(23)	广西	7.5			0.3	0.04	0.2	1.0
				广东	6.6			0.2	0.02	0.2	1.6
				湖南	1.9						0.2
				福建	6.0			5.5			0.1
				江西	0.1						
1913 号"玲玲"（Lingling）				黑龙江	68.3			0.1		53.5	24.1
				吉林	37.5			0.1		11.2	5.2
				浙江	1.6			0.2		0.3	4.8
1914 号"剑鱼"（Kajiki）	9.2	海南万宁	8(18)	海南	2.0			0.8		0.2	0.2
1918 号"米娜"（Mitag）	10.1	浙江舟山	12(33)	浙江	81.5	4		27.1		4.3	31.4
				上海	0.5			0.1		0.5	0.7
全年合计					1659.2	69	5	246.9	1.59	192.4	588.7

南，3 日 14 时减弱为热带低压，3 日 23 时中央气象台停止编号。受台风"韦帕"影响，7 月 31 日 08 时至 8 月 3 日 08 时，海南岛大部、广东西部及沿海、广西南部等地累计降雨量 100～300 毫米，广东江门、阳江、茂名、湛江及广西钦州、海南昌江和东方等局地 380～468 毫米，上述地区最大小时降雨量 60～113 毫米；广东南部、广西南部沿海、海南岛北部出现 8～9 级大风，局地阵风达 10～13 级。据民政部统计，"韦帕"造成海南、广西、广东等地 43.3 万人受灾，2.8 万人紧急转移安置；房屋倒塌 300 间；农作物受灾面积 8.3 万公顷；直接经济损失 4.1 亿元。

广西　受"韦帕"影响，桂南大部分地区出现暴雨到大暴雨，局部特大暴雨；桂南部分地区和北部湾海面出现 7～9 级、阵风 10～12 级的大风。据广西气象观测站资料统计，7 月 31 日 20 时至 8 月 4 日 20 时，广西有 3 个市的 9 个县（区）的 35 个乡镇累计降雨量超过 300 毫米，最大为北海斜阳岛

446 毫米；5 个市的 14 个县（区）的 46 个乡镇累计降水量达 200～300 毫米；10 个市的 35 个县（区）的 191 个乡镇累计降水量达 100～200 毫米；10 个市的 56 个县（区）的 264 个乡镇累计降水量达 50～100 毫米。

受台风“韦帕”影响，广西多条江河水位暴涨。据广西水文水资源局统计，强降雨造成防城河、北仑河、左江支流明江等 17 条河流 27 个水文监测站出现超警 0.01～3.15 米的洪水，左江、郁江出现 2019 年最大洪水。

受台风“韦帕”带来的大风和暴雨影响，北海、钦州、防城港、崇左等市多地出现道路积水、树木倒伏等，影响居民生活出行。

台风“韦帕”的强降雨和大风给桂南、桂西的局部地区造成了洪涝和大风灾害，强风暴雨天气导致局部低洼地带水稻和旱地作物受淹或倒伏，给当地农业生产造成了一定的损失；但是台风带来的充沛降水，不仅有效缓解了前期持续高温的不利影响，也为晚稻生产用水提供了有利条件，利于广西大部分地区晚稻秧苗移栽、返青及旱地作物播种、出苗、生长。

据民政部统计，“韦帕”造成广西北海、崇左、防城港等 6 市 17 个县（市、区）22 万人受灾，4000 人紧急转移安置；200 余间房屋倒塌；农作物受灾面积 2.5 万公顷；直接经济损失 2.3 亿元。

广东　“韦帕”是 2019 年登陆广东的初台，较 1951 年以来登陆广东初台的平均时间偏晚 37 天。受台风“韦帕”影响，8 月 1 日 20 时至 3 日 20 时，广东全省站点平均降水量 96.8 毫米，有 66 个气象站累计降水量超过 300 毫米，湛江徐闻县锦和镇录得全省最大累计降水量（501.3 毫米）；8 月 2 日，雷州市南兴镇录得全省最大日降水量（305.7 毫米）。1—2 日，南海北部、广东海面及沿海市县普遍录到了平均风 7～9 级、阵风 11～12 级。

受“韦帕”环流以及其登陆后南海辐合带影响，8 月 1—3 日，广东南部沿海出现了大雨到暴雨，阳江、江门、雷州半岛的部分地区出现特大暴雨，台风带来的强降水过程对在田作物、果树有一定不利影响。与此同时，给人们出行也带来不利影响，8 月 1 日，南航取消海口、深圳机场进出港的 22 个航班。

据统计，台风“韦帕”造成广东省湛江、深圳、阳江等 7 市 17 个县（市、区）13.2 万人受灾，1.4 万人紧急转移安置；100 余间房屋倒塌；农作物受灾面积 5.7 万公顷；直接经济损失 1.3 亿元。

海南　受台风“韦帕”登陆带来的风雨影响，7 月 30 日 20 时至 8 月 3 日 08 时，海南岛共有 88 个乡镇（区）雨量超过 200 毫米，东方、昌江、儋州、海口、临高、白沙、屯昌和澄迈 8 个市（县）共有 28 个乡镇（区）雨量超过 300 毫米，最大为东方市天安乡（459.9 毫米）。另外，本岛北部和东部沿海陆地普遍出现 7～9 级平均风，阵风 8～10 级，澄迈老城镇测得最大阵风 11 级（30.8 米/秒）。据统计共造成海南省儋州、海口 2 市 4 个区和文昌、屯昌等 8 个县（市）8.1 万人受灾，1 万余人紧急转移安置；农作物受灾面积 1000 公顷；直接经济损失 5000 万元。

2. 1909 号“利奇马”（Lekima）

1909 号台风“利奇马”于 8 月 4 日下午在西北太平洋洋面生成，7 日晚上加强为超强台风，10 日 01 时 45 分前后在浙江省温岭市沿海登陆，登陆时中心附近最大风力 16 级（52 米/秒，超强台风级），中心最低气压 930 百帕；11 日 20 时 50 分前后在山东省青岛市黄岛区沿海再次登陆，登陆时中心附近最大风力 9 级（23 米/秒），中心最低气压 980 百帕；12 日 04 时之后在莱州湾附近回旋，12 日 11 时在山东昌邑第三次登陆，登陆时中心附近最大风力 9 级（23 米/秒），中心最低气压 984 百帕。“利奇马”穿过山东半岛后进入渤海，于 13 日 08 时减弱为热带低压，中央气象台 13 日 14 时对其停止编号。

“利奇马”以超强台风级登陆，在 1949 年以来登陆我国大陆的台风中强度排名第五，在登陆浙江的台风中强度排名第三。福建、浙江、上海、江苏、安徽、山东及河北、天津、辽宁等地沿海地区均出现 8 级以上阵风，风速最大出现在浙江温岭三蒜岛，达 61.4 米/秒，为浙江历史第二位（第一位是 2006 年超强台风“桑美”，68 米/秒）。

受“利奇马”影响，浙江、山东、江苏等均出现极端强降雨天气。山东平均降雨量 158 毫米，超过了 2018 年台风“温比亚”带来的降雨（山东全省平均 135.5 毫米），为山东有记录以来的过程降雨量最大值；浙江全省平均降雨量 165 毫米，临海括苍山过程雨量达 831 毫米，为登陆浙江台风第二位（第一位为乐清砩头的 916 毫米，0414 号台风“云娜”所致）。期间，浙江、山东等地共 35 个气象观测站日降雨量突破当地 8 月历史极值，19 个站点突破当地日降雨量历史极值。

据统计，台风“利奇马”造成河北、辽宁、吉林、上海、江苏、浙江、安徽、福建、山东 9 省（直辖市）59 市 353 个县（市、区）1402.4 万人受灾，65 人死亡，5 人失踪，209.7 万人紧急转移安置；1.5 万间房屋倒塌；农作物受灾面积 113.7 万公顷；直接经济损失 515.3 亿元。

浙江 超强台风“利奇马”登陆强度强，为新中国成立以来登陆浙江第三强台风（仅次于 0608 号台风“桑美”和 5612 号台风）；滞留时间长，“利奇马”纵穿浙江全省，从超强台风到强热带风暴等级滞留浙江省 20 小时，为滞留浙江省时间最长的登陆超强台风；“利奇马”带来的暴雨范围广、总量大，局地出现极端降水，全省平均雨量 165 毫米，临海、温岭日雨量破当地 24 小时最大纪录，破温岭、北仑、玉环当地台风过程雨量历史纪录，单站最大为临海括苍山的 831 毫米，临安、永嘉、乐清等地的一些局部地区短时雨强超过百年一遇；大风范围广，持续时间长，浙江沿海普遍出现 12～14 级、部分地区 15～17 级大风，12～14 级大风持续 20 小时左右，最大为温岭石塘镇三蒜岛的 61.4 米/秒（排登陆浙江台风第二位）。

受超强台风“利奇马”影响，据统计共造成台州、温州、宁波等 11 市 73 个县（市、区）757.7 万人受灾，46 人死亡，2 人失踪，136.2 万人紧急转移安置；6000 余间房屋倒塌；农作物受灾面积 25.8 万公顷；直接经济损失 385.4 亿元。

山东 8 月 10 日 06 时，台风“利奇马”开始影响山东，11 日 20 时 50 分在青岛黄岛登陆，12 日 05 时进入莱州湾，11 时在山东昌邑第三次登陆，登陆时中心附近最大风力 9 级（23 米/秒）。受其影响，10—13 日，山东全省平均降水量 180.3 毫米，鲁南、鲁中和鲁西北东部等地出现极端强降水，累计出现特大暴雨 16 站次，大暴雨 40 站次，暴雨 99 站次；鲁西北的东部、鲁东南和山东半岛地区出现 8～10 级阵风，其他地区出现 7～8 级阵风；渤海出现 10～11 级阵风，渤海海峡、黄海北部和中部出现9～10 级、局地 11 级阵风。

8 月 10—13 日，受台风“利奇马”影响，鲁中、鲁南及鲁西北东部部分农田出现内涝，连阴雨天气影响部分夏玉米开花授粉。

受西风槽和台风“利奇马”影响，山东部分地区出现暴雨、大风天气，航空和陆面运输受到影响。8 月 9—10 日，山东航空取消调整航班 112 班次；9 日夜间，途径济南西站的部分列车停运，10—12 日，分别有 51 列、96 列、2 列途径济南列车停运；11 日，济南市区 12 处路段实行临时交通管制；12 日，途经潍坊的 18 列列车停运。

受台风“利奇马”影响，8 月 10—12 日，济南、青岛、威海、日照、临沂、泰安、滨州、淄博、东营、济宁等市全部或部分景点暂时关闭，济南明湖秀、青岛啤酒节、泰山、曲阜“三孔”等景区活动均暂停。据统计共造成临沂、滨州、潍坊等 16 市 106 个县（市、区）502.6 万人受灾，12 人死亡，41.3 万人紧急转移安置；7000 余间房屋倒塌；农作物受灾面积 64.3 万公顷；直接经济损失 90.1 亿元。

安徽 8 月 9—11 日台风“利奇马”给安徽带来强降水，强降水区域位于江南、大别山区、江淮东北部和淮北地区东部。9 日 08 时至 12 日 08 时，累计降水量有 920 个站超过 50 毫米（占安徽全省面积 17.8%），272 个站超过 100 毫米（4.7%），56 个站超过 200 毫米，宁国、广德、绩溪、青阳等地有 26 个站超过 250 毫米，最大为宁国阳山的 395.4 毫米；26 个站小时雨强超过 40 毫米，最大为宁国上门的 80.4 毫米(10 日 15—16 时)。

台风影响期间，安徽省阵风风力普遍 6～8 级，安徽中东部地区和大别山区有 237 个乡镇阵风 8 级以上，26 个乡镇超过 9 级，阵风风力超过 10 级的有黄山光明顶(32.1 米/秒，11 级)、青阳天台(29.8 米/秒，11 级)、明光柳巷(25.7 米/秒，10 级)。

8 月 9—11 日，台风"利奇马"带来的降水补充了全省大部分地区的土壤底墒，满足了陆续进入旺盛生长期的一季稻及旱作作物的水分需求，有利于作物生长；但局部雨强较大且地势低洼的地区出现积涝，对作物根系生长不利；强降水伴随的大风天气，还导致部分农业设施受损、高秆作物倒伏。据统计，共造成宣城市宁国、宣州、广德等 5 个县(市、区)19.5 万人受灾，6 人死亡，2.3 万人紧急转移安置；2000 余间房屋倒塌；农作物受灾面积 2.4 万公顷；直接经济损失 32.9 亿元。

江苏 8 月 10—11 日，台风"利奇马"给江苏造成了较重风雨影响，为近 58 年来影响江苏的最强台风。影响范围广，有 38 个常规站测得过程累积降水量超过 100 毫米，主要集中在江淮北部、淮北及苏南；降水强度大，最大降水过程出现在东海(332.8 毫米)，日最大降水量有 10 个站排名本站历史前十位，东海(212.5 毫米)创本站历史极值；风速大，瞬时极大风速常规站出现 24.3 米/秒(西连岛)，加密站出现 35.1 米/秒(苏州太湖小雷山)。据统计，共造成徐州、连云港、宿迁等 8 市 37 个县(市、区)53.3 万人受灾，1 人死亡，1.1 万人紧急转移安置；农作物受灾面积 15.5 万公顷；直接经济损失 4.7 亿元。

辽宁 8 月 10 日 20 时至 15 日 20 时，受台风"利奇马"和西风带冷空气共同影响，辽宁大部分地区累计降水量 100～250 毫米，沈阳、大连、抚顺、铁岭、葫芦岛的局部地区累计降水量达 250～358.8 毫米，最大降水量 358.8 毫米，出现在大连高新技术园区黄泥川村。辽宁全省平均降水量达 126.5 毫米，突破 1951 年以来同期极值；大连市区及旅顺日降雨量为 1951 年以来历史第二多值，长兴岛日降雨量为建站以来第二多值。此次降雨过程持续时间长、累计雨量大、影响范围广。据统计共造成葫芦岛、鞍山、大连等 14 市 86 个县(市、区)36.5 万人受灾，13 万人紧急转移安置；农作物受灾面积 2.5 万公顷；直接经济损失 8000 余万元。

河北 8 月 10 日夜间到 13 日下午，"利奇马"自南向北影响河北东部地区。台风"利奇马"对河北的影响主要有 3 个特点：影响持续时间长、风雨影响程度大、台风灾害损失小。

影响持续时间长。"利奇马"外围云系从 10 日夜间开始影响河北省，至 13 日下午影响趋于结束，前后持续时间近 4 天，是 2018 年"安比"台风影响时间的 2 倍，虽然台风主体路径较"安比"偏东，但仍给河北省沿海地区造成了严重的风雨影响。另外，"利奇马"从 12 日 05 时进入渤海湾，到 13 日 08 时减弱为热带低压，在渤海湾滞留超过 24 小时，"利奇马"在渤海湾长时间徘徊打转带来的风浪对沿海影响较大。

风雨影响程度大。受台风"利奇马"影响，河北省东部和渤海湾出现较强风雨天气。降水主要集中在秦皇岛、沧州、唐山 3 市，区域过程平均降水量分别为 95.3 毫米、71.5 毫米、42.1 毫米，秦皇岛的长寿山景区过程最大降水量为 268 毫米(水文站)，有 19 个县(市、区)日降水量达到暴雨等级，唐山乐亭、秦皇岛抚宁、沧州青县过程单日最大降水量为近 30 年以来同期(8 月中旬)最大值。期间，10 个县(市、区)出现大风天气，11 日 23 时"渤中 13 号"石油平台出现 12 级大风(34.9 米/秒)。

灾害损失小。据统计，此次过程受灾人口 15 万人；农作物受灾面积 1.7 万公顷；直接经济损失 8000 万元。由于应对措施到位及时，未收到人员伤亡情况报告。

上海 受"利奇马"影响，8 月 9—11 日崇明区普降暴雨至大暴雨，26 个雨量站点中 16 个降雨量超过 100 毫米，最大降雨量 154.2 毫米(长兴岛服务区)；风力普遍 8～9 级，东部地区(长兴、横沙、东滩)9～11 级。"利奇马"台风带来的大风及强降水对水稻影响较大，会造成结实率降低，严重的可能影响单产。8 月 9—11 日受"利奇马"台风的影响，上海市出现大风暴雨天气，对蔬菜生产和供应带来较大影响。据统计共造成闵行、奉贤、松江等 16 个区 15 万人受灾,15 万人紧急转移安置;农作物受灾面积 3000 公顷,直接经济损失 4000 余万元。

吉林 受台风“利奇马”和冷空气共同影响,从 13 日傍晚开始,长春市双阳区普遍出现明显强降雨天气,截至 14 日 14 时,累计平均降水量为 83 毫米,山河街道卢家村降雨量达到 102 毫米,大龙河堤坝被冲破,决堤口长达 70 米左右。8 月 13 日以后,受台风外围水汽和高空冷涡共同影响,长春市德惠市及上游地区出现连续降雨天气,受新立城水库、石头口门水库放流影响水位上涨,溢出河道,河堤决口,大面积土地被淹。受台风“利奇马”外围水汽及减弱后的低压倒槽环流与西风槽共同影响,8 月 13—15 日伊通出现暴雨、局地大暴雨天气过程。据统计共造成四平、辽源、通化 3 市 9 个县(市、区)2.2 万人受灾,2000 余人紧急转移安置;农作物受灾面积 1.2 万公顷;直接经济损失 2000 余万元。

福建 受“利奇马”影响,8—10 日福建中北部出现 8～10 级大风,阵风 10～11 级。最大风速以福鼎沙埕镇的 24.0 米/秒最大;极大风速以福鼎沙埕镇 30.9 米/秒最大,国家气象站以安溪站的 26.9 米/秒最大。

受“利奇马”影响,福建北部出现降水。7 日 20 时至 10 日 20 时,8 个县(市、区)19 个乡镇累计雨量超过 50 毫米,其中 3 个县(市、区)5 个乡镇降水量超过 100 毫米,以武夷山星村镇(205.4 毫米)为最大,城区以福鼎(34.2 毫米)最大。

台风“利奇马”以大风影响为主。据统计共造成宁德市柘荣县 6000 余人受灾,转移安置 6000 余人。

3. 1911 号“白鹿”(Bailu)

1911 号台风“白鹿”于 8 月 21 日下午在西北太平洋洋面生成,24 日 13 时前后在台湾省屏东县满州乡沿海登陆,登陆时中心附近最大风力有 11 级(30 米/秒),中心最低气压 980 百帕。25 日 07 时在福建省东山县沿海第二次登陆,登陆时中心附近最大风力有 9 级(23 米/秒),中心最低气压为 990 百帕。“白鹿”随后向西北方向移动,穿过广东北部、江西南部,25 日 14 时在广东省梅州市平远县境内减弱为热带低压,26 日 05 时中央气象台对其停止编号。

受“白鹿”影响,浙江东部沿海、福建东南部和福州、宁德等地出现大雨或暴雨,局地大暴雨(100～123 毫米);福建东部沿海出现 8～10 级大风,局部阵风达 11～13 级。据统计,1911 号台风“白鹿”造成福建、江西、湖南、广东、广西 5 省(自治区)14 市 49 个县(市、区)22.1 万人受灾,6 万人紧急转移安置;600 余间房屋倒塌;农作物受灾面积 4000 余公顷;直接经济损失 2.9 亿元。

广西 台风“白鹿”的中心虽然没有进入广西,但受其环流影响,广西大部分地区出现了大雨到暴雨,局部大暴雨到特大暴雨。桂东局部出现 8～9 级的大风,最大风速出现在贵港市港南区,达 22 米/秒。据广西气象观测站资料统计,8 月 25 日 14 时至 8 月 27 日 08 时累计降雨量超过 200 毫米有 5 个市的 6 个县(区)的 11 个乡镇,最大降雨量为玉林容县黎村(262 毫米);降雨 100～200 毫米有 10 个市的 36 个县(区)的 222 个乡镇,50～100 毫米有 14 个市的 68 个县(区)的 309 个乡镇。另据广西国家级地面气象观测站资料统计,25 日 20 时至 27 日 20 时,广西共出现暴雨 21 站日,大暴雨 10 站日。

受台风“白鹿”环流影响,广西南宁市兴宁、马山、横县,柳州市鹿寨,梧州市藤县,玉林市容县、博白,来宾市武宣、金秀,贺州市平桂等 6 市 10 县(区)受灾;受台风“白鹿”带来的强降雨影响,广西多条江河水位暴涨,梧州、来宾、玉林、南宁、钦州等市多条乡村道路被淹、城市道路积水,影响居民生活出行。据统计造成 7.5 万人受灾,3000 余人紧急转移安置;400 余间房屋倒塌;农作物受灾面积 2000 余公顷;直接经济损失 1 亿元。

广东 台风“白鹿”25 日 10 时移入广东境内,14 时在梅州平远县境内减弱为热带低压,之后向偏西方向移动，26 日 05 时在韶关境内减弱为低气压。台风“白鹿”具有路径较稳定，结构不对称，降雨范围广的特点。受“白鹿”环流影响，24 日夜间至 26 日，粤东、粤北、珠江三角洲市县出现了大范围暴雨到大暴雨、局地特大暴雨，茂名、云浮也出现了大雨到暴雨、局部大暴雨。据气象水文监测，24 日 20 时至 26 日 08 时，广东全省站点平均降水量 75.8 毫米，有 33 个站累计降水量超过 200 毫米，揭阳揭东县云路镇录得全省最大累计降水量(279.4 毫米)；广东省中东部海面和粤东市县出现了 8～10 级大风。随着台风“白鹿”带来的风雨影响，广东的高温天气得到明显缓解。

受台风“白鹿”带来的强降水影响，8 月 25 日，惠州、广州、佛山、汕头等多个城市发生内涝；惠州市惠东县梁化镇花树下水库降雨量达 218 毫米，梁化镇等地降雨量已超过 174 毫米，还出现了 10 级大风，致多地街道、农田被淹。惠州、河源等多地中小河流水位快速上涨，部分河流水位超警戒水位。据统计造成 6.6 万人受灾，2000 余人紧急转移安置；200 余间房屋倒塌；农作物受灾面积 2000 余公顷；直接经济损失 1.6 亿元。

湖南　8 月 25 日后受台风“白鹿”和冷空气共同影响，湖南省内高温热害解除，湘西、湘中以南干旱缓解或解除，有利于作物生长发育，但湘南地区有 7 站次出现暴雨，强降水致广东途经湖南地区的部分高铁晚点。据统计，“白鹿”造成永州市、郴州市共 1.9 万人受灾；直接经济损失 2000 余万元。

福建　台风“白鹿”为 2019 年首个登陆福建的台风。受台风“白鹿”影响，24—25 日福建省中南部沿海出现 8～11 级大风，阵风 10～13 级。最大风速和极大风速均出现在泉州张坂镇大坠岛，最大风速 30.0 米/秒(11 级)、极大风速 39.0 米/秒(13 级)，城区极大风速以晋江的 29.8 米/秒(11 级)为最，该值为当地有记录以来(2005 年)最大。

受台风“白鹿”影响，福建南部出现强降水。23 日 20 时至 25 日 20 时共有 31 个县(市)193 个乡镇累计雨量超过 50 毫米，14 个县(市)45 个乡镇累计雨量超过 100 毫米，城区以漳浦的 94.5 毫米为最大，乡镇以安溪大坪乡 189.0 毫米最大。据统计，造成福建省 4 市 29 个县(市、区)6 万人受灾，5.5 万人紧急转移安置；直接经济损失 1000 万元。

江西　受“白鹿”过境影响，江西省出现了较明显的风雨天气。24—25 日大部分地方出现 6～7 级阵风，遂川、大余出现 8 级阵风。降雨主要出现在 25 日白天到晚上，赣州市中南部、吉安市西南部出现大到暴雨，局部大暴雨，共有 7 县(市、区)的 35 个测站(382.3 平方千米)出现大暴雨，12 县(市、区)的 322 个测站(7081.3 平方千米)出现暴雨，以遂川县沙湖里 162 毫米为最大。赣中、赣南前期高温天气得到明显缓和，全省高温站数由 88 站降为 34 站；气象干旱指数监测结果显示，赣南和吉安部分地区的干旱得到缓解。据统计，“白鹿”造成江西 1000 余人受灾。

4. 1913 号“玲玲”(Lingling)

1913 号台风“玲玲”9 月 2 日上午在西北太平洋洋面生成，5 日 11 时增强为超强台风，5 日下午进入东海并北上，6 日 20 时减弱为强台风，6 日后半夜进入黄海继续北上，7 日 11 时减弱为台风，于 7 日下午在朝鲜西部沿海登陆。受“玲玲”外围环流影响，先后给浙江、山东、辽宁、吉林、黑龙江等省(市)带来强降雨和大风天气。

据统计，台风“玲玲”造成吉林、黑龙江、浙江等省(市)107.4 万人受灾，4000 人紧急转移安置；农作物受灾面积 65.0 万公顷；直接经济损失 34.1 亿元。

黑龙江　受台风“玲玲”影响，7 月 7—8 日黑龙江省中部出现强降水天气过程，降雨量普遍达 50～100 毫米。哈尔滨市双城区辖内的杏山镇临江村、富山村，单城镇政新村、政兴村、政才村等多个村镇发生暴雨洪涝灾害；9 月 8 日庆安县发生暴雨洪涝灾害。暴雨造成大面积农田积涝，主要受灾作物为玉米、水稻。据统计，“玲玲”共造成 68.3 万人受灾，1000 人紧急转移安置；农作物受灾面积 53.5 万公顷；直接经济损失 24.1 亿元。

吉林 2019年第13号台风“玲玲”于7日20时40分从白山市进入吉林省，进入时中心附近最大风力9级，为热带风暴级别，并继续快速北上，于8日02时前后离开吉林省。受其影响，吉林省中东部出现大范围大到暴雨天气，7—8日全省平均降水量为37.7毫米，居历史同期第一位，长春、辽源、吉林、通化过程降水量为58.3～64.9毫米。扶余、榆树、九台、东丰、柳河、通化县共6县(市)出现暴雨，扶余、榆树、九台、东丰、柳河5县(市)突破该县(市)9月日降水极值；过程降雨量最大为永吉西阳镇的108.2毫米。另外，全省有155站出现7级大风，风速最大出现在珲春春化中学，达25.3米/秒(10级)，229站出现6级大风，大风主要分布在吉林省中东部地区。

据统计，“玲玲”共造成吉林省四平、辽源、通化等4市5个县(市、区)37.5万人受灾，1000人紧急转移安置；农作物受灾面积11.2万公顷，直接经济损失5.2亿元。

浙江 受“玲玲”外围环流影响，5—6日浙江省大部分地区出现阵雨、部分中到大雨，局地雨量较大，最大的有安吉余村(267.1毫米)、安吉刘家塘村(229.0毫米)、安吉大竹园(203.0毫米)，有30个气象站雨量超过100毫米；浙南沿海出现8～9级大风，浙中北沿海出现9～11级、局部地区12～13级大风，杭州湾出现8～9级大风，浙北和沿海的部分地区出现6～8级大风，最大为嵊泗海礁岛的38.6米/秒(13级)，有183个气象站风速超过17米/秒。据统计共造成浙江省1.6万人受灾，2000人紧急转移安置；农作物受灾面积3000公顷，直接经济损失4.8亿元。

5. 1914号“剑鱼”(Kajiki)

2019年8月31日20时，南海热带低压在巴士海峡洋面生成，之后快速西行；9月2日10时40分前后在海南万宁市万城镇沿海登陆，登陆时中心附近最大风力8级(18米/秒)，中心最低气压为995百帕；登陆后穿过海南岛琼中、保亭2县和三亚市，于2日下午进入海南南部海面；3日02时30分前后在越南中部沿海再次登陆(风力8级，18米/秒)，随后在越南、老挝境内打转长达15个小时。3日转向东北移动，下午再次进入南海海域并减弱为热带低压；4日凌晨在海南岛南部海域减弱为低气压。

在副热带高压、冷空气、南海辐合带以及2019年第13号台风“玲玲”双台风等诸多因素的作用下，“剑鱼”经历了西行、南落、回旋、北折等过程，先后登陆2次，跨越中国、越南和老挝3个国家，移动路径极为复杂。据统计台风“剑鱼”给海南省共造成2万人受灾，8000人紧急转移安置；农作物受灾面积2000公顷；直接经济损失2000万元。

海南 “剑鱼”从生成到减弱，给海南省带来了持续4天的强降雨天气，1日08时至5日08时，全省平均雨量174毫米，琼中和屯昌有4个乡镇累计雨量超过500毫米。2日，海南中部和东部地区出现了较大范围的特大暴雨，最大日雨量达296.8毫米(琼中营根镇)，强降雨给海南省中部、东部地区农业生产和水库安全造成严重影响。9月1—4日，琼州海峡、海南岛东部和南部海面出现7～9级大风，最大阵风达11级，造成琼州海峡停航长达近4天。

受“剑鱼”影响，琼州海峡1日23时至4日10时全线停航，进出岛列车同时停运；琼中、保亭、万宁、屯昌等县(市)部分乡镇出现洪涝灾害。据统计，台风“剑鱼”造成儋州市和屯昌、五指山、万宁等7个县(市)2万人受灾，8000人紧急转移安置；农作物受灾面积2000公顷；直接经济损失2000万元。

6. 1918号“米娜”(Mitag)

1918号台风“米娜”于9月28日在西北太平洋洋面生成，10月1日20时30分前后在浙江舟山普陀区沿海登陆，登陆时中心附近最大风力12级(33米/秒)，中心最低气压为975百帕。“米娜”登陆后很快重新入海，并转向北偏东方向移动，2日早晨起逐渐远离华东近海，趋向朝鲜半岛南部，强度逐渐减弱。

受台风“米娜”影响，9月30日至10月1日，浙江东部、上海东部和台湾岛中北部累计降雨量超过100毫米，浙江宁波、舟山局地250～444毫米；上述沿海出现8～10级阵风、局地12～14级，浙江温州平阳县平屿局地达16级(52.2米/秒)。据统计共造成浙江、上海等省(市)82万人受灾,4人死亡,27.2万人紧急转移安置;农作物受灾面积近4.8万公顷;直接经济损失32.1亿元。

浙江 "米娜"为历史上10月登陆浙江的第三个台风,同时也是1949年以来10月唯一登陆舟山的台风。"米娜"移动路线贯穿浙江省沿海,加上台风结构不对称,北部云系范围广,持续影响舟山、宁波、台州、绍兴等地,给上述地区带来长时间的大风暴雨天气。

受"米娜"影响,浙中北东部地区普降暴雨大暴雨,局地特大暴雨。强降雨时段主要集中在1日白天到夜里,有77个乡镇(街道)小时雨量超过30毫米,8个乡镇(街道)超过50毫米,定海区叉河水库小时雨量达68毫米。"米娜"过程雨量舟山市179毫米、宁波市153毫米、台州市108毫米,有21个县(市、区)超过100毫米,最大为定海231毫米、余姚178毫米。单站最大为定海区盐仓街道,达444毫米。"米娜"影响期间,有197个乡镇(街道)日降水量超过100毫米,15个超过200毫米,3个超过300毫米,单站最大为定海区叉河水库357.5毫米、定海区千荷学校345.2毫米、象山新桥镇315.8毫米。受"米娜"影响,浙江省沿海海面自南向北出现11~13级、局部14~16级大风,沿海地区也出现8~10级局部11~12级大风,较大的有平阳平屿52.2米/秒(16级)、嵊泗大戢山49.1米/秒(15级)。台风影响期间,正值天文高潮,风雨潮三碰头,影响加重。

"米娜"致使浙江省部分城乡发生内涝,城镇、农田受淹,电力、通讯等基础设施被毁损,造成多条高速公路封道,航班受阻,班线客车和航运停运,给浙江省带来较严重的影响。据统计,共造成81.5万人受灾,4人死亡,27.1万人紧急转移安置;农作物受灾面积近4.3万公顷;直接经济损失31.4亿元。

上海 10月1日至2日凌晨,受"米娜"台风外围影响,上海地区普降暴雨到大暴雨,局部地区特大暴雨,沿海地区阵风7~9级,最大阵风达11级。暴雨造成小区街道积水及建筑物进水,大风吹倒树木、广告牌、护栏等基础设施;浦东机场取消航班336架次,虹桥机场取消航班37架次。据统计"米娜"台风造成上海市受灾人口5000人,紧急转移人口1000人;农作物受灾面积5000公顷;直接经济损失7000万元。

2.4 冰雹与龙卷

2.4.1 基本概况

2019年,全国共有30个省(区、市)出现1567个县(市)次冰雹,16个县(市)次龙卷,降雹次数比2001—2018年平均值(1610个县次)略偏少。受冰雹、龙卷等强对流天气影响,全国累计1027万人次受灾,88人死亡,4人失踪;3000间房屋倒塌,19.0万间房屋不同程度损坏;农作物受灾面积222.8万公顷,其中绝收17.1万公顷;直接经济损失183.4亿元。与2001—2018年平均值相比,2019年全国因强对流天气造成的受灾面积和经济损失均明显偏少,死亡人口偏少。江西、内蒙古、云南、贵州、河北、新疆、甘肃、山东等省(区)灾情较为严重。

2.4.2 冰雹

1. 主要特点

(1)降雹次数略偏少

2019年,全国30个省(区、市)遭受冰雹袭击。据统计,共出现1567个县(市)次冰雹,降雹次数比2001—2018年平均值(1610个县次)略偏少。

(2)初雹、终雹时间均偏晚

2019年,全国最早一次冰雹天气出现在2月17日(云南、贵州部分地区),初雹时间较常年(平均出现在 2 月上旬)略偏晚。最晚一次冰雹天气出现在 12 月 29 日(云南省西双版纳傣族自治州勐腊县),终雹时间较常年(平均出现在 11 月中旬)明显偏晚。

(3)降雹主要集中在春季和夏季

从降雹的季节分布来看,2019 年夏季出现冰雹次数最多,共有 900 个县(市)次,占全年降雹总次数的 57.4%;春季降雹次数多,共有 539 个县次,占全年的 34.4%;春、夏两季共有 1439 个县次降雹,占全年的 91.8%。秋季共有 76 个县次降雹,占全年的 4.9%;冬季只有 52 个县次降雹,仅占全年的 3.3%。

从各月降雹情况看,2019 年 7 月降雹次数最多,共 454 个县(市)次降雹,占全年的 29.0%;4 月次多,325 个县次降雹,占全年的 20.7%;6 月、8 月、5 月分居第三、第四、第五位,分别有 239 个县次、207 个县次、128 个县次降雹,各占全年的 15.3%、13.2%、8.2%。

(4)华北、西南、西北等地降雹较多

2019 年,我国降雹较多的是华北、西南、西北等地。从各省分布来看,内蒙古降雹次数最多,降雹 162 县(市)次;云南次多,降雹 142 县次;贵州居第三位,降雹 105 县次;黑龙江居第 4 位,降雹 97 县次,河北(92 县次)、新疆(82 县次)、甘肃(75 县次)、湖北(71 县次)、广西(70 县次)、江西(68 县次)、山东(67 县次)、山西(66 县次)、河南(66 县次)、吉林(61 县次)等省(区)降雹均超过 60 县次(见图 2.4.1),局部受灾较重。

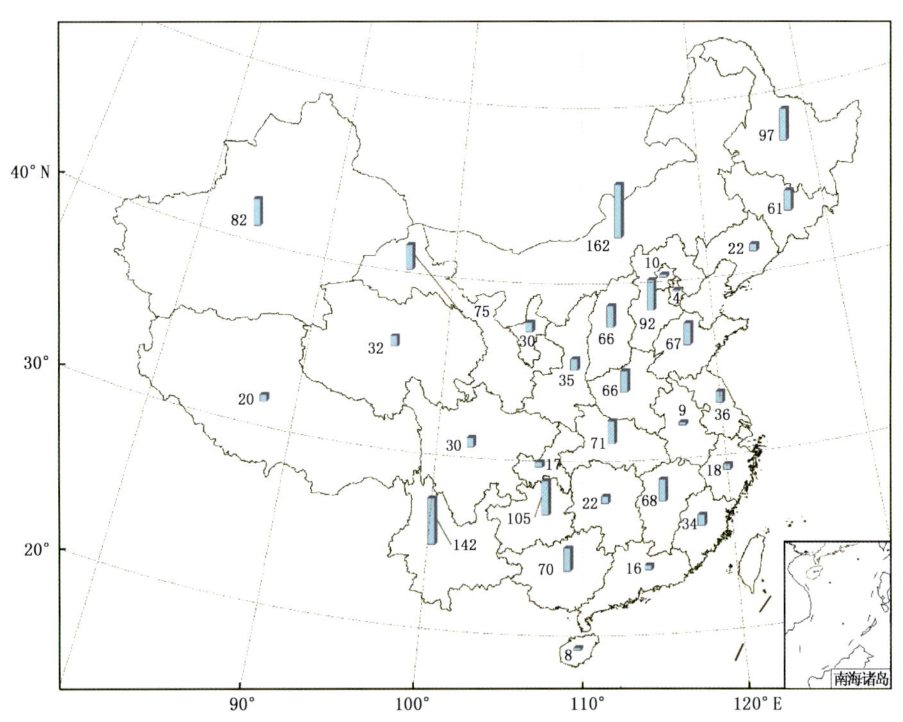

图 2.4.1　2019 年全国降雹县(市)次分布

Fig. 2.4.1　Distribution of hail events over China in 2019

2. 部分风雹灾害事例

(1)2 月 17 日,贵州省贵阳、遵义、黔东南、黔南、黔西南、安顺、铜仁 7 市(自治州)16 个县(市、区)局部地区出现冰雹。由于冰雹颗粒不大、降雹时间短、范围小,造成的影响较小。

(2)2 月 17—18 日,云南省德宏、红河、文山、昆明、临沧、西双版纳等 7 市(自治州)19 个县(市、区)部分地区发生风雹灾害。红河哈尼族彝族自治州屏边苗族自治县最大冰雹直径 3 毫米,瞬时最大风速 22.2 米/秒;文山壮族苗族自治州马关县极大风速达 23.4 米/秒;德宏傣族景颇族自治州梁河县瞬时风极大值达 25.8 米/秒。共计 4.1 万人受灾；6300 余间房屋不同程度损坏；烤烟、蔬菜、甘蔗、猕猴桃、香蕉、枇杷等农作物受灾面积 2300 公顷，绝收面积近 500 公顷；直接经济损失 4500 余万元。

(3)3 月 4—5 日，贵州省安顺市西秀区、镇宁县、紫云县，黔南布依族苗族自治州平塘县、长顺县、惠水县、荔波县不同程度遭受风雹灾害。安顺市紫云县最大冰雹直径 45 毫米，黔南州长顺县最大冰雹直径 28 毫米。共计 3.81 万人受灾；油菜、茶叶、珍珠瓜、蔬菜等受灾面积 1615 公顷，成灾面积 1064 公顷，绝收面积 152 公顷；损坏房屋 43 间；直接经济损失 1285 万元。

(4)3 月 19—21 日，江西省出现区域性强对流天气。江西全省有 71 个县(市)出现雷电；42 个县(市)出现 8 级以上大风，以庐山 34.4 米/秒(12 级)为最大，为历史罕见；17 个县(市、区)观测到冰雹，冰雹直径以南昌县 12 毫米为最大。此次风雹天气造成鹰潭、上饶、南昌、萍乡、抚州、吉安 6 市 23 县(市、区)共 16.6 万人受灾，因灾死亡 6 人(鹰潭市贵溪市构筑物倒塌死亡 2 人；南昌市进贤县雷击死亡 1 人，红谷滩新区雷击致死 1 人；吉安市吉水县树木刮断砸死 1 人；萍乡市芦溪县建筑物倒塌死亡 1 人)；农作物受灾面积 4500 公顷，绝收面积近 100 公顷；倒塌房屋 112 间，严重损坏房屋 354 间，一般损坏房屋 1 万余间；直接经济损失 7.5 亿元。

(5)3 月 21 日，湖南省衡阳市衡阳县，邵阳市邵阳县，株洲市醴陵市、茶陵县，常德市安乡县、汉寿县部分乡镇出现了短时雷暴、大风及冰雹强对流天气，衡阳县最大冰雹直径 14 毫米，平均重量 9 克。共计 3.2 万人受灾，2 人死亡；农作物受灾面积 557 公顷，绝收面积 43 公顷；倒塌房屋 60 多间，损坏房屋近 4000 间；直接经济损失 6000 余万元。

(6)3 月 21 日，福建省南平市松溪、顺昌、建瓯、邵武等县(市)多个乡镇遭受大风、冰雹、暴雨袭击。建瓯市 24 小时最大降水量 70.1 毫米，政和县出现 18 米/秒(8 级)阵风。共计超过 4530 人受灾，烟叶等农作物受灾面积 783 公顷，损坏房屋 2000 多间，直接经济损失 1465 万元。

(7)4 月 8—9 日，湖北省出现一次短时强降雨和大风、冰雹等强对流天气过程，全省共 14 站出现冰雹。此次风雹、洪涝等灾害共造成宜昌市当阳市，襄阳市襄城区，荆州市荆州区、江陵县，荆门市掇刀区、钟祥市，随州市曾都区共 5 市 7 个县(市、区)4.3 万人受灾；农作物受灾 1.29 万公顷；倒塌房屋 9 间，不同程度损坏房屋 448 间；直接经济损失 3075 万元。

(8)4 月 15 日，云南省红河哈尼族彝族自治州个旧市、石屏县、建水县和玉溪市元江哈尼族彝族傣族自治县出现雷电、大风、冰雹等强对流天气。建水县冰雹最长持续时间 25 分钟，最大冰雹直径 20 毫米；元江县局地降雹持续 14 分钟，最大冰雹直径 15 毫米。共计 1.27 万人受灾；玉米、小麦、蔬菜、中草药、水果等农作物受灾面积 2403 公顷，成灾面积 1668 公顷，绝收面积 834 公顷；倒损房屋 76 间；直接经济损失 3240 万元。

(9)4 月 18—22 日，贵州省贵阳、遵义、安顺、毕节、铜仁、黔南等 7 市(自治州)24 个县(市、区)遭受雷雨大风、冰雹、暴雨等强对流天气袭击。贵阳市白云区监测点最大冰雹直径 8 毫米，每平方米 100 粒左右，降雹时长 21 分钟；花溪城区冰雹直径 15 毫米左右；乌当区最大冰雹直径 20 毫米。黔南布依族苗族自治州贵定县最大冰雹直径 10 毫米；惠水县最大风力 9 级(风速 22.5 米/秒)；福泉市最大冰雹直径 17 毫米，降雹时长 15 分钟，最大风力 9 级。安顺市平坝区冰雹直径 8～10 毫米；西秀区最大冰雹直径达 20 毫米，地面积雹厚度达 20 厘米。毕节地区大方县最大冰雹直径 20 毫米。共计 18.4 万人受灾，2 人溺水死亡；3100 余间房屋不同程度损坏；油菜、马铃薯、玉米、烤烟、蔬菜、果园等农作物受灾面积 1.29 万公顷，绝收面积 2800 公顷；直接经济损失 1.7 亿元。

(10)4 月 22 日，福建省三明市宁化县、福州市闽侯县、泉州市南安市、宁德市周宁县先后出现雷雨大风、冰雹和短时强降水天气。宁化县受灾人口 5000 余人，农作物受灾面积 371 公顷，民房受损 48 处，直接经济损失 2008 万元。

(11)4月23—25日,浙江省中南部出现大范围雷雨大风、短时暴雨、冰雹等强对流天气。最大风速达32.8米/秒(12级),最大降水量106毫米,文成、青田、瑞安、平阳及温州市区、天台、仙居、义乌、东阳、龙泉、云和、景宁等地冰雹直径10～20毫米。据国家减灾中心统计,丽水市景宁畲族自治县、温州市瓯海区有2300余人受灾,2人死亡;近1000间房屋不同程度损坏;农作物受灾面积400余公顷;直接经济损失近2000万元。

(12)4月24日,山西省忻州、长治、临汾、运城、晋中等市23个县(区)的部分乡镇出现冰雹。晋中市寿阳县、榆社县、祁县最大冰雹直径约30毫米,持续时间15～20分钟,3县共计9957人受灾,玉米、高粱、蔬菜及梨、杏、核桃、药材等受灾面积759公顷,直接经济损失4160余万元。运城市平陆县最大冰雹直径20毫米,持续时间约15分钟,全县2134公顷农作物和经济林受灾,已经拔节孕穗的小麦出现了大面积倒伏,正值幼果期的桃树、梨树、苹果树的大部分果面被冰雹砸伤并出现黑斑,一些果树树枝也被冰雹砸裂。

(13)4月24—25日,河南省洛阳、三门峡2市5个县(市)和济源市遭受风雹灾害。洛阳市栾川县最大冰雹直径约30毫米;孟津县最大冰雹直径50毫米左右,极大风速34.5米/秒。三门峡市灵宝市冰雹持续时间约15分钟,冰雹直径约10毫米。济源市最大冰雹直径10～20毫米。共计6.7万人受灾;农作物受灾面积4400多公顷,其中绝收近100公顷;直接经济损失2700余万元。

(14)4月24—25日,湖北省恩施土家族苗族自治州8个县(市)均不同程度遭受风雹灾害。据不完全统计,鹤峰、宣恩、利川、建始4个县(市)共计1.2万人受灾;129间房屋不同程度损坏;玉米、洋芋、烟叶等农作物受灾面积586公顷,其中绝收86公顷;直接经济损失476万元。

(15)4月24日,湖南省湘西、娄底2市(自治州)3个县(市)遭受风雹灾害,湘西土家族苗族自治州凤凰县冰雹最长持续时间半小时,冰雹直径约9毫米。总计5.7万人受灾;200余间房屋不同程度损坏;稻田秧苗、玉米、油菜、蔬菜、猕猴桃、柑橘、中药材、油茶等受灾面积2600公顷,其中绝收900余公顷;直接经济损失9300余万元。

(16)4月24日,江西省吉安、抚州、赣州等4市15个县(区)遭受大风、冰雹、暴雨等强对流天气袭击。吉安市永丰县日最大降水量110.9毫米,最大风速26.1米/秒,平均冰雹直径10毫米;赣州市宁都县最大风速18.8米/秒,小时最大降水量35毫米。共计12.6万人受灾,2人死亡(吉安市泰和县,雷击致死);近2100间房屋不同程度损坏;农作物受灾面积8300公顷,其中绝收300余公顷;直接经济损失9500余万元。

(17)4月24—26日,福建省出现大范围的雷雨大风冰雹天气。南平、三明、宁德、福州、龙岩、漳州等市22个县(市)出现冰雹,最大冰雹直径20～30毫米,三明市泰宁县峨眉峰景区极大风速达35.4米/秒,宁德蕉城区八都镇极大风速达38.7米/秒。据统计,三明、南平2市共有3万人受灾;农作物受灾7000公顷;倒塌房屋15间,损坏房屋500余间;直接经济损失2亿元。

(18)4月24—25日,贵州省黔东南苗族侗族自治州剑河县、黔南布依族苗族自治州瓮安县、遵义市绥阳县、黔西南布依族苗族自治州安龙县、毕节市大方县、安顺市镇宁布依族苗族自治县、毕节市织金县相继发生风雹灾害。瓮安县最大冰雹直径10毫米,绥阳县最大冰雹直径30毫米,安龙县最大冰雹直径20毫米。共计1.6万人受灾,农作物受灾面积800多公顷,倒损房屋1300多间,直接经济损失2145万元。

(19)4月25—27日,广西出现暴雨、雷雨大风、冰雹等强对流天气。桂林、百色、玉林、贺州、来宾等5市的20个县(区)出现冰雹,百色市右江区最大冰雹似小鸡蛋大;桂林、柳州、来宾、河池、贺州、百色、南宁、玉林、崇左等9市出现8～10级大风,桂林市全州县极大风速达31.3米/秒(11级);27日梧州市蒙山县降水量137.6毫米,打破当地建站以来4月日降水量纪录。共计1.4万人受灾;农作物受灾面积860公顷,成灾面积740公顷,绝收面积43公顷;农房倒塌95间,严重损坏91间;

直接经济损失 2207 万元。

(20)4 月 25 日，云南省昭通市鲁甸县、巧家县、昭阳区，曲靖市宣威市、富源县、会泽县，大理白族自治州鹤庆县遭受风雹灾害，昭阳区风雹持续时间 40 分钟左右。共计 2.1 万人受灾；玉米、马铃薯、旱烟、豆类、花椒、苹果、葡萄、蔬菜等受灾面积 8000 多公顷，绝收面积近 1700 公顷；直接经济损失 1.67 亿元。

(21)4 月 26—27 日，甘肃省白银、定西、甘南、临夏、兰州等 5 市（自治州）15 个县（区）局部地区出现冰雹、大风、短时强降水等强对流天气。临夏回族自治州永靖县小时最大雨量 30.9 毫米，县城极大风速 20.2 米/秒，最大冰雹直径达 30～50 毫米，16 人因冰雹砸落受轻微伤，市政设施和花卉苗木严重受损，城区路灯、城市亮化设施、楼体保温层、公交车站大面积破损，部分房屋玻璃破损，县城三分之一区域停电、停水，跳闸电力线路 14 条、五级电杆倒杆，数千辆汽车挡风玻璃、车身受损，强降雨还造成城市严重内涝，景点景区标识标牌、路灯、视频监控等损坏严重；康乐县风雹灾害过程持续时间 8 分钟，最大冰雹直径 25 毫米。白银市靖远县雹径 5～40 毫米；景泰县降雹持续 3 分多钟。共计 15.1 万人受灾；近 200 间房屋不同程度损坏；花椒、果树、油菜、玉米等农作物受灾面积 1.51 万公顷，绝收 1000 公顷；直接经济损失 4.5 亿元。

(22)4 月 28—29 日，贵州省毕节、遵义、安顺等 4 市（自治州）14 个县（区）局部地区出现暴雨、冰雹、大风等强对流天气，安顺市普定县猴场 6 个小时最大降水量达 267.4 毫米。共计 2.5 万人受灾，近 100 间房屋不同程度损坏，土豆、玉米、大棚蔬菜、樱桃、提子等受灾面积 1200 公顷，直接经济损失 1100 余万元。

(23)5 月 3—4 日，新疆阿克苏地区阿克苏市、阿瓦提县、乌什县、库车县、沙雅县和巴音郭楞蒙古自治州尉犁县以及兵团一师阿拉尔辖区 2 团、3 团、7 团、8 团、9 团、10 团等团场出现短时强降雨、雷电、冰雹、大风等强对流天气。至少 1.9 万人受灾；棉花、玉米、小麦、孜然、甜瓜、蔬菜等共计受灾面积 8.6 万公顷，成灾面积 3.5 万公顷，绝收面积 8500 多公顷；直接经济损失 2.4 亿元。

(24)5 月 10—11 日，山东省菏泽、临沂、潍坊、济宁等 4 市 7 个县（市）出现短时强降雨、冰雹、大风等强对流天气。菏泽市单县风雹持续时间 15～20 分钟，最大雹径 30 毫米，瞬时风力达 7～8 级；济宁市曲阜市冰雹降雨历时 40 分钟左右；潍坊市临朐县最大冰雹如玉米粒大小。共计 3.8 万人受灾；西瓜、玉米、棉花等农作物受灾面积 5700 公顷，其中绝收 100 余公顷；直接经济损失 3600 余万元。

(25)5 月 15—17 日，河北省承德、张家口、唐山、廊坊 4 市 8 个县（市）遭受风雹灾害。承德市兴隆县最大冰雹直径超过 50 毫米，丰宁满族自治县瞬时最大风速达 26.5 米/秒（10 级），最大冰雹直径 20 毫米；张家口市涿鹿县降雹持续时间 20 分钟，最大冰雹直径 20 毫米，地面积雹厚度达 5 厘米；唐山市迁西县部分冰雹如鸡蛋大小，遵化市最大冰雹直径超过 50 毫米；廊坊市三河市最大冰雹直径 13 毫米。据不完全统计，共计 5.6 万人受灾；小麦、玉米、红薯、花生、蔬菜、果树等受灾面积 5100 多公顷，绝收面积 2800 多公顷；4000 余间房屋不同程度损坏；直接经济损失 3.1 亿元。

(26)5 月 15—19 日，江西省萍乡、赣州、抚州、吉安、宜春等 6 市 26 个县（市、区）遭受雷雨大风、冰雹和暴雨袭击。吉安市永丰县 24 小时最大降雨量 122.9 毫米。江西全省共计 25.9 万人受灾，1 人因溺水死亡；近 100 间房屋倒塌，800 余间房屋不同程度损坏；农作物受灾面积 1.51 万公顷，其中绝收 900 余公顷；直接经济损失 2.8 亿元。

(27)5 月 25—26 日，贵州省安顺、黔西南、六盘水、毕节 4 市（自治州）7 个县（市、区）遭受风雹、暴雨灾害。安顺市关岭布依族苗族自治县极大风速达 37.5 米/秒，最大小时雨量为 92.3 毫米；平坝区降雹 1 分钟，最大冰雹直径 5 毫米；普定县极大风速 32.7 米/秒。黔西南布依族苗族自治州兴仁市最大日降雨量 126.7 毫米，最大冰雹直径 10 毫米。贵州全省共计 2.6 万人受灾；玉米、水稻、蔬菜、烤烟等受灾面积3600多公顷，成灾面积1000余公顷，绝收面积400多公顷；损坏房屋1000多间；直接经济损失6800多万元。

(28)5月31日至6月2日，内蒙古赤峰、通辽、呼伦贝尔、阿拉善4市(盟)9个县(区、旗)部分地区相继出现大风、冰雹、短时强降雨等强对流天气。赤峰市克什克腾旗冰雹持续15分钟左右，最大冰雹直径15毫米；松山区最大冰雹直径20毫米，地面积雹厚度2～4厘米。通辽市科尔沁左翼中旗冰雹天气持续15分钟，最大冰雹直径25毫米；科尔沁区降雹持续11分钟，最大冰雹直径15毫米。呼伦贝尔市阿荣旗降雹持续15分钟，最大冰雹直径约15毫米，地面积雹厚度1厘米左右。共计3.5万人受灾，谷子、玉米、大豆、甜菜、药材、果树等受灾面积1.2万公顷，直接经济损失3700多万元。

(29)6月4—6日，河南省开封、驻马店、商丘、周口、安阳、濮阳、郑州、漯河、平顶山9市20个县(市、区)局地遭受暴雨、雷暴、大风、冰雹等强对流天气袭击。濮阳市范县24小时最大降雨量54.5毫米；开封市兰考县最大风力9级；周口市扶沟县冰雹似黄豆大小。此次风雹天气造成小麦大面积倒伏、被淹，香菇、香瓜、西瓜、葡萄等经济作物受损严重，大量树木被折断，房屋、蔬菜大棚等不同程度损毁。共计受灾人口45.2万人；农作物受灾面积4.09万公顷，成灾面积8400公顷，绝收面积960公顷；倒塌房屋4间，严重损坏房屋230间；直接经济损失1.6亿元。

(30)6月4—5日，山东省烟台、临沂、莱芜、潍坊、日照、济南、淄博、滨州等市17个县(市、区)出现雷电、大风、冰雹等强对流天气。烟台市龙口市极大风速20.1米/秒(8级)，最大冰雹直径10毫米；莱州市小时最大降水量18.1毫米；蓬莱市最大冰雹直径30毫米。临沂市沂水县风雹持续时间15～30分钟。全省共计12.9万人受灾；小麦、玉米、果树等受灾面积1.21万公顷，绝收面积近100公顷；直接经济损失1.1亿元。

(31)6月5日，吉林省长春、延边2市(自治州)4个县(市)部分乡镇遭受冰雹、短时强降水袭击。延边朝鲜族自治州敦化市最大冰雹直径达20毫米，长春市榆树市最大降水量60.3毫米。共计8700余人受灾；大豆、玉米、水稻等农作物受灾面积4300公顷，绝收面积900余公顷；直接经济损失1100余万元。

(32)6月7—8日，河北省秦皇岛、邢台、邯郸3市6个县(市)遭受风雹灾害。秦皇岛市卢龙县最大小时雨量为45.6毫米，最大风速30米/秒(11级)，冰雹持续时间约20分钟，冰雹直径5～10毫米。共计2.1万人受灾；农作物受灾面积1600公顷，其中绝收300余公顷；直接经济损失近2200万元。

(33)6月7日，山西省忻州市忻府区、原平市，太原市阳曲县，阳泉市盂县、郊区遭受大雨和雷电、大风、冰雹袭击，阳曲县小时最大降雨量约30毫米。重灾地区风大雹密，地面积水严重，辣椒苗有的被拦腰打断，有的叶子全被打掉，辣椒地膜千疮百孔，杏果受伤率达50%以上。共计1.5万人受灾；玉米、杂粮、蔬菜、果林等受灾面积9800多公顷，成灾面积约2500公顷；直接经济损失1280多万元。

(34)6月7日，甘肃省平凉、庆阳、定西3市5个县(市、区)遭受风雹灾害。平凉市华亭县降雹持续20分钟，最大冰雹直径20毫米；庆阳市镇原县冰雹持续约30分钟，最大冰雹直径10毫米，环县冰雹持续时间20分钟左右，最大冰雹直径5毫米。共计3.7万人受灾；小麦、玉米、药材、马铃薯、大豆、油料、蔬菜等农作物受灾面积4400公顷，绝收面积1300公顷；直接经济损失8500余万元。

(35)6月8—9日，新疆阿克苏、巴音郭楞2地区(自治州)5个县(市)遭受冰雹、暴雨灾害。1万人受灾；棉花、果树等农作物受灾面积5100公顷，绝收面积近500公顷；直接经济损失7200余万元。

(36)6月11日，青海省海南藏族自治州共和县、贵南县和黄南藏族自治州同仁县出现雷阵雨、大风，冰雹等强对流天气。共和县冰雹持续20分钟左右；同仁县最大冰雹直径8毫米。共计8000

多人受灾，蚕豆、小麦、玉米、青稞、油菜、黄果树、洋芋等受灾面积 600 多公顷，直接经济损失约 525 万元。

(37)6 月 12 日，甘肃省平凉市华亭县和庆阳市环县、镇原县部分乡镇先后遭受风雹灾害。华亭县降雹持续 10 分钟，最大冰雹直径 10 毫米；环县最大冰雹直径 10 毫米左右，冰雹持续时间 30 分钟左右。共计 2.8 万人受灾；小麦、玉米、药材、马铃薯、大豆、油料、蔬菜等农作物受灾面积 2600 多公顷，成灾面积 2300 多公顷；损坏房屋(窑洞)40 多间(孔)；直接经济损失 1352 万元。

(38)6 月 12 日，宁夏固原、中卫、吴忠等 4 市 5 个县(区)遭受风雹灾害。固原市彭阳县最长持续降雹时间约 30 分钟，最大雹径 15 毫米，最大地面积雹厚度 3 厘米，小时最大降水量 37.1 毫米，最大风速 21.6 米/秒；中卫市海原县最大冰雹直径 10 毫米。共计 1.6 万人受灾，玉米、小麦、油料、中药材、经果林以及小秋杂等农作物受灾面积 3200 公顷，直接经济损失 1800 余万元。

(39)6 月 13 日，山西省阳泉、大同 2 市 4 个县(区)遭受风雹、暴雨灾害，大同市云州区先后 2 次出现冰雹，每次持续约 15 分钟，最大冰雹直径 10～20 毫米。共计 1.9 万人受灾，100 余间房屋不同程度损坏，玉米、高粱、谷子、黄花、绿豆、药材、油料、万寿菊、杏树等农作物受灾面积 3200 公顷，直接经济损失 2300 余万元。

(40)6 月 16—17 日，内蒙古赤峰、乌兰察布、锡林郭勒等 4 市(盟)9 个县(旗)遭受风雹、暴雨灾害。9700 余人受灾；大麦、小麦、荞麦、角瓜、豆角、甜菜等农作物受灾面积 3700 公顷，绝收面积 500 余公顷；直接经济损失 1900 余万元。

(41)6 月 19 日，吉林省四平市伊通满族自治县、吉林市蛟河市、白山市长白朝鲜族自治县遭受风雹灾害。蛟河市最大冰雹直径达 20 毫米，全市受灾人口 4.5 万人；水稻、玉米、果树、黄烟等农作物受灾面积 1.88 万公顷，成灾面积 8600 多公顷，绝收面积 330 余公顷；损坏房屋 80 多间；直接损失 6600 多万元。

(42)6 月 23—26 日，内蒙古巴彦淖尔、呼伦贝尔、赤峰、兴安、锡林郭勒 5 市(盟)8 个旗(区)遭受风雹灾害。巴彦淖尔市乌拉特中旗最大雨强 33.3 毫米/时，降雹时长约 20 分钟；五原县降雹持续 5 分钟，冰雹直径约 10 毫米。呼伦贝尔市莫力达瓦达斡尔族自治旗最大冰雹直径 25～45 毫米，持续时间长达 30～35 分钟；鄂伦春自治旗降雹持续约 35 分钟，最大冰雹直径 25 毫米，地面积雹厚度约 1 厘米。赤峰市松山区降雹约 10 分钟，最大冰雹直径 30 毫米，地面积雹厚度 2～5 厘米；翁牛特旗最大冰雹直径 10 毫米，降雹最长时间 30 分钟。锡林郭勒盟阿巴嘎旗最大雨强达 58.8 毫米/时。共计 5.8 万人受灾；玉米、甜菜、大豆、葵花、葫芦等农作物受灾面积 5.1 万公顷，成灾面积 1.6 万公顷，绝收面积 600 多公顷；直接经济损失 1.97 亿元。

(43)6 月 25—26 日，甘肃省平凉、白银、兰州 3 市 4 个县遭受风雹灾害。平凉市庄浪县降雹持续 20 分钟，最大冰雹直径 20 毫米。共计 9500 余人受灾；小麦、玉米、洋芋、苹果等农作物受灾面积 1200 公顷，绝收面积 200 余公顷；直接经济损失 1100 余万元。

(44)6 月 25—27 日，宁夏吴忠、固原、中卫 3 市 5 个县(区)遭受风雹灾害。固原市彭阳县最长降雹持续时间约 20 分钟，最大雹径 20 毫米，地面最大积雹厚度 3 厘米。共计 8000 余人受灾，冬小麦、玉米、马铃薯、胡麻等农作物受灾面积 600 余公顷，300 余间房屋不同程度损坏，直接经济损失 500 余万元。

(45)6 月 28 日，内蒙古赤峰市巴林右旗、翁牛特旗、敖汉旗先后出现冰雹、雷电大风、短时强降水天气。重灾地区最大冰雹直径 10～15 毫米，降雹最长时间 30 分钟，近 70 厘米高的玉米被砸成光杆，高粱、谷子被砸断，豆类、甜菜被砸烂，258 只羊被洪水冲走。共计 3.87 万人受灾；农作物受灾面积 2.09 万公顷，成灾面积 1.87 万公顷，绝收面积 1951 公顷；直接经济损失 1.036 亿元。

(46)6 月 29 日至 7 月 1 日，江西省吉安、景德镇、新余、上饶 4 市(自治州)5 个县(市、区)相继遭受雷暴、大风、冰雹、短时强降雨等强对流天气袭击。共计 2.8 万人受灾,4 人因雷击死亡;农作物受灾面积 4300 公顷,绝收面积 200 余公顷;直接经济损失 3200 万元。

(47)7 月 1—3 日,黑龙江省哈尔滨、齐齐哈尔、绥化、牡丹江、七台河等 6 市 18 个县(市、区)出现短时强降水、雷电、冰雹等强对流天气。共计 3.6 万人受灾;大豆、玉米、蔬菜等农作物受灾面积 2.63 万公顷,绝收面积 1300 公顷;直接经济损失 9200 余万元。

(48)7 月 1—3 日,内蒙古兴安、赤峰、呼伦贝尔 3 市(盟)5 个市(区、旗)遭受短时强降水、雷电、冰雹等强对流天气袭击。呼伦贝尔市阿荣旗降雹持续 15 分钟,最大冰雹直径约 15 毫米,地面积雹厚度 1 厘米左右;扎兰屯市降雹持续时间约 12 分钟,最大冰雹直径 30 毫米。赤峰市巴林右旗冰雹持续时间 15 分钟左右;松山区降雹持续时间约 10 分钟,最大冰雹直径 20 毫米,地面积雹厚度达 2～3 厘米。共计 2.2 万人受灾;玉米、豆类、葵花、高粱、甜菜、荞麦、谷子、果树等受灾面积 1.23 万公顷,绝收面积 1400 公顷;直接经济损失 2700 余万元。

(49)7 月 2—3 日,吉林省通化市辉南县、白城市镇赉县、延边朝鲜族自治州敦化市、辽源市东辽县、松原市乾安县出现短时强降雨、冰雹等强对流天气。辉南县降雹持续 5～10 分钟,最大冰雹直径 20～30 毫米;东辽县 2 小时最大降雨量 47 毫米,最大冰雹直径 10 毫米;乾安县最大冰雹直径 50 毫米。共计 2.2 万人受灾;玉米、水稻、大豆、香瓜、烤烟等受灾面积 1.1 万公顷,成灾面积 3700 多公顷,绝收面积近 1000 公顷;损坏房屋 60 多间;直接经济损失 2850 多万元。

(50)7 月 4—6 日,河北省张家口、保定、石家庄、邯郸、邢台、秦皇岛 6 市 11 个县(市)出现雷暴大风、冰雹、短时强降水天气。邢台市巨鹿县最大风速 27.4 米/秒(10 级),秦皇岛市卢龙县小时最大降雨量 21.8 毫米,邯郸市成安县测站最大冰雹直径 18 毫米。河北全省共计 1.1 万人受灾;玉米、果树等受灾面积 2200 多公顷,成灾面积 300 余公顷;直接经济损失 400 余万元。

(51)7 月 4—5 日,山西省大同、忻州、太原、阳泉 4 市 7 个县(市、区)遭受风雹灾害。大同市阳高县冰雹持续约 15 分钟,灵丘县最大冰雹直径 50～60 毫米;忻州市河曲县最大冰雹直径约 9 毫米。共计 4.56 万人受灾,雷击死亡 1 人(阳高县);玉米、谷子、黍子、大豆、荞麦等农作物受灾面积 1.35 万公顷,成灾面积 9000 多公顷,绝收面积 2700 多公顷;直接经济损失 1.68 亿元。

(52)7 月 6—8 日,山东省济宁、临沂、滨州、济南、潍坊、聊城、菏泽 7 市 12 个县(市、区)遭受风雹灾害。临沂市蒙阴县最大冰雹直径 30 毫米,持续时间 20 分钟;临沭县日降水量 78.1 毫米,极大风速 23.0 米/秒,最大冰雹直径约 20 毫米。滨州市高新区小时最大降水量 46.4 毫米;沾化区最大阵风 8～10 级大风;无棣县降雹大约持续 15 分钟。共计 17.2 万人受灾;200 余间房屋不同程度损坏;玉米、棉花、花生、大豆、蔬菜等农作物受灾面积 1.41 万公顷,绝收面积 7900 公顷;直接经济损失 3.6 亿元。

(53)7 月 6 日,江苏省自北向南遭受一次罕见强对流天气袭击,过程历时 18 个小时,江苏全省最大过程降雨量 142.3 毫米(连云港苍梧绿园),最大小时降雨量达 104.8 毫米(连云港市云台农场),最大风力达 11 级(泗洪陈圩乡,28.7 米/秒),最大冰雹直径达 50 毫米(淮安市洪泽县)。强对流天气所经之处,农业生产受到不同程度的影响。冰雹将徐州棉花、玉米、果蔬等作物及设施大棚砸坏;强降水导致部分水稻、玉米、大豆、花生等作物被淹;大风导致部分地区玉米等作物倒伏、大棚受损。徐州、连云港、宿迁、淮安、盐城、扬州、常州等市 16 个县(市、区)共计 3.4 万人受灾,2 人死亡(宿迁市,1 人因构筑物倒塌所致,1 人因雷击所致);1 万间房屋不同程度损坏;农作物受灾面积 9400 公顷,绝收面积 3700 公顷;直接经济损失 1.9 亿元。

(54)7 月 8 日,青海省西宁市湟源县、湟中县及海东市化隆回族自治县不同程度遭受风雹灾害,湟源县冰雹持续时间 30 分钟左右。共计超过 1000 人受灾;小麦、胡麻、青稞、油菜、豌豆、辣子、西瓜、葡萄、包心菜等农作物受灾面积 3900 多公顷,成灾面积 2200 多公顷,绝收面积 1300 多公顷;直接经济损失 4200 多万元。

(55)7 月 9—12 日，内蒙古乌兰察布、鄂尔多斯、呼和浩特、赤峰、通辽、呼伦贝尔市等市 14 个县(区、旗)遭受风雹灾害。赤峰市松山区降雹持续约 15 分钟，最大冰雹直径 20 毫米，地面积雹厚度达 2～3 厘米；呼伦贝尔市鄂伦春自治旗降雹持续 20 多分钟，最大冰雹直径 20 毫米，地面积雹厚度约 1 厘米；通辽市扎鲁特旗冰雹直径 8 毫米左右。共计 2.2 万人受灾；马铃薯、玉米、大麦、油料等农作物受灾面积 9400 多公顷，绝收面积 600 公顷；直接经济损失 4600 多万元。

(56)7 月 12—15 日，山西省长治、朔州、晋中、临汾、吕梁等 6 市 8 个县(市、区)出现大风、短时强降水、冰雹、雷电等强对流天气。长治市沁源县冰雹持续时间 10 分钟左右，8 个小时最大降水量 40.9 毫米；平顺县风雹持续约 30 分钟，最大冰雹直径约 30 毫米。共计 1.4 万人受灾；果树、玉米，高粱等农作物受灾面积 1500 公顷，绝收 400 余公顷；直接经济损失 2100 余万元。

(57)7 月 12—15 日，山东省滨州、泰安、威海、临沂 4 市 6 个县(区)遭受大风、强降雨、雷电、冰雹袭击。临沂市沂水县风雹持续约 40 分钟，最大冰雹直径 30 毫米。共计 1.3 万人受灾，300 余间房屋不同程度损坏，玉米、棉花、蔬菜、冬枣、梨树、瓜果等农作物受灾面积 900 余公顷，直接经济损失 2000 余万元。

(58)7 月 13—15 日，河北省保定、张家口、邢台、廊坊等 6 市 11 个县(区)遭受风雹灾害。张家口市赤城县降雹持续时间 10 分钟，最大冰雹直径 10 毫米，地面积雹厚度 1 厘米。共计 4 万人受灾，玉米、高粱、谷子等农作物受灾面积 4900 公顷，直接经济损失 2500 余万元。

(59)7 月 16—17 日，内蒙古兴安、赤峰、乌兰察布、包头等 6 市(盟)12 个县(市、区、旗)遭受雷雨、大风、冰雹、暴雨等强对流天气袭击。赤峰市克什克腾旗冰雹直径 5 毫米左右；兴安盟阿尔山市最大冰雹直径达 80 毫米，最大小时雨量 25.3 毫米。共计 1.3 万人受灾，1 人雷击死亡(兴安盟突泉县)；玉米、大豆、小麦等农作物受灾面积 8500 公顷，绝收面积 400 余公顷；近 100 间房屋不同程度损坏；61 只羊遭雷击死亡(突泉县)；直接经济损失 5300 余万元。

(60)7 月 19—20 日，内蒙古巴彦淖尔、呼伦贝尔、呼和浩特等 4 市 9 个县(区、旗)遭受短时大风、强降雨、冰雹袭击。巴彦淖尔市临河区雹粒如黄豆大小，降雹时间持续十几分钟。共计 3.4 万人受灾；小麦，葵花，番茄，玉米等农作物受灾面积 2.45 万公顷，绝收面积 200 余公顷；直接经济损失 7900 余万元。

(61)7 月 19 日，云南省昆明市石林彝族自治县、嵩明县，曲靖市陆良县，玉溪市江川区、易门县、红塔区，红河哈尼族彝族自治州泸西县出现雷暴、大风、冰雹、短时强降水等强对流天气。陆良县风雹持续时间 12 分钟左右，最大冰雹直径 15 毫米，最大风速超过 21 米/秒；江川区降雹 5 分钟左右，冰雹直径 6 毫米左右；红塔区最大冰雹直径约 5 毫米，持续时间约 13 分钟。共计超过 6000 人受灾；烤烟、玉米、蔬菜等农作物受灾面积近 3000 公顷，成灾面积约 1500 公顷，绝收面积近 1200 公顷；倒损房屋 160 多间；直接经济损失超过 1 亿元。

(62)7 月 24—25 日，吉林省四平、辽源、白城等 5 市 8 个县(市、区)遭受风雹灾害，白城市洮南市最大冰雹直径 5 毫米。共计 6.8 万人受灾；玉米、辣椒、西瓜等农作物受灾面积 2.34 万公顷，其中绝收 100 余公顷；直接经济损失 8900 余万元。

(63)7 月 25—26 日，内蒙古赤峰、锡林郭勒、兴安 3 市(盟)8 个县(旗)出现大风、冰雹、短时强降水等强对流天气。赤峰市翁牛特旗最大冰雹直径 25 毫米，降雹持续时间 20 分钟，小时雨量达 28.3 毫米，极大风速达 26.4 米/秒。共计 1.1 万人受灾，3 人死亡(其中 2 人雷击致死，1 人溺水所致)；玉米、甜菜、谷物、蔬菜等农作物受灾面积 6000 公顷，绝收面积近 400 公顷；直接经济损失 2600 余万元。

(64)7 月 26—28 日，河南省焦作、三门峡、洛阳、商丘、周口、漯河、平顶山、南阳、驻马店等 9 市

18 县(市)相继出现雷暴大风、冰雹和短时强降雨天气。周口市局部地区最大风力 9 级，最大降雨量 227.2 毫米；平顶山市鲁山县东部最大降雨量 200.3 毫米；三门峡灵宝市最大风力 7 级以上，冰雹直径 5 毫米。恶劣天气导致上述地区玉米大面积倒伏，烟叶、苹果、黄桃被打坏或打落，上万颗树木折断，多处道路、河堤、涵管等被冲毁，部分农房倒塌或严重损坏。灾害共造成 20.8 万人受灾，1 人因构筑物倒塌死亡；玉米、烟叶、棉花、果树等农作物受灾面积 1.6 万公顷；倒塌和严重损坏房屋 46 户 126 间；直接经济损失 2851 万元。

(65)7 月 27—29 日，河北省秦皇岛、张家口、唐山、邢台、保定、沧州、邯郸等 9 市 31 个县(市、区)遭受暴雨、风雹灾害。邯郸市永年区瞬时极大风速达 37.3 米/秒(13 级)；邢台市广宗县最大小时降雨量达 107.8 毫米；沧州市肃宁县最大日降水量 121.0 毫米；石家庄市灵寿县全县 24 小时平均降水量 81.3 毫米；张家口市涿鹿县冰雹直径约 8 毫米，极大风速达 30.6 米/秒(11 级)。河北全省共计 11 万人受灾；近 100 间房屋不同程度损坏；玉米、棉花、谷子、烟叶、油葵等农作物受灾面积 8200 公顷，绝收面积近 700 公顷；直接经济损失近 4800 万元。

(66)7 月 28—29 日，黑龙江省哈尔滨、齐齐哈尔、鸡西、鹤岗、双鸭山、大庆、绥化、黑河等 10 市 56 个县(市、区)遭受洪涝、风雹灾害。齐齐哈尔市甘南县极大风速达 33.8 米/秒；绥化市庆安县 4 个多小时降雨量 35.7 毫米，阵风 8 级以上；黑河市嫩江县 4 个小时最大降雨量 52.8 毫米；双鸭山市集贤县 8 个小时最大降雨量达 75.9 毫米，最大风力达 9 级。共计 22.7 万人受灾；2400 余间房屋不同程度损坏；玉米、水稻、大豆等农作物受灾面积 13.96 万公顷，其中绝收 1.16 万公顷；直接经济损失 5.2 亿元。

(67)7 月 30—31 日，甘肃省兰州、庆阳、武威、临夏、白银、定西、甘南 7 市(州)9 个县(市)发生风雹灾害。兰州市永登县风雹持续时间 30 分钟，最大冰雹直径 5 毫米；庆阳市华池县风雹持续 30 分钟，最大冰雹直径 12 毫米；白银市会宁县冰雹最大直径 15 毫米，持续半个小时左右；定西市临洮县冰雹直径 3～8 毫米。共计 4.4 万人受灾，玉米、洋芋、胡麻等农作物受灾面积 5700 多公顷，直接经济损失 2870 多万元。

(68)7 月 30 日至 8 月 2 日，江苏省宿迁、泰州、徐州、无锡、常州、南京、南通等市 13 个县(市、区)遭受短时强降雨、雷雨大风和冰雹袭击。无锡市江阴市 3 个小时最大降雨量 52.2 毫米，降雹 4 分钟，最大冰雹直径约 5 毫米，极大风速 21.0 米/秒(9 级)。共计 1900 余人受灾，2 人死亡(1 人溺水死亡，1 人雷击身亡)；100 余间房屋不同程度损坏；农作物受灾面积近 500 公顷；直接经济损失 600 余万元。

(69)7 月 30 日，云南省玉溪市峨山彝族自治县、大理白族自治州祥云县和红河哈尼族彝族自治州石屏县、蒙自市先后出现雷电、风雹等强对流天气。峨山彝族自治县最大冰雹直径约 6 毫米，持续时间 10 分钟。共计 1000 多人受灾，烤烟、玉米、小米辣农作物受灾面积 470 多公顷，直接经济损失 400 多万元。

(70)8 月 1—6 日，湖北省十堰、恩施、襄阳、宜昌、孝感、仙桃等市(自治州)13 个县(市、区)遭受洪涝、风雹灾害。不完全统计，湖北全省 9.4 万人受灾，30 人死亡(26 人溺水所致、4 人房屋倒塌所致)，3 人失踪；玉米、蔬菜、烟叶等农作物受灾面积 4700 公顷，绝收面积 700 公顷；倒塌房屋 100 多间，损坏房屋 1700 多间；直接经济损失 2.8 亿元。其中，8 月 4 日，恩施土家族苗族自治州鹤峰县燕子镇躲避峡景区山洪造成 13 人死亡；8 月 6 日，十堰市郧阳区洪涝造成 13 人死亡，2 人失踪。

(71)8 月 2—5 日，内蒙古鄂尔多斯、通辽、巴彦淖尔等 7 市 16 个县(区、旗)遭受风雹灾害。1.3 万人受灾，1 人因雷击死亡，1 人失踪；农作物受灾面积 9800 公顷，其中绝收 2000 公顷；直接经济损失 4800 余万元。

(72)8 月 3 日，云南省玉溪市峨山彝族自治县、易门县、新平彝族傣族自治县，大理白族自治州祥云县、巍山彝族回族自治县，楚雄彝族自治州大姚县遭受冰雹、大风灾害。峨山县最大冰雹直径约5毫米，降雹持续约10分钟。烤烟、玉米等总计受灾面积270公顷，成灾面积100多公顷；直接经济损失40万元(易门县)。

(73)8月5日，山西省朔州市右玉县和大同市云州区、浑源县、天镇县相继遭受短时强降水、冰雹等强对流天气袭击。共计2900多人受灾；玉米、黄花、豆类、杂粮等农作物受灾面积1500多公顷，成灾面积1100多公顷；直接经济损失1010万元。

(74)8月6—9日，内蒙古乌兰察布、鄂尔多斯、包头、呼伦贝尔、兴安、赤峰、巴彦淖尔等市(盟)14个县(市、旗)遭受大风、冰雹、暴雨等强对流天气袭击。兴安盟突泉县最大冰雹直径约15毫米，持续时间约10分钟；巴彦淖尔市临河区冰雹似黄豆大小，持续十几分钟。共计3.9万人受灾，玉米、马铃薯、荞麦、葵花等农作物受灾面积2.88万公顷，直接经济损失4500多万元。

(75)8月11—12日，湖北省宜昌、恩施、襄阳、十堰、荆门5市(自治州)20个县(市、区)遭受雷暴大风、冰雹、暴雨袭击。宜昌市猇亭区最大风速28.5米/秒(11级)，最大小时降雨量32.2毫米。共计17.5万人受灾，1人因树木倒压死亡(襄阳市枣阳市)；倒塌房屋37间，损坏房屋2.11万间；玉米、辣椒、烟叶等农作物受灾面积8100公顷，绝收面积1590公顷；直接经济损失2.14亿元。

(76)8月12—14日，云南省曲靖、保山、楚雄、昭通、玉溪、文山、昆明、红河8市(自治州)18个县(市)遭受风雹灾害。文山壮族苗族自治州文山市暴雨伴随冰雹持续近半小时，局地小时雨量15.1毫米。玉溪市江川区降雹1分钟，最大冰雹直径5毫米；峨山彝族自治县最大冰雹直径约10毫米，持续约5分钟。云南全省共计6.7万人不同程度受灾；烤烟、玉米、水稻等农作物受灾面积6400公顷，成灾面积3840公顷，绝收面积1150公顷；损坏房屋80多间；直接经济损失1.2亿元。

(77)8月14—15日，内蒙古巴彦淖尔、赤峰、乌兰察布、锡林郭勒4市(盟)8个县(旗、区)遭受风雹灾害。赤峰市松山区最大雨强33.5毫米/时，降雹持续时间约20分钟，冰雹直径15毫米左右，地面积雹厚度2～5厘米；翁牛特旗最大冰雹直径10毫米，最大雨强18.9毫米/时；喀喇沁旗最大雨强17.0毫米/时，风雹持续时间约40分钟，最大冰雹直径20毫米。共计1.74万人受灾；葵花、甜菜、燕麦、马铃薯、玉米、谷子等农作物受灾面积5900多公顷，成灾面积4200多公顷，绝收面积900多公顷；直接经济损失2600多万元。

(78)8月15—16日，河北省张家口、承德、保定、石家庄、衡水等市29个县(市、区)出现大风。宣化极大风速最大达29.5米/秒(11级)。顺平、涞源、正定、藁城、怀来、丰宁、承德、围场等县(市、区)出现冰雹，保定市顺平县观测站最大冰雹直径20毫米；承德市围场满族蒙古族自治县最大冰雹直径约10毫米，持续时间约半小时。据不完全统计，共计7.3万人受灾，玉米、红薯、葡萄、蔬菜、桃树、梨树、枣树等受灾面积5500多公顷，直接经济损失近3700万元。

(79)8月16日，山东省部分地区遭受短时强降水和雷暴大风等强对流天气袭击，临邑、商河、邹平、青州、济阳、安丘、诸城、沂水、五莲、蒙阴、莒县、河东、莒南等县(市、区)出现冰雹。日照市五莲县最大冰雹直径约20毫米，极大风速30.6米/秒(风力11级)；临沂市沂水县风雹持续约40分钟，莒南县最大降雨量57.2毫米。据不完全统计，此次风雹天气共造成3.15万人受灾；玉米、花生、黄烟、地瓜、果树、露天蔬菜等农作物受灾面积1.52万公顷，成灾面积1.34万公顷，绝收面积1.01万公顷；倒损房屋500多间，损毁大棚1700多座；直接经济损失3.5亿元。

(80)8月25日，内蒙古通辽市库伦旗、奈曼旗和赤峰市敖汉旗局部地区出现短时强降雨、雷暴大风、冰雹等强对流天气，库伦旗最大雨强52.1毫米/时，奈曼旗最大冰雹直径30毫米，敖汉旗风雹持续时间近1个小时。8月26日，兴安盟突泉县、赤峰市敖汉旗、通辽市奈曼旗局部地区又遭受大风、冰雹、暴雨等强对流天气袭击，奈曼旗最大雨强27.3毫米/时，极大风速达到9级(23.1米/秒)。2天累计4.3万人受灾；玉米、绿豆、谷子、高粱等农作物受灾面积1.34万公顷，成灾面积1.25万公顷;绝收面积800多公顷,直接经济损失7200万元。

(81)8月30—31日,甘肃省兰州、白银、定西等4市6个县(区)部分地区遭受短时强降雨、大风、冰雹袭击。共计近8100人受灾;豌豆、小麦、胡麻、马铃薯、玉米等农作物受灾面积1800公顷,其中绝收200余公顷;直接经济损失近900万元。

(82)9月1—2日,受强对流天气影响,黑龙江省部分地区出现强降雨、冰雹天气,引发风雹灾害。哈尔滨、齐齐哈尔、牡丹江等4市5个县(区)1.7万人受灾,农作物受灾面积7500公顷,直接经济损失3600余万元。

(83)10月17日,甘肃省平凉、庆阳2市4个县(区)发生冰雹灾害。平凉市灵台县冰雹持续时间10分钟左右,最大冰雹直径20毫米;泾川县降雹时间3~4分钟,冰雹如黄豆大小;崇信县最大冰雹直径10毫米左右,是该县近年来出现最晚的一次冰雹。庆阳市西峰区冰雹持续40分钟,最大冰雹直径约10毫米。4个县(区)共计2.4万人受灾;农作物受灾面积2000公顷,绝收面积近100公顷;损坏设施大棚约1700座;直接经济损失1.2亿元。

(84)12月29日,云南省西双版纳傣族自治州勐腊县勐满镇、磨憨镇遭受冰雹灾害。2150人受灾;豆子、辣椒、南瓜、玉米、香蕉等受灾面积281公顷,成灾面积204公顷,绝收面积98公顷;直接经济损失888万元。

2.4.3 龙卷

1. 主要特点

(1)发生次数明显偏少

2019年全国有8个省(自治区)16个县(市、区)发生了龙卷(表2.4.1),龙卷出现次数较2001—2018年平均次数(每年54个县次)明显偏少。

表2.4.1 2019年龙卷简表

Table 2.4.1 List of major tornado events over China in 2019

发生时间	发生地点
2月18日	海南省海口市美兰区
4月13日	广东省湛江市徐闻县
4月19日	海南省定安县
5月17日	内蒙古赤峰市敖汉旗
5月21日	海南省海口市秀英区
6月17日	河北省张家口市尚义县
6月18日	黑龙江省黑河市爱辉区
7月2日	海南省昌江黎族自治县
7月3日	辽宁省铁岭市开原市
8月16日	辽宁省营口市老边区
8月28日	山东省威海市文登区
8月29日	海南省屯昌县、儋州市、白沙黎族自治县
9月17日	广西北海市银海区
10月5日	海南省儋州市

(2)主要发生在夏季

从2019年龙卷的季节分布来看,夏季最多,出现龙卷9县次,占全年总数的56.3%;春季出现4县次,占全年的25.0%;秋季出现2县次,占全年的12.5%;冬季出现1县次,占全年的6.3%。从月际分布来看,8月龙卷最多,发生5县次,占全年的31.3%;4月、5月、6月、7月各发生2县次,各占全年的12.5%;2月、9月、10月各发生1县次,各占全年的6.3%;其他月份未发生龙卷。

(3)海南发生最多

从2019年龙卷发生的地区分布来看,海南最多,发生8县次,占全国龙卷总数的50.0%;辽宁次之,发生2县次,占全国龙卷总数的12.5%;广东、广西、河北、黑龙江、山东、内蒙古各有1县次,分别占全国龙卷总数的6.3%;全国其他地区未发生龙卷。

2. 部分龙卷灾害事例

(1)2月18日17时50分前后,海南省海口市美兰区三江镇眼镜塘村上东西洋出现龙卷,龙卷自西向东移动2~3千米,过程大约持续5分钟。风灾造成4间房屋房顶被掀翻,沿途有树木折断,车辆被掀翻,苗圃损坏,直接经济损失16万元。

(2)4月13日14时15分前后,广东省湛江市徐闻县和安镇突发龙卷,陆地最大风速50.7米/秒(15级),降雨量43.4毫米(大雨)。此次龙卷造成1人死亡,5人受伤。

(3)4月19日16时50分,海南省定安县富文镇圆岭水库生成一次龙卷,过程持续约20分钟,移动路径约2千米,在石门村减弱消失。250人受灾,61间瓦房屋顶瓦片不同程度受损,水稻、橡胶、槟榔、芋头、经济林受灾(成灾)面积3公顷,直接经济损失32万元。

(4)5月17日下午,内蒙古赤峰市敖汉旗丰收乡、金厂沟梁镇和牛古吐镇分别出现了冰雹、龙卷和短时强降水等强对流天气。金厂沟梁镇石桥子村最大小时降水量31.5毫米,牛古吐镇最大小时降水量22.6毫米。3个乡镇共有22个村3649户11295人受灾,房屋受损237户664间,农作物受灾面积5323公顷,损毁树木7900株(13公顷),死亡牲畜41头只,直接经济损失约2000万元。

(5)6月17日14时40—45分,河北省张家口市尚义县双井子村、大贲红村、小梁子村、大苏计村遭受龙卷灾害。共计170户425人受灾,138间房屋不同程度损坏,院墙倒塌730余米,菜地大棚倒塌18个,菜苗损失1公顷,3辆车玻璃被砸碎,5户太阳能热水器摔坏,27根电力高压杆受损,直接损失120余万元。

(6)6月18日16时37—49分,黑龙江省黑河市爱辉区上马厂乡三道湾子村和达音炉村遭受冰雹、龙卷袭击。485人受灾;玉米、大豆等受灾面积414公顷,成灾面积414公顷,绝收面积200公顷;30间房屋受损;直接经济损失95万元。

(7)7月3日17时30分前后,辽宁省铁岭市开原市出现龙卷风、冰雹、短时强降水等强对流天气,给当地造成严重损失。经评估此次龙卷的强度为四级,造成4.1万人受灾,死亡6人,紧急转移安置1.1万人;农作物受灾面积0.9万公顷,其中绝收面积462.9公顷;倒塌房屋68间,严重损坏房屋1210间,一般损坏房屋1.5万间。

(8)8月16日15时40分至16时,辽宁省营口市老边区局地出现龙卷,强风能量体从稻田地产生,路线从营大公路北线经情景洋房小区南移至老边交通局家属楼后消失,受灾面积约300米×300米。此次龙卷水平尺度非常小,持续时间很短,天气雷达识别不到,属于低级别龙卷。共造成2753人受灾,6人轻伤;约200户居民窗户、楼顶热水器、车辆等设施受损;吹断、倾倒树木80余棵;直接经济损失1976万元。

(9)8月28日16时30分前后,山东省威海市文登区高村镇汤泊阳村、汤东村出现龙卷,周边区域气象站监测到极大风速23.3米/秒,最大降水量35.3毫米。龙卷造成339人受灾,伤9人;苹果、玉米、西洋参、蔬菜大棚等受灾面积11公顷,成灾面积9公顷,绝收面积2公顷;直接经济损失62万元。

(10)8月29日02—03时,海南省屯昌县新兴镇、西昌镇出现龙卷,造成22间住房损坏,1.4万株橡胶、9500多株槟榔受损,直接经济损失677万元。同日04时前后,儋州市那大镇、雅星镇、大成镇和白沙黎族自治县打安镇、七坊镇也遭受龙卷袭击。儋州市3223人受灾,因灾死亡8人,伤5人;农作物受灾面积37公顷;倒塌房屋35间,损坏房屋274间;直接经济损失9137万元。

2.5 沙尘暴

2.5.1 基本概况

2019年,我国共出现12次沙尘天气过程(表2.5.1),10次出现在春季(3—5月)。2019年春季我国北方沙尘过程总次数接近2000年以来历史同期平均值(11.0次);沙尘首发时间较常年偏晚,较2018年偏晚39天;沙尘日数较常年同期偏少。

表2.5.1 2019年我国主要沙尘天气过程纪要表(中央气象台提供)

Table 2.5.1 List of major sand and dust weather and associated disasters over China in 2019(By Central Meteorological Observatory)

序号	起止时间	过程类型	主要影响系统	影响范围
1	3月19—21日	强沙尘暴	地面冷锋、蒙古气旋	新疆南疆盆地、内蒙古中西部、甘肃北部、青海西北部等地出现扬沙和浮尘天气,新疆南疆盆地的部分地区出现强沙尘暴
2	4月4—6日	扬沙	地面冷锋、蒙古气旋	新疆南疆盆地、内蒙古中东部、辽宁、吉林、山东、河北、北京、天津等地的部分地区出现扬沙和浮尘天气
3	4月16日	扬沙	蒙古气旋	辽宁西部、吉林西部、黑龙江西部等地出现扬沙和浮尘天气
4	4月17日	扬沙	蒙古气旋、地面冷锋	内蒙古中东部、辽宁西部、吉林西部、黑龙江西部等地出现扬沙和浮尘天气
5	4月20日	扬沙	地面冷锋	内蒙古中东部、吉林西部、河北北部等地出现扬沙和浮尘天气,内蒙古中西部局地出现沙尘暴
6	5月4—5日	扬沙	地面冷锋	内蒙古中西部、甘肃中西部出现扬沙和浮尘天气,内蒙古中西部局地出现沙尘暴
7	5月11—12日	沙尘暴	蒙古气旋、地面冷锋	内蒙古大部、甘肃中西部、宁夏、陕西北部、山西北部、河北北部、北京、天津等地出现扬沙和浮尘天气,内蒙古中西部、甘肃中部的部分地区出现沙尘暴
8	5月14—16日	沙尘暴	地面冷锋	内蒙古中西部、甘肃中西部、宁夏、黑龙江西南部、吉林西部等地的部分地区出现扬沙和浮尘天气,内蒙古、甘肃中部的部分地区出现沙尘暴
9	5月18—19日	扬沙	蒙古气旋、地面冷锋	内蒙古中西部、青海北部、宁夏、甘肃东部、河北中南部、新疆南疆盆地等地出现扬沙和浮尘天气

续表

序号	起止时间	过程类型	主要影响系统	影响范围
10	5月24—26日	扬沙	蒙古气旋、地面冷锋	新疆南疆盆地、青海西北部、宁夏北部、内蒙古西部、陕西北部等地出现扬沙、浮尘天气，南疆盆地局地出现沙尘暴
11	10月27—28日	扬沙	蒙古气旋、地面冷锋	甘肃河西、内蒙古中西部、宁夏、陕西中北部、山西大部、河北、北京、河南、安徽、江苏、山东等地出现扬沙和浮尘天气
12	11月17—18日	扬沙	蒙古气旋、地面冷锋	内蒙古中西部、宁夏北部、陕西北部、山西北部、河北、北京、天津、辽宁等地出现扬沙和浮尘天气

2.5.2 2019年我国北方沙尘天气主要特征和过程

1. 春季沙尘过程数较2000年以来历史同期略偏少

2019年春季(3—5月)，我国共出现10次沙尘天气过程(7次扬沙，2次沙尘暴，1次强沙尘暴)，较常年同期(17次)明显偏少，接近2000—2018年同期平均值(11.0次)(表2.5.2)。其中，沙尘暴(包括强沙尘暴)过程有3次，较2000—2018年同期平均次数(5.9次)偏少2.9次，与2018年同期持平(图2.5.1)。10次沙尘天气过程中，3月出现了1次沙尘天气过程，较2000—2018年同期平均值(3.8次)偏少2.8次，与2005年并列为2000年以来第二少年；4月发生了4次沙尘天气过程，接近2000—2018年同期平均值；5月沙尘天气过程数为5次，较2000—2018年同期平均值(2.8次)偏多2.2次，具有前少后多的特点(表2.5.2)。

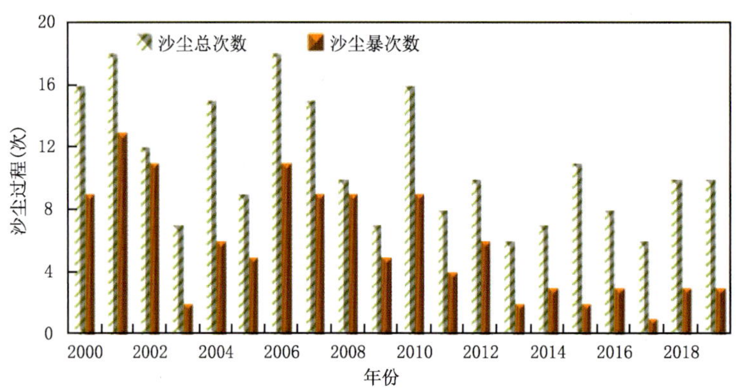

图2.5.1 春季中国沙尘天气过程次数及沙尘暴过程次数

Fig. 2.5.1 Number of sand and dust weather over China in spring during 2000—2019

表2.5.2 2000—2019年春季及各月我国沙尘天气过程统计

Table 2.5.2 The sand and dust weather in spring during 2000—2019

时间	3月	4月	5月	总计
2000年	3	8	5	16
2001年	7	8	3	18
2002年	6	6	0	12
2003年	0	4	3	7

续表

时间	3 月	4 月	5 月	总计
2004 年	7	4	4	15
2005 年	1	6	2	9
2006 年	5	7	6	18
2007 年	4	5	6	15
2008 年	4	1	5	10
2009 年	3	3	1	7
2010 年	8	5	3	16
2011 年	3	4	1	8
2012 年	2	6	2	10
2013 年	3	2	1	6
2014 年	2	3	2	7
2015 年	5	3	3	11
2016 年	3	3	2	8
2017 年	2	2	2	6
2018 年	3	5	2	10
2019 年	1	4	5	10
2000—2018 年总计	71	85	53	209
2000—2018 年平均	3.7	4.5	2.8	11.0

2. 沙尘首发时间较常年偏晚

2019 年我国首次沙尘天气过程发生在 3 月 19 日，较 2000—2018 年平均首发时间(2 月 16 日)偏晚 31 天，较 2018 年(2 月 8 日)偏晚 39 天(表 2.5.3)。

表 2.5.3　2000 年以来历年沙尘天气最早发生时间

Table 2.5.3　The earliest beginning date of sand and dust weather during 2000—2019

年份	最早发生时间	年份	最早发生时间
2000	1 月 1 日	2010	3 月 8 日
2001	1 月 1 日	2011	3 月 12 日
2002	3 月 1 日	2012	3 月 20 日
2003	1 月 20 日	2013	2 月 24 日
2004	2 月 3 日	2014	3 月 19 日
2005	2 月 21 日	2015	2 月 21 日
2006	2 月 20 日	2016	2 月 18 日
2007	1 月 26 日	2017	1 月 25 日
2008	2 月 11 日	2018	2 月 8 日
2009	2 月 19 日	2019	3 月 19 日

3. 沙尘日数偏少

2019 年春季，我国北方平均沙尘日数为 3.2 天，较常年(1981—2010 年)同期(5.0 天)偏少 1.8 天，比 2000—2018 年同期(3.6 天)偏少 0.4 天(图 2.5.2)。平均沙尘暴日数为 0.4 天，分别比常年同期(1.1 天)和 2000—2018 年同期(0.7)偏少 0.7 天、0.3 天，为 1961 年以来历史同期第八少值(图 2.5.3)。

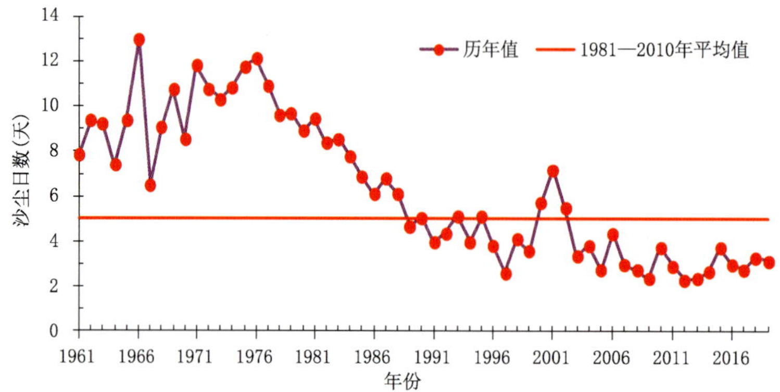

图 2.5.2 春季中国北方沙尘(扬沙以上)日数(1961—2019 年)

Fig. 2.5.2 Number of sand and dust(sand-blowing, sandstorm, strong sandstorm) days averaged over northern China in spring during 1961—2019

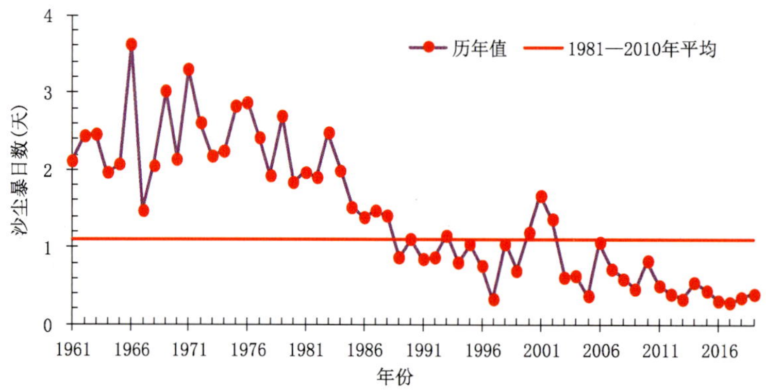

图 2.5.3 春季(3—5 月)中国北方沙尘暴日数(1961—2019 年)

Fig. 2.5.3 Number of sandstorm days averaged over northern China in spring during 1961—2019

从空间分布上来看，2019 年春季沙尘天气范围主要集中于西北大部、内蒙古大部、东北中西部等地，新疆南疆盆地、青海中部和西北部、内蒙古西部、甘肃中部、宁夏北部等地沙尘日数超过 10 天，新疆南疆大部、青海西部和中部、内蒙古西部地区沙尘天气日数在 20 天以上，局部超过 30 天；东北西部和中部及内蒙古东部、甘肃南部、青海东部、陕西北部、山西北部、河北北部和西南部等地沙尘日数为 1～10 天(图 2.5.4)。与常年同期相比，北方大部分地区接近常年同期或偏少，新疆西南部部分地区、内蒙古中部、甘肃中部、宁夏大部、陕西北部、山西西北部、河北西北部及西藏西部等地偏少 5～10 天，部分地区偏少 10 天以上；但新疆东南部、内蒙古西部及青海西北部偏多 5～10 天，部分地区偏多 10 天以上(图 2.5.5)。

2.5.3 沙尘天气影响

2019 年沙尘天气的影响总体偏轻。3 月 19—21 日的沙尘暴天气过程是 2019 年沙尘强度最强的一次沙尘天气过程。

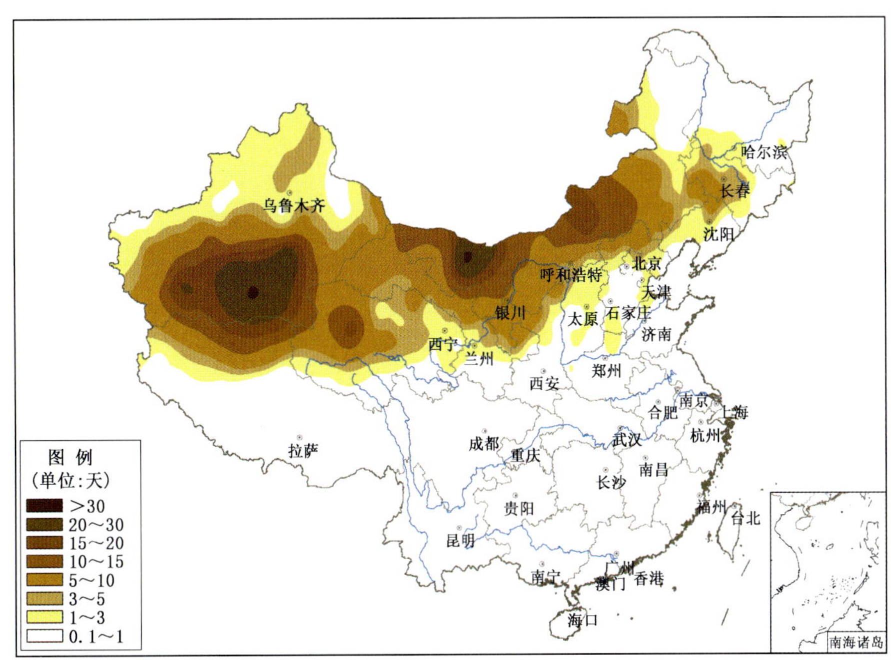

图 2.5.4 2019 年全国春季沙尘日数分布

Fig. 2.5.4 Distributions of the number of sand and dust(sand－blowing, sandstorm, strong sandstorm) days over China in spring in 2019(unit:d)

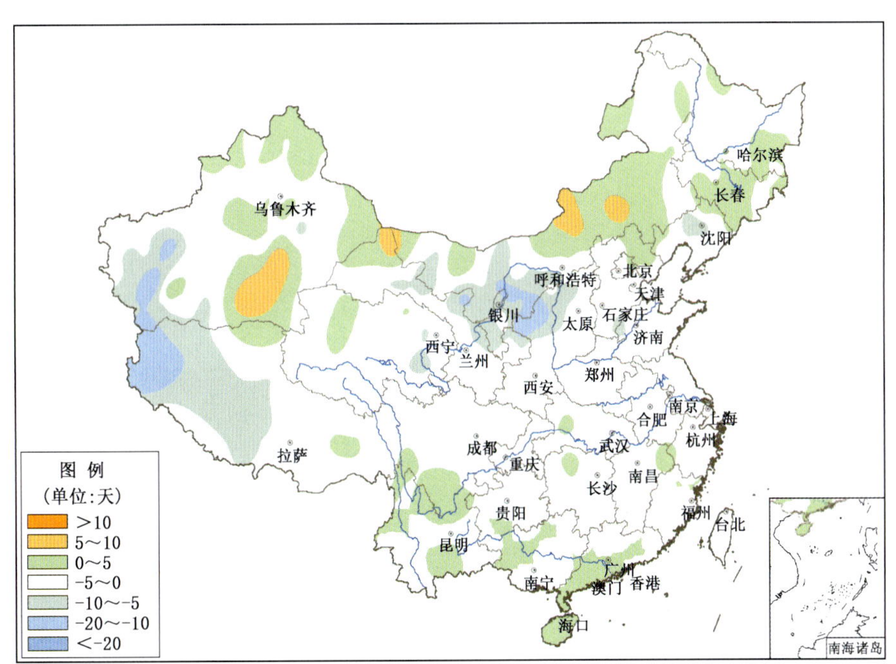

图 2.5.5 2019 年春季全国沙尘日数距平分布

Fig. 2.5.5 Distributions of anomaly of sand and dust(sand-blowing, sandstorm, strong sandstorm) days over China in spring in 2019(unit:d)

2019 年 3 月 19—21 日,新疆南疆盆地、内蒙古中西部、甘肃北部、青海西北部等地出现扬沙或浮尘天气,新疆南疆盆地的部分地区出现强沙尘暴。受沙尘天气的影响,20 日新疆维吾尔自治区和田地区取消航班 26 架,计 3900 人次受影响;21 日取消航班 9 架,计 1350 人次受影响。4 月 4—6 日,新疆南疆盆地、内蒙古中东部、辽宁、吉林、山东、河北、北京、天津等地的部分地区出现扬沙。此次沙尘天气过程受影响土地面积约 85.5 万平方千米，人口约 9192 万人，耕地面积约 1140 万公顷，草地面积约 3319 万公顷。本次沙尘天气发生在初春，受影响地区的农事活动尚未开展，因而对上述地区农、林、牧业生产影响不大，但对民航、公路运输影响较大，同时使空气质量下降，影响人民群众的日常生活。

2.6 低温冷冻害和雪灾

2.6.1 基本情况

2019 年，全国低温冷冻害和雪灾共造成农业受灾面积 58.6 万公顷，绝收 3.6 万公顷；直接经济损失 27.7 亿元。与近 10 年平均值（180.7 亿元）相比，经济损失显著偏轻，属低温冷冻害及雪灾偏轻年份。

2019 年，全国平均霜冻日数（日最低气温≤2℃）112.6 天，较常年偏少约 9.6 天，为 1961 年以来最少值（图 2.6.1）；全国平均降雪日数为 13.7 天，比常年偏少 12.5 天，为 1961 年以来第四少值（图 2.6.2）。

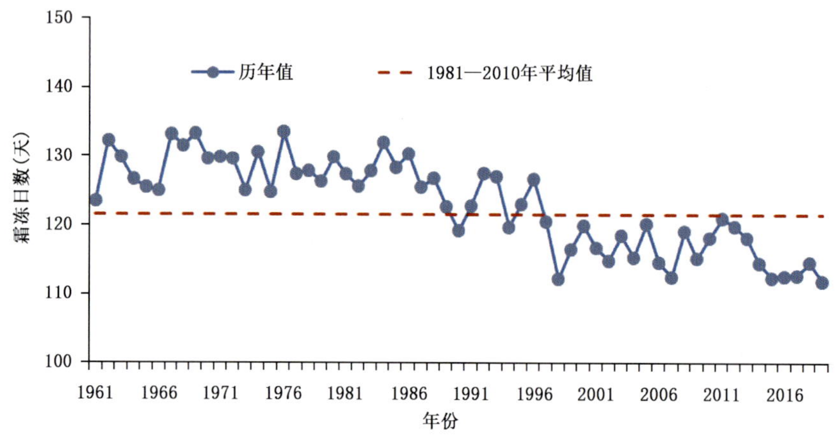

图 2.6.1　1961—2019 年全国平均霜冻日数

Fig. 2.6.1　Annual frost days over China during 1961—2019(unit:d)

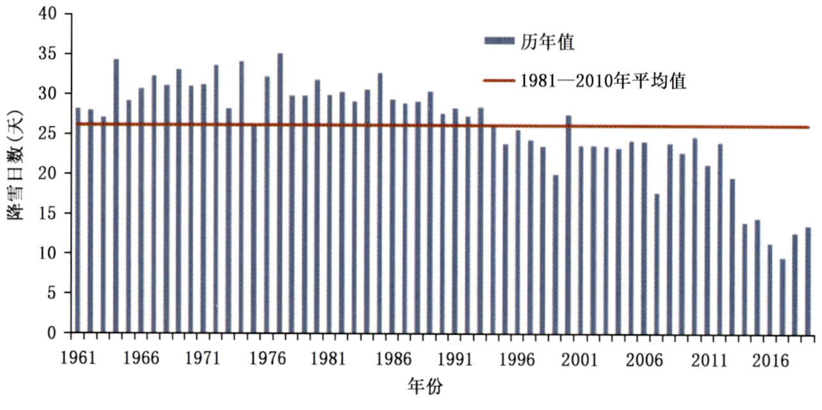

图 2.6.2　1961—2019 年全国平均年降雪日数

Fig. 2.6.2　Annual snowfall days over China during 1961—2019(unit:d)

2019 年我国主要低温冷冻害和雪灾事件有：年初青海雪灾频发；1 月南方多地遭受低温冷冻害和雪灾；2 月中旬北方出现大范围降雪，多地遭受低温冷冻害；1—2 月南方出现罕见低温阴雨天气；12 月云南遭受低温冷冻害（表 2.6.1）。

表 2.6.1　2019 年全国主要低温冷冻害和雪灾事件简表

Table 2.6.1　List of major low－temperature, frost and snowstorm events over China in 2019

时间	影响地区	灾情概况
1—2 月	青海省玉树、海西、海北和果洛等多地出现雪灾	2019 年初，青海省玉树州、海西州、海北州和果洛州等地多次出现大范围持续降雪天气。玉树州连续出现 12 次明显降雪过程，降雪量、强降雪天数达历史同期最多。持续降雪引发雪灾，造成果洛、玉树、海西 3 自治州 13 县 20.7 万人受灾，5.3 万头（只）牲畜死亡，直接经济损失 2.1 亿元
1 月	江西、湖北、湖南、广东、广西、贵州、云南等地出现低温冷冻害和雪灾	1 月，受冷空气影响，云南东部、湖北北部和东部、安徽、江苏、湖南中部、江西北部、浙江北部等地累计降雪量 5～25 毫米，局部地区超过 50 毫米，湖南绥宁站达 51.7 毫米。江西、湖北、湖南、广东、广西、贵州、云南等 7 省（区）222.3 万人遭受低温冷冻害和雪灾；农作物受灾面积 20.3 万公顷，其中绝收 7200 公顷；直接经济损失 17.3 亿元
2 月中旬	北京、天津、河北、山西、内蒙古、河南、山东、辽宁、吉林等地出现大范围降雪天气；江苏、湖北、湖南、青海、西藏等地出现低温冷冻害	北方地区出现 2018/2019 年冬季范围最大的降雪过程，北京、天津、河北、山西、内蒙古、河南、山东、辽宁、吉林等地降雪面积达 148 万平方千米。受冷空气过程影响，江苏、湖北、湖南、青海、西藏局地遭受低温冷冻害或雪灾。湖南受灾最重，低温冷冻害造成湖南 16.7 万人受灾；农作物受灾面积 15.7 万公顷，其中绝收 2100 公顷；直接经济损失 1.6 亿元
1—2 月	广西、贵州、浙江、江西、江苏、安徽、湖北、福建、重庆、四川、上海、湖南等地出现低温连阴雨天气	1—2 月南方出现罕见低温阴雨天气，江南中西部、江汉、华南北部及贵州东部等地气温偏低，江南东部、华南西部等地降水量较常年同期普遍偏多 5 成至 1 倍，浙江、江西降水量均为 1961 年以来同期次多值，江淮南部、江南、华南北部及贵州东南部降水日数较常年同期偏多，日照时数偏少 5 成以上，江苏、安徽、湖北、浙江、上海 5 省（市）日照时数均为 1961 年以来历史同期最少值。持续阴雨寡照天气对南方部分地区农业、春茶及交通运输、电力供应、人体健康等造成一定影响
12 月	云南省玉溪、曲靖、文山等地出现低温冷冻害	受冷空气影响，12 月 1—14 日云南大部分地区气温较常年同期偏低 1～4℃，全省平均气温为 1961 年以来历史同期最低值。玉溪、曲靖、文山等地发生低温冷冻害，24.4 万人受灾；农作物受灾面积 17600 公顷，其中绝收 3200 公顷；直接经济损失 2.5 亿元

2.6.2　主要低温冷冻害和雪灾事件

1. 年初青海雪灾频发

2019 年初，青海省玉树州、海西州、海北州和果洛州等地多次出现大范围持续降雪天气。玉树州连续出现 12 次明显降雪过程，降雪量、强降雪天数达历史同期最多。2 月，玉树州共出现 4 次明显降雪过程（2—3 日、9—10 日、19—20 日、25—28 日），2 月 4—6 日，果洛州玛多最大积雪深度达 22 厘米，2 月 9 日玉树州杂多最大积雪深度达 19 厘米。持续降雪引发雪灾，造成果洛、玉树、海西 3 自治州 13 县 20.7 万人受灾，5.3 万头（只）牲畜死亡，直接经济损失 2.1 亿元。

2. 1 月南方多地遭受低温冷冻害和雪灾

1 月共有 4 次冷空气过程和 3 次大范围雨雪过程影响我国。冷空气次数高于常年同期（3.4

次)，4 次冷空气过程分别发生在 15—17 日、20—22 日、26—27 日和 1 月 31 至 2 月 1 日。15—17 日最大降温幅度 10℃以上区域主要在东北、西藏东南部、四川北部；20—22 日最大降温幅度 10℃以上区域主要在新疆东南部、甘肃、青海东南部；1 月 31 日至 2 月 1 日最大降温幅度 10℃以上区域主要在东北北部、陕西中南部、山西中南部和四川西部。受冷空气影响，月内新疆西北部、青海、西藏西南部、云南东部、湖北南部、安徽南部、江苏南部、浙江北部、湖南中部等地累计降雪量达到 10～25 毫米，局部地区超过 50 毫米，湖南绥宁站达 51.7 毫米。1 月 3 次较大范围的连续雨雪过程是 4—5 日、8—11 日和 28—31 日。4—5 日的降水主要发生在江南南部；8—11 日的降水主要发生在江南南部和西南南部；28—31 日，黄淮、江淮等地出现强雨雪天气，31 日早晨，河南中南部、江苏中北部、安徽中北部等地积雪深度有 4～10 厘米。

强冷空气引发的低温冷冻害和雪灾造成江西、湖北、湖南、广东、广西、贵州、云南等 7 省(自治区)38 市(自治州)164 个县(市、区)222.3 万人受灾，1.3 万人紧急转移安置，6 万人需紧急生活救助；100 余间房屋倒塌，1800 余间不同程度损坏；农作物受灾面积 20.3 万公顷，其中绝收 7200 公顷；直接经济损失 17.3 亿元。

3. 2月中旬北方出现大范围降雪，多地遭受低温冷冻害

2 月，共有 4—5 日、7—11 日和 15—16 日 3 次冷空气过程影响我国。其中，7—11 日的冷空气过程持续时间长、影响范围大，最大降温幅度 10℃以上地区主要在新疆北部、陕西北部、华北西北部、江南、华南及贵州等地，江南南部、华南大部及贵州南部最大降温幅度超过 14℃。受此次冷空气影响，2 月 8 日江苏淮河以南地区出现大到暴雪，2 月 8—9 日青海出现大到暴雪。2 月 13—14 日，北方地区出现 2018/2019 年冬季范围最大的降雪过程。华北、黄淮、内蒙古中东部出现 1～6 厘米积雪，北京怀柔、河南焦作等地最大积雪深度达 10～13 厘米。北京、天津、河北、山西、内蒙古、河南、山东、辽宁、吉林等地降雪面积达 148 万平方千米。受冷空气过程影响，江苏、湖北、湖南、青海、西藏局地遭受低温冷冻害或雪灾。湖南受灾最重，低温冷冻害造成湖南 16.7 万人受灾；农作物受灾面积 15.7 万公顷，其中绝收 2100 公顷；直接经济损失 1.6 亿元。

4. 1—2月南方出现罕见低温阴雨天气

1—2 月，江南中西部、江汉、华南北部及贵州东部等地气温偏低，湖北南部、湖南北部等地偏低 1～2℃；江南东部、华南西部等地降水量较常年同期普遍偏多 5 成至 1 倍，浙江、江西降水量均为 1961 年以来同期次多值；江淮南部、江南、华南北部及贵州东南部降水日数较常年同期偏多 8～12 天，日照时数偏少 5 成以上，江苏、安徽、湖北、浙江、上海 5 省(市)日照时数均为 1961 年以来历史同期最少值。持续阴雨寡照天气对南方部分地区农业、春茶及交通运输、电力供应、人体健康等造成一定影响。

1 月，江南、华南北部和西南地区东部雨日普遍有 12～27 天，较常年偏多 4～7 天，日照偏少 3～8 成，湖南、江西和广西等地上中旬大部时段每日日照不足 1 小时。上述地区 2018 年 12 月以后持续阴雨寡照，部分农田长期排水不畅，出现渍涝，造成油菜根系呼吸受阻，长势较弱；部分设施大棚内湿度过大，光照严重不足，造成叶菜类作物出苗率降低、叶片发黄，草莓等坐果减少、甜度降低，甚至出现了灰霉病、白粉病等病害，影响产量及品质。

2 月，南方出现持续低温阴雨寡照天气，江淮西部和中部、江汉、江南西部和中部、广西北部、贵州东部等地气温较常年同期偏低 1～4℃；江淮南部、江南大部、华南中东部降水量普遍有 50～200 毫米，局部超过 200 毫米；与常年同期相比，江淮南部、江南中部和东部、华南中西部降水偏多 2 成至 1 倍，浙江、江西东北部偏多 1 倍以上，浙江、江西省降水量分别为 1961 年以来第一多和第二多值。江淮南部、江汉东南部、江南、华南北部及贵州中部和东南部降水日数普遍有 16～24 天；与常年同期相比，江苏南部、安徽南部、湖北东部、浙江、江西北部和福建东北部等地偏多 4～8 天，偏多 4 天以上的国土面积有36.7万平方千米。江淮南部、江汉大部、江南、华南大部及贵州东部、重庆、四川东部等地日照时数普遍少于50小时;与常年同期相比,江淮中南部、江汉、江南大部及广西东北部等地普遍偏少5~8成,局部偏少8成以上。江苏、安徽、浙江、上海、江西、湖北、湖南、福建8省(市)区域平均日照时数只有30.9小时,为1961年以来历史同期最少值。低温阴雨寡照天气使江苏、湖南、湖北部分地区遭受低温冷冻害或洪涝灾害。2月7—21日,湖北省部分地区遭受低温冷冻害,造成宜昌市秭归、夷陵、兴山等5个县(市、区)12.6万人受灾;农作物受灾面积1万公顷,其中绝收400余公顷;直接经济损失7500余万元。2月18—19日,湖南省衡阳市常宁市发生洪涝灾害,3100余人受灾,农作物受灾面积100余公顷。

5. 12月云南遭受低温冷冻害

12月,共有4次冷空气过程影响我国,分别发生在1—4日、17—19日、26—28日和30—31日。17—19日过程影响范围最大,东北大部、华北北部、江淮东部、江南大部和华南大部等地累计降温幅度达8~16℃,累计降温幅度超过8℃的面积为258.7万平方千米。30—31日为全国性寒潮过程,西北东部、东北东部和南部、华北大部、黄淮和江淮等地降温8~12℃,东北地区东南部降温12~16℃,局地降温16℃以上。受冷空气影响,1—14日云南大部地区气温较常年同期偏低1~4℃,全省平均气温为1961年以来历史同期最低值。玉溪、曲靖、文山等9市(自治州)26个县(市、区)发生低温冷冻害,24.4万人受灾;农作物受灾面积17600公顷,其中绝收3200公顷;直接经济损失2.5亿元。

2.7 雾和霾

2019年,我国雾主要发生在黄淮南部、江淮东部、江南北部以及内蒙古东北部、陕西西北部、福建北部、湖南南部、广东西部、广西北部和西南部、四川东南部、重庆、贵州、云南南部、北疆等地,霾主要发生在北京、河北、河南、山东、山西、江苏等地,对交通影响大。

2.7.1 基本概况

2019年,我国的雾主要出现在100°E以东地区,中东部地区、西南及新疆北部雾日数一般有10~30天,黄淮南部、江淮东部、江南北部以及内蒙古东北部、陕西西北部、福建北部、湖南南部、广东西部、广西北部和西南部、四川东南部、重庆、贵州、云南南部、北疆等地在30天以上(图2.7.1)。

2019年,我国100°E以东地区平均雾日数24.1天,较常年同期偏多1.6天,接近常年同期(图2.7.2)。2019年我国雾多发月份为1月、3月和12月,分别占全年雾日数的10%、9.6%和9.6%(图2.7.3)。

2019年,我国的霾主要出现在100°E以东地区,华北中部和南部、黄淮、江淮以及湖北北部、湖南北部、江苏等地超过30天,京冀豫鲁晋苏等地的部分地区超过50天,局地超过70天(图2.7.4)。

2019年,我国100°E以东地区平均霾日数13.9天,较常年同期偏多4.4天(图2.7.5)。2019年我国霾多发月份为1月、2月和12月,分别占全年霾日数的25%、16%和16%(图2.7.6)。

2.7.2 主要灾害事例

1. 1月,雾和霾侵袭我国华北、黄淮和东北多地,影响交通

1月10—15日,雾和霾侵袭我国华北、黄淮和东北多地,中央气象台发布大雾黄色或橙色预警。10日,受雾天气影响,西安部分高速公路路段实施交通管制,并出现车辆滞留情况。12日,河北大部分地区出现雾天气,石家庄、邢台等地出现能见度不足50米的强浓雾,河北省气象台发布大雾红色预警,省内高速公路大面积关闭。14日,江苏沿江及以北地区出现能见度小于200米的强浓雾,

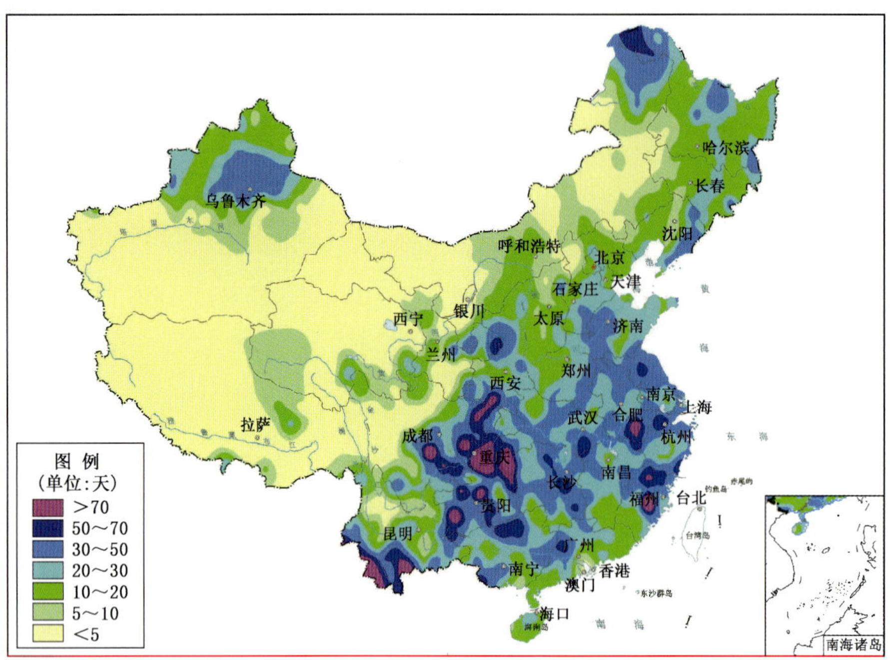

图 2.7.1　2019 年全国雾日数分布

Fig. 2.7.1　Distribution of fog days over China in 2019(unit:d)

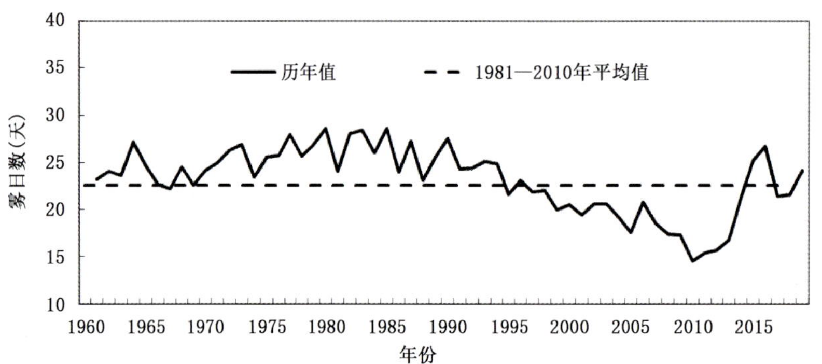

图 2.7.2　1961—2019 年中国 100°E 以东地区平均年雾日数

Fig. 2.7.2　Annual variations of area averaged fog days in the area east of 100°E of China during 1961—2019(unit:d)

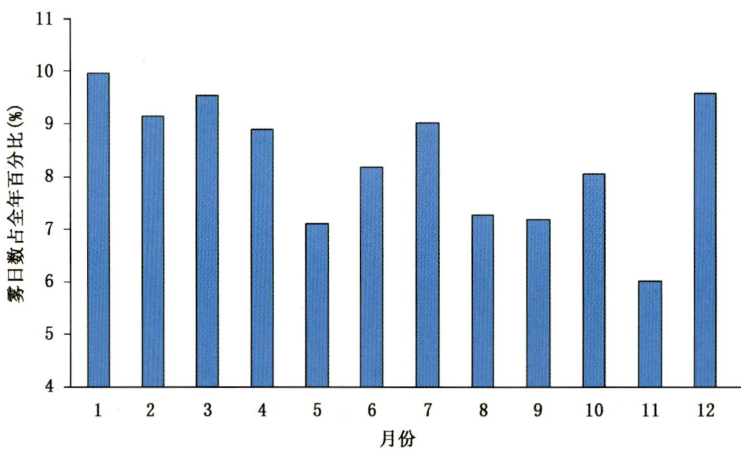

图 2.7.3　2019 年中国各月雾日数占全年的百分比

Fig. 2.7.3　Monthly percentage distribution of fog days over China in 2019(unit:%)

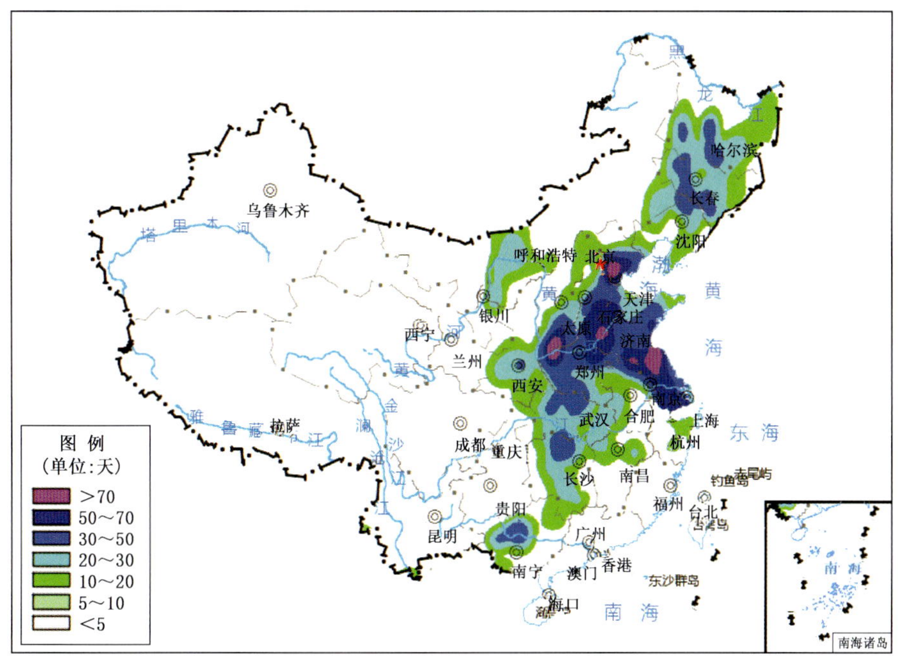

图 2.7.4　2019 年全国霾日数分布

Fig. 2.7.4　Distribution of haze days over China in 2019(unit:d)

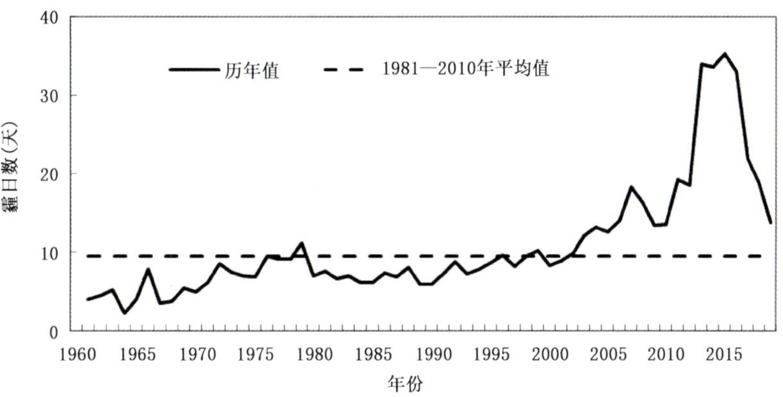

图 2.7.5　1961—2019 年中国 100°E 以东地区平均年霾日数

Fig. 2.7.5　Annual variations of area averaged haze days in the area east of 100°E of China during 1961—2019(unit:d)

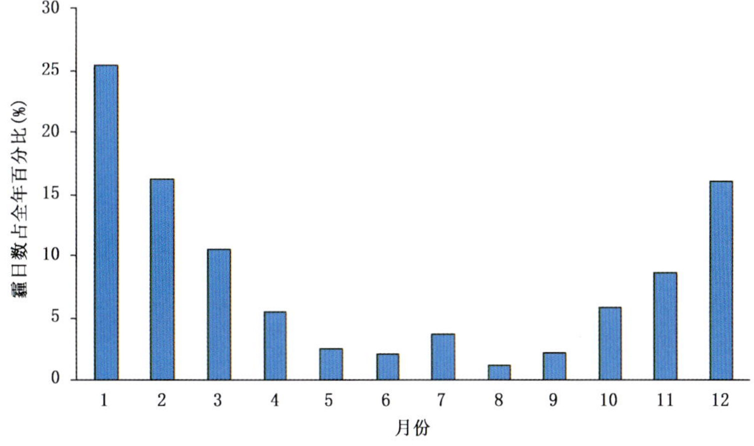

图 2.7.6　2019 年中国各月霾日数占全年的百分比

Fig. 2.7.6　Monthly percentage distribution of haze days over China in 2019(unit:%)

南京、扬州、镇江、泰州、南通、盐城、淮安、徐州、宿迁、连云港的部分地区能见度小于50米，部分高速公路实行特级交通管制措施。霾主要影响北京、天津、河北、河南、山东中西部、陕西关中、山西、辽宁、吉林中西部、黑龙江西南部、江苏等地，1月12日河北保定$PM_{2.5}$峰值浓度超过500微克/米^3。

2. 2—3月，华北、黄淮、汾渭平原等地出现雾和霾天气

2月20日至3月4日，华北、黄淮、汾渭平原等地出现雾和霾天气，持续时间长达两周。河北、山东、江苏、安徽、湖北、江西、福建以及四川盆地局地出现能见度不足200米的强浓雾，局地不足50米。京津冀及周边地区"2+26"城市的污染程度总体为重度污染，部分城市达严重污染，首要污染物为$PM_{2.5}$，区域内28个城市累计出现了126个重度污染日，18个严重污染日；$PM_{2.5}$日均浓度峰值为460微克/米^3，出现在濮阳市（2月20日）。北京市出现了2个重度污染日（3月2日和3日），$PM_{2.5}$日均浓度峰值为184微克/米^3，出现在3月2日。2月24日，安徽省有61个市（县）能见度低于500米，50个县市低于200米，局地不足50米，全省多条高速公路全封闭。

3. 10月，华北、黄淮等地出现雾和霾天气，为入秋首次大气重污染过程

10月18—19日，华北、黄淮等地出现雾和霾天气，为入秋以来第一次大气重污染过程。辽宁西部、北京南部、天津中南部、河北中南部、山东西部、河南、江苏大部、安徽北部、湖南中西部及甘肃东部、陕西、四川南部、贵州中部等地出现大雾，局地强浓雾，中央气象台发布大雾黄色预警。华北中南部和黄淮北部等地出现轻至中度霾，局地重度霾。京津冀及周边地区"2+26"城市中北京、天津、石家庄、唐山、保定等城市$PM_{2.5}$小时浓度达重度污染，其他城市总体呈轻至中度污染水平。区域内$PM_{2.5}$小时浓度峰值为188微克/米^3（唐山，19日10时），达重度污染水平；北京市$PM_{2.5}$小时浓度峰值为163微克/米^3（19日17时），达重度污染水平。

4. 11月，华北、黄淮以及陕西中部等地出现雾和霾天气，影响交通

11月21—23日，华北、黄淮以及陕西中部等地出现雾和霾天气。京津冀及汾渭平原等地出现霾或轻雾，河北、河南、山东、江苏、贵州西部、安徽东部、浙江北部等地出现大雾，局地能见度不足200米。京津冀及周边地区$PM_{2.5}$小时浓度峰值为256微克/米^3（安阳，11月23日14时），达小时严重污染水平；北京市$PM_{2.5}$小时浓度峰值为161微克/米^3（11月22日22时、23时）。21日，受雾天气影响，成都双流国际机场出现大面积航班延误，造成86个出港航班积压、19个航班取消、8个航班备降外场，部分旅客被迫滞留机场。

5. 12月，华北、黄淮、江汉等地出现雾和霾天气，交通受到影响

12月6—10日，华北、黄淮、江汉等地出现雾和霾天气，中央气象台连续5天发布大雾黄色预警。北京、天津、河北、山东及汾渭平原部分地区出现重度污染，6—7日，京津冀及周边地区"2+26"城市$PM_{2.5}$小时峰值浓度为255微克/米^3（石家庄，12月7日18时），达小时严重污染，北京市$PM_{2.5}$小时峰值浓度为90微克/米^3（12月6日20时），达小时轻度污染；汾渭平原$PM_{2.5}$小时峰值为222微克/米^3（渭南，12月7日14时），达小时重度污染，西安市$PM_{2.5}$小时峰值浓度为203微克/米^3（12月7日17时），达小时重度污染。此外，河南的许昌、驻马店等6个城市出现$PM_{2.5}$小时重度污染；湖北襄阳、荆门2个城市出现$PM_{2.5}$小时重度污染。9日，受大雾天气影响，全国有110条高速公路部分路段封闭。

2.8 雷电

2.8.1 基本概况

据不完全统计，2019年全国共发生雷电灾害449起，其中造成火灾或爆炸8起，造成人身事故

34 起，导致 33 人身亡、36 人受伤。雷电灾害在全国造成大量电子设备、电力系统、建筑物受损，雷击造成建筑物损坏事件 39 起，办公和家用电子电器损坏事件 267 起，损坏电子电器设备 19871 件，造成直接经济损失约 0.15 亿元，间接经济损失约 0.08 亿元。2019 年雷电造成的灾害事故主要集中在电力、石化、教育、通信和交通等行业，电力行业雷灾事故 24 起、石化行业 14 起、教育行业 9 起、通信行业 4 起、交通行业 1 起。

从 2003—2019 年全国雷电灾害对比表(表 2.8.1)中可以看出，2019 年雷电灾害事故、由雷灾造成的伤亡人数以及导致的经济损失均延续了近年来的下降趋势。

表 2.8.1　2003—2019 年全国雷电灾害

Table 2.8.1　Lightning stroke disasters over China from 2003 to 2019

年份	雷灾事故数	受伤人数	死亡人数	雷击死亡率	直接经济损失(亿元)	间接经济损失(亿元)
2019	449	36	33	47.8%	0.15	0.08
2018	606	39	60	60.6%	0.23	0.14
2017	685	67	63	48.5%	0.26	0.12
2016	981	79	78	49.7%	0.37	0.23
2015	1346	68	106	60.9%	0.56	0.43
2014	2076	118	170	59%	0.72	0.44
2013	3380	177	178	50.1%	2.46	3.24
2012	4600	193	214	52.6%	1.44	1.20
2011	3993	241	253	51.2%	1.99	1.78
2010	7515	261	319	55%	1.82	3.58
2009	13481	310	371	54.5%	2.31	6.41
2008	8604	345	446	56.4%	2.24	6.21
2007	12967	718	827	53.5%	4.25	7.43
2006	19982	640	717	52.8%	3.84	0.96
2005	11026	690	646	48.4%	2.45	0.28
2004	8892	1059	770	42.1%	2.24	0.35
2003	7625	391	328	45.6%	1.76	0.34

2.8.2　雷电灾害空间分布

2019 年全国雷电灾害的空间分布如图 2.8.1 所示。从统计结果可以看出，我国沿海地区，尤其是南方沿海地区，仍是雷电灾害的多发区。2019 年全年雷灾事故数过百的省份为广东省，年雷灾事故数达到 208 起。在年雷灾事故数排名前 10 的省份中，沿海省份占 50%。

从雷击导致的伤亡人数来看，全年雷击伤亡超过 5 人的省份有 4 个，分别是江西(32 人)、湖南(6 人)、广东(5 人)和西藏(5 人)。雷击导致身亡人数最多的是江西(13 人)，湖南(4 人)、海南、广西、山西、黑龙江和福建(各 2 人)的身亡人数也较多(图 2.8.2)。

考虑人口权重后，雷灾事故率广东、西藏和海南排名靠前，雷击伤亡率则是西藏、江西和海南分列前三位(表 2.8.2)。

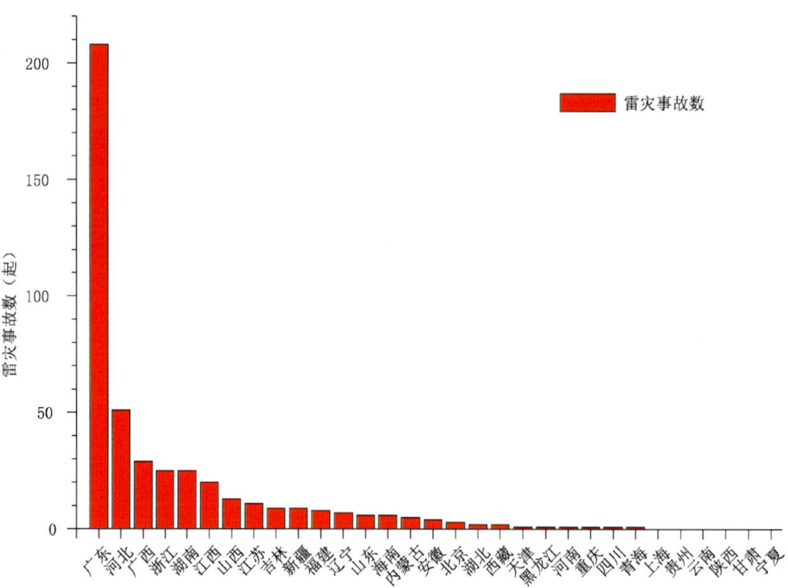

图 2.8.1　2019 年全国各省(区、市)雷灾事故分布

Fig. 2.8.1　Number of lightning damage events for all provinces(municipalities, autonomous regions) over China in 2019

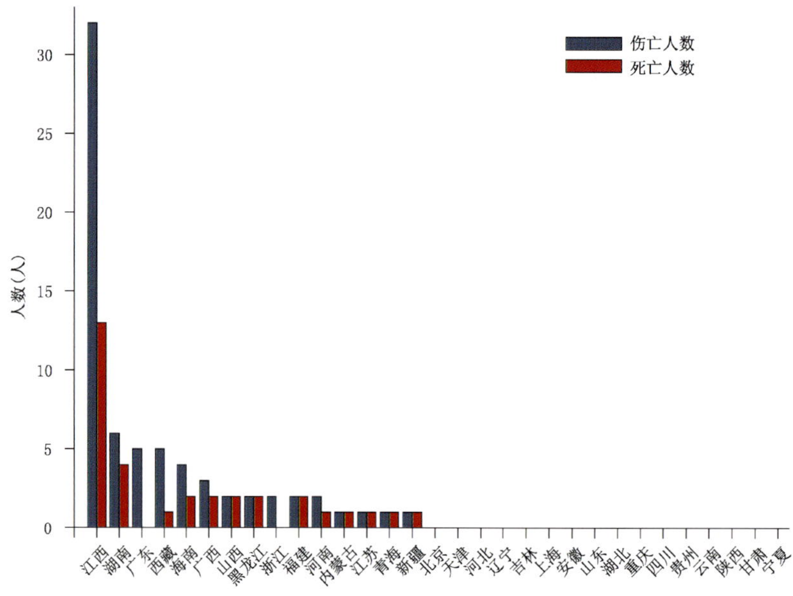

图 2.8.2　2019 年全国各省(区、市)雷击伤亡人数分布

Fig. 2.8.2 Number of lightning fatalities over China in 2019

表 2.8.2　2019 年全国各省(区、市)每百万人口雷击死亡率、受伤率、伤亡率和雷灾事故发生率及其排序

Table 2.8.2　Rate per million people of lightning fatalities, injuries, casualties and damage reports, and their ranks for all provinces over China in 2019

省份	人口数*(百万)	雷击死亡		雷击受伤		雷击伤亡		总雷灾事故	
		死亡率	排序	受伤率	排序	伤亡率	排序	事故率	排序
北京	13.82	0	14	0	9	0	16	0.22	13
天津	10.01	0	15	0	10	0	17	0.10	18
河北	67.44	0	16	0	11	0	18	0.76	4

续表

省份	人口数*（百万）	雷击死亡		雷击受伤		雷击伤亡		总雷灾事故	
		死亡率	排序	受伤率	排序	伤亡率	排序	事故率	排序
山西	32.97	0.06	6	0	12	0.06	7	0.39	9
内蒙古	23.76	0.04	11	0	13	0.04	13	0.21	14
辽宁	42.38	0	17	0	14	0	19	0.17	16
吉林	27.28	0	18	0	15	0	20	0.33	11
黑龙江	36.89	0.05	8	0	16	0.05	10	0.03	23
上海	16.74	0	19	0	17	0	21	0	26
江苏	74.38	0.01	12	0	18	0.01	15	0.15	17
浙江	46.77	0	20	0.04	5	0.04	12	0.53	6
安徽	59.86	0	21	0	19	0	22	0.07	19
福建	34.71	0.06	7	0	20	0.06	9	0.23	12
江西	41.40	0.31	2	0.46	2	0.77	2	0.48	7
山东	90.79	0	22	0	21	0	23	0.07	20
河南	92.56	0.01	13	0.01	8	0.02	14	0.01	25
湖北	60.28	0	23	0	22	0	24	0.03	21
湖南	64.40	0.06	5	0.03	6	0.09	5	0.39	10
广东	86.42	0	24	0.06	4	0.06	8	2.41	1
广西	44.89	0.04	10	0.02	7	0.07	6	0.65	5
海南	7.87	0.25	3	0.25	3	0.51	3	0.76	3
重庆	30.90	0	25	0	23	0	25	0.03	22
四川	83.29	0	26	0	24	0	26	0.01	24
贵州	35.25	0	27	0	25	0	27	0	27
云南	42.88	0	28	0	26	0	28	0	28
西藏	2.62	0.38	1	1.53	1	1.91	1	0.76	2
陕西	36.05	0	29	0	27	0	29	0	29
甘肃	25.62	0	30	0	28	0	30	0	30
青海	5.18	0.19	4	0	29	0.19	4	0.19	15
宁夏	5.62	0	31	0	30	0	31	0	31
新疆	19.25	0.05	9	0	31	0.05	11	0.47	8
全国	1262.28	0.05		0.08		0.13		0.30	

* 人口数来自于第五次全国人口普查。

2.8.3 雷电灾情时间分布

2019 年全国雷电灾情时间分布如图 2.8.3 所示。雷灾事故主要集中发生在 4—8 月。雷灾事故数以及雷击受伤和身亡人数均在 7 月达到峰值，各占全年的比例分别为约 23.6%、41.7% 和 24.2%。

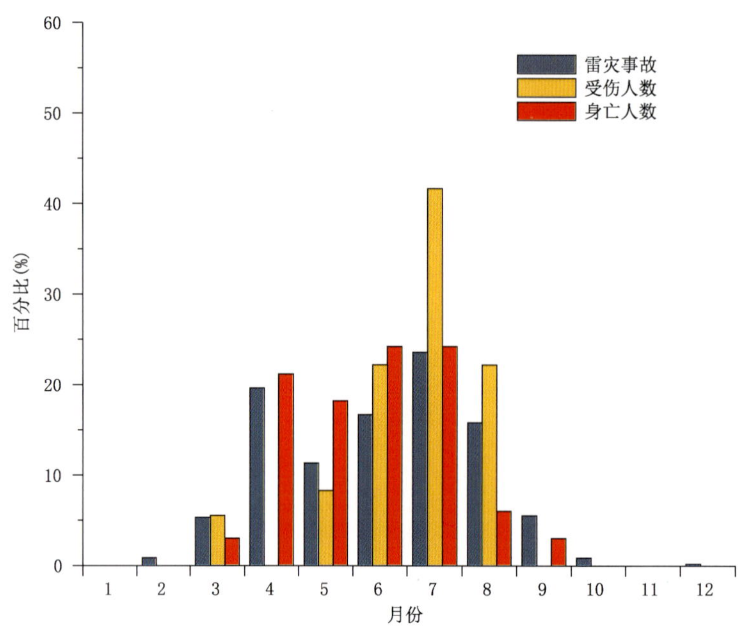

图 2.8.3　2019 年全国雷电灾害百分比月变化

Fig. 2.8.3　Monthly variations for percentage of lightning damage reports over China in 2019(unit:%)

2.8.4　2019 年较大雷电灾害事件

(1)2019 年 6 月 30 日 16 时,江西省吉安市遂川县草林镇遭雷击,造成在山上避雨的 2 人(管某某,男,64 岁;黄某某,男,59 岁)身亡,5 人(黄某某,女,62 岁;朱某某,女,40 岁;蒋某某,女,53 岁;黄某某,女,63 岁;管某某,女,52 岁)受伤。

(2)2019 年 7 月 6 日下午,江西省抚州市军峰山遭雷击,造成在山顶露营的 1 人身亡,5 人受伤。

(3)2019 年 7 月 13 日 17 时,西藏自治区日喀则萨嘎县达吉岭乡萨拉村遭雷击,造成正在放牧的 4 人受伤,击死 5 头牦牛。

(4)2019 年 7 月 19 日 12 时 30 分,广东省东莞市凤岗镇翡翠花园 4 人遭雷击受伤。

(5)2019 年 8 月 7 日中午,江西省九江市庐山仙人洞景区遭雷击,造成正在景区休息的 8 人受伤。

2.9　高温热浪

2019 年,我国共出现 5 次区域性高温天气过程。夏季,高温覆盖范围广,全国平均高温(日最高气温≥35℃)日数为 10 天,比常年同期偏多 3.1 天;区域性特征明显,西南地区极端高温事件偏多,山东等地出现阶段性高温,7 月下旬至 10 月上旬江南、华南等地发生大范围持续高温。持续高温天气导致广西、湖南、江西等地农作物生长受到影响,湖北和重庆等地用电负荷屡创新高。

2.9.1　高温概况

1. 新疆、河北及内蒙古部分地区高温强度强

2019 年新疆南部、内蒙古西部和东部部分地区、吉林西部、辽宁西部、河北南部、山西南部、山东大部、河南、安徽、湖北、重庆、湖南、江西、浙江、广西北部、福建大部、广东中部、海南大部极端最高气温 38～40℃,新疆南部、河北南部部分地区、内蒙古东部部分地区极端最高气温达 40～42℃,新疆东南部部分地区超过 42℃(图 2.9.1)。

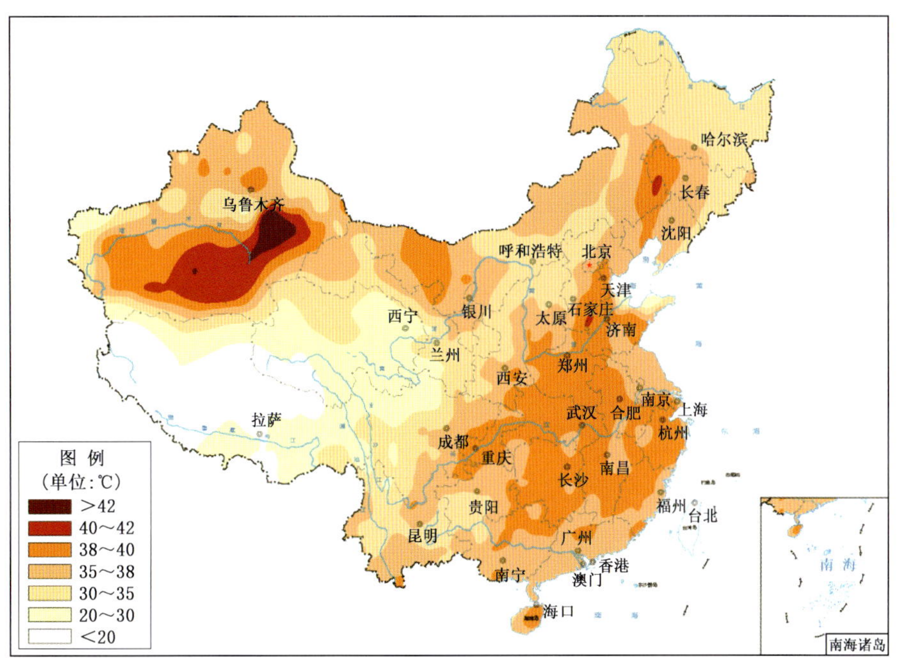

图 2.9.1　2019 年全国极端最高气温分布

Fig. 2.9.1　Distribution of extreme maximum temperatures over China in 2019(unit:℃)

2. 夏季高温日数为 1961 年以来第五多值

2019 年夏季，全国平均高温(日最高气温≥35℃)日数为 10.0 天，比常年同期偏多 3.1 天(图 2.9.2)。黄淮、江淮、江汉、江南、华南、西南地区东部和新疆等地高温日数普遍有 15～30 天，部分地区超过 30 天(图 2.9.3)。全国大部分地区夏季高温日数较常年同期偏多，河北东南部、山东中部和西部、河南东北部、湖北大部、湖南、江西大部、福建中西部、广东西北部、广西东北部、海南等地偏多 10 天以上(图 2.9.4)。

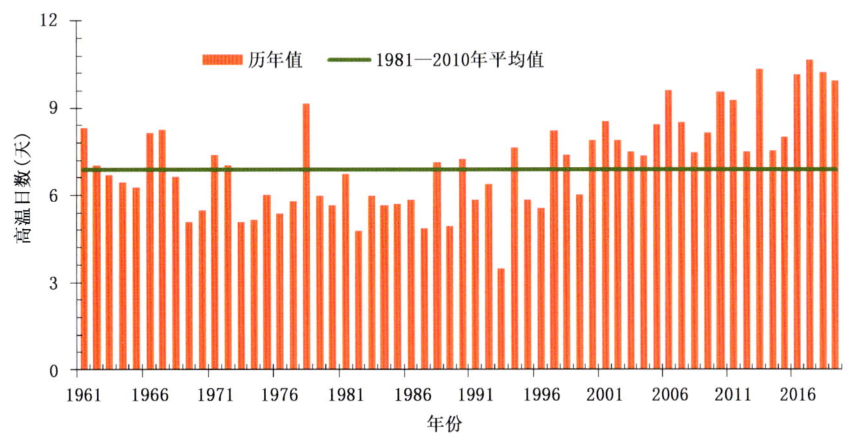

图 2.9.2　1961—2019 年全国平均夏季高温日数

Fig. 2.9.2　Mean hot days(daily maximum temperature≥35℃) in summer over China during 1961—2019(unit:d)

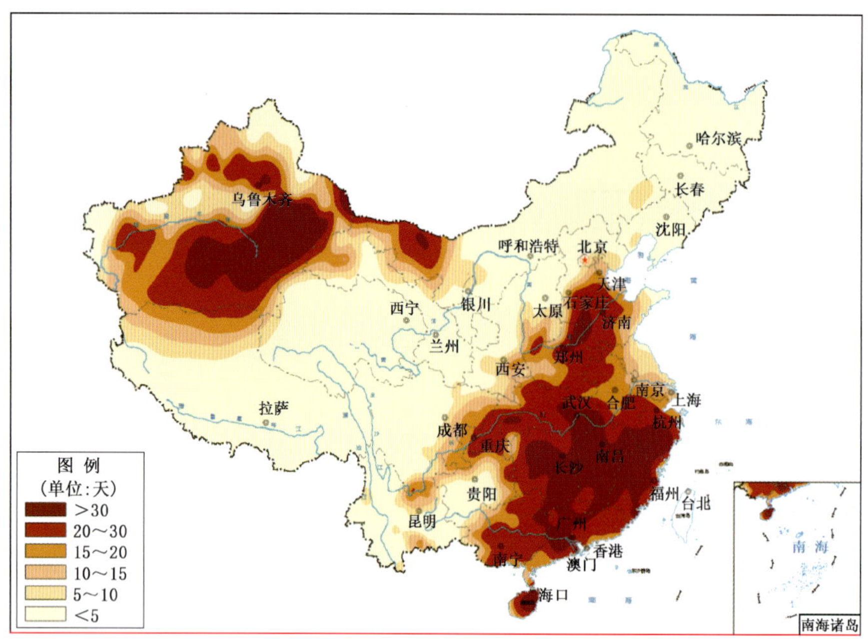

图 2.9.3 2019 年全国夏季高温日数分布

Fig. 2.9.3 Distribution of hot days(daily maximum temperature≥35℃) over China in summer 2019(unit:d)

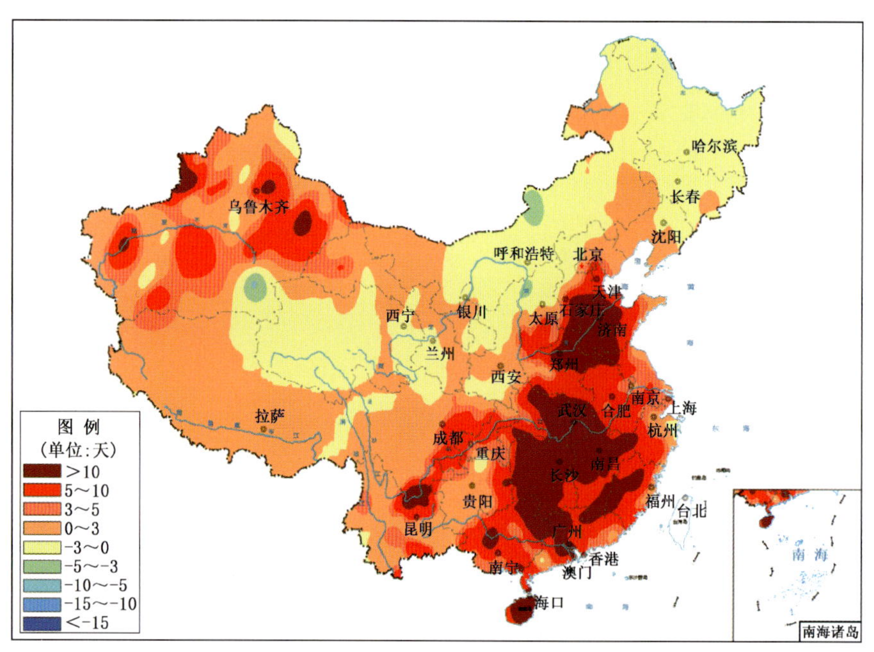

图 2.9.4 2019 年全国夏季高温日数距平分布

Fig. 2.9.4 Distribution of hot days(daily maximum temperature≥35℃) anomalies over China in summer 2019(unit:d)

3. 极端高温事件偏多,尤其西南、华中和东北南部地区

2019 年,全国极端高温事件站次比为 0.38,较常年和 2018 年分别偏高 0.26 和 0.20;年内,全国共有 348 站日最高气温达到极端事件监测标准,云南元江(43.1℃)等 64 站日最高气温突破历史极值,主要分布在云南、贵州和四川等地(图 2.9.5)。全国极端连续高温事件站次比为 0.38,较常年(0.13)明显偏高;年内,全国有 509 站连续高温日数达到极端事件监测标准,湖北云梦(39 天)、江西丰城(36 天)和新建(36 天)等 94 站突破历史极值。

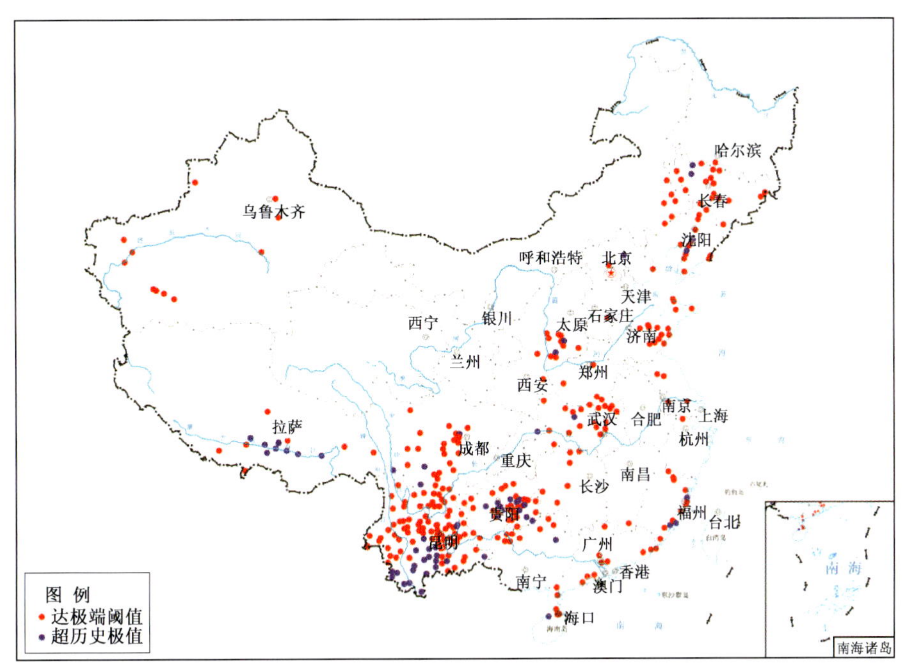

图 2.9.5　2019 年全国极端高温事件分布

Fig. 2.9.5　Distribution of extreme maximum temperature events over China in 2019

4. 4月中旬至6月下旬云南出现极端高温

4 月中旬至 6 月下旬，云南省平均气温 22.6℃，较常年同期(20.5℃)偏高 2.1℃，为 1961 年以来同期最高值；云南大部分地区气温较常年同期偏高 2～4℃，中东部偏高 4～6℃。云南省平均高温日数 6 天，较常年同期偏多 4 天，为 1961 年以来同期最多；高温极端性强，元江(43.1℃)、景洪(41.3℃)、富宁(40.3℃)等 24 站日最高气温达到或突破历史极值。

5. 5月下旬至7月下旬山东出现阶段性高温

5 月下旬至 7 月下旬，山东省平均气温 26.4℃，较常年同期(24.7℃)偏高 1.7℃；平均最高气温 32.0℃，较常年同期(29.9℃)偏高 2.1℃；高温日数 18.0 天，较常年同期(6.2 天)偏多 11.8 天，均为 1961 年以来同期最高值。山东省有 15 站发生极端高温事件，临朐日最高气温达 40.3℃。山东省气象台于 5 月 22 日发布首个高温橙色预警，比 2018 年首个高温橙色预警(6 月 5 日)提前了 15 天。

6. 7月下旬至10月上旬江南、华南等地发生大范围持续性高温

7 月下旬至 10 月上旬，江南、华南及西南地区东部高温日数为 21.1 天，较常年同期(10.1 天)偏多 11 天，为 1961 年以来同期最多值。尤其是 8 月，高温日数多、强度强、影响范围广，江南大部、华南大部、江汉南部、四川盆地东部等地高温日数普遍较常年同期偏多 5～10 天，江西大部、湖南东部、湖北东南部高温日数超过 20 天，较常年同期偏多 10 天以上；湖北、四川、重庆、湖南、江西、浙江、福建、广东、广西 9 省(区、市)平均高温日数 14.2 天(偏多 7.7 天)，为 1961 年以来最多值，重庆奉节(42.4℃)、湖北宜城(40.0℃)等 7 站日最高气温突破历史极值。持续高温对电力供应等造成较大影响。

2.9.2 主要高温事件及影响

2019 年，我国共出现 5 次较大范围的高温天气过程，具体为 6 月 11—15 日、7 月 1—5 日、7 月 16 日至 8 月 29 日、9 月 6—14 日、9 月 30 日至 10 月 5 日。其中，7 月 16 日至 8 月 29 日高温天气过程的强度强、持续时间长、影响最为严重，对全国多地作物生长和用电负荷产生了不利影响。

广西　7 月 16—29 日广西大部分地区出现了持续 3 天以上的日最高气温≥35℃或日平均气温≥30℃的轻度至重度高温热浪天气过程，持续高温热浪天气对广西部分地区晚稻秧苗生长和适时移栽返青均有不利影响。

湖南 自7月16日始，截至8月2日，湖南省有79个县(市)出现高温热浪，桑植、张家界、石门等11县(市)出现中度高温热浪，对湘中以北处于孕穗至抽穗期的部分一季稻有不利影响，造成结实率下降，部分移栽较晚的晚稻分蘖速度放缓。湘西中北部出现轻—中度旱情，土壤缺墒开坼，造成玉米等作物叶片缺水卷曲。

湖北 7月下旬湖北连续发布高温橙色预警，局地超过39℃。7月29日20时50分，湖北电网统调用电负荷再创历史新高，达到3670.3万千瓦。

江西 7月下旬以后，江西省多晴热高温天气，27个县(市)高温日数创历史同期新高。持续干旱使得南昌、景德镇、九江、新余、鹰潭等地农作物受灾面积5.9万公顷，绝收面积7600公顷；直接经济损失3.8亿元。

重庆 8月下旬重庆连日高温。8月26日重庆市用电量达到2138万千瓦，电网负荷再创历史新高。

2.10 农业气象灾害

2.10.1 基本概况

2019年全国农业气象灾害呈现阶段性和区域性的特点，影响总体偏轻。阶段性农业干旱主要包括华北、黄淮春旱，云南春夏连旱以及长江中下游地区伏秋连旱；暴雨过程较常年偏多，但未出现大范围、流域性洪涝灾害；冬季至初春长江中下游阴雨寡照、华西秋雨和东北地区北部阴雨寡照对农业影响总体偏轻；夏季中东部高温范围和强度均轻于2018年和2013年，6月至7月中旬华北南部、黄淮北部区域平均高温日数和最高气温均为近十年最多值，但作物未处于发育关键期，影响较轻；台风登陆少、强度偏弱，台风"利奇马"对局地农业造成较重损失；低温霜冻害和雪灾影响较近5年平均偏轻；风雹灾害发生频次较近5年均值少；冬麦区干热风灾害影响较2018年和近5年偏轻。

2.10.2 主要农业气象灾害

1. 农业干旱

2019年，农业干旱呈现区域性、阶段性特点，影响总体偏轻(图2.10.1)。主要包括4月至5月上旬东北地区西部和南部春播期干旱，5—6月华北和黄淮夏播干旱，云南地区的春夏连旱，长江中下游的伏秋连旱。

4月至5月上旬，东北地区西部和南部降水量偏少5成以上，加之大风天气较多，土壤失墒加剧，春玉米适时播种受到不利影响；5月中旬降水逐渐增多，旱情陆续缓解。5—6月，华北、黄淮地区平均降水量仅有73.4毫米，比常年同期(128.5毫米)偏少42.9%，为1981年以来同期最少值，华北南部、黄淮东部的部分地区土壤墒情偏差，导致夏玉米播种受阻，已播地块出苗缓慢、出苗率低。

4—6月，云南省降水量较常年同期偏少42.9%，为1961年以来最少值，且气温偏高1.9℃，为历史同期最高值。高温少雨导致云南大部分地区发生春夏连旱，对一季稻、烤烟、玉米、甘蔗等农作物生长发育影响较大，一季稻产区农业干旱天数和强度均为1981年以来第一高值，水稻播种出苗及移栽成活均受到较大影响。

7月下旬至11月中旬，长江中下游大部分地区降水量较常年同期偏少5～9成，为1961年以来历史同期最少值，导致湖北东南部、湖南北部、江西北部、安徽南部等地农业干旱持续或发展；灌溉条件较差地区的晚稻出现萎蔫、卡穗、结实率下降等状况，棉花产量和纤维品质下降，蔬菜播种、油菜播种育苗等秋种工作也受到一定不利影响；江西、福建等地部分柑橘、脐橙等果园出现果实偏小、落果现象，浙江、安徽、福建等地的茶树生长和秋茶产量受到不利影响。总体来看，长江中下游伏秋连旱主要影响灌溉条件较差地区，且影响时段大多不在作物产量形成关键阶段，对粮食生产的影响轻于对经济林果的影响。

图 2.10.1　云南勐海县水稻受旱(a)和江西宜春油茶受旱(b)(云南省气象局和江西省气象局提供)

Fig. 2.10.1　The rice and tie-oil tree threatened by drought in Menghai County, Yunnan (a, by Yunnan Meteorological Service) and Yichun County, Jiangxi (b, by Jiangxi Meteorological Service)

2. 暴雨洪涝和阴雨寡照

2019 年华南前汛期开始早、结束晚，为 1961 年以来最长前汛期，雨量较常年偏多 51%；西南雨季开始晚、结束晚，雨量较常年偏少 10%；梅雨入梅偏晚，出梅偏早，雨量较常年偏少 15%，梅雨量江南较常年偏多、江淮偏少；华北雨季开始较常年偏晚 5 天，结束接近常年，雨量偏少 8%；华西秋雨开始时间早，结束偏晚 29 天，雨量偏多 34%。

全国共出现 43 次暴雨过程，较常年偏多，部分低洼地区遭受渍涝灾害，但未出现大范围、流域性洪涝灾害，农业影响总体偏轻。6 月，南方大部分地区强降水过程频繁，累计降水量为 100～250 毫米，部分地区达 250～500 毫米，大到暴雨日数达 3～6 天、局地 7～8 天，部分农田遭受湿渍害和洪涝灾害，一季稻分蘖移栽和早稻抽穗扬花受到不利影响，局地早稻遭遇“大雨洗花”，蔬菜、烤烟、果树等受灾。7 月上中旬，江南大部、华南西部强降水过程多，降水量较常年同期偏多 1～4 倍，导致部分农田受淹、农业设施受损。

8 月 27 日至 11 月 30 日，华西大部分地区降水量较常年同期偏多 2～5 成，部分地区偏多 5 成以上；降水日数较常年同期偏多，陕西南部、四川中部、重庆北部等地偏多 8～12 天。导致陕西、四川、重庆、贵州、甘肃等部分农田出现渍涝和作物倒伏，玉米、马铃薯等作物灌浆成熟和收获受到影响，秋收秋播缓慢，部分地区葡萄、枣等果实腐烂开裂。

此外，东北地区北部 5 月下半月、6 月中下旬及 8 月出现 3 段低温多雨时段，部分低洼地块出现渍涝，导致作物生育发育延缓，成熟期推迟。长江中下游地区冬季至初春阴雨寡照为近年来偏重水平，2018 年 12 月至 2019 年 3 月上旬，江淮大部、江汉东部、贵州等地出现阶段性阴雨寡照天气，大部分麦区雨日有 30～60 天，日照偏少 5～8 成。其中，江苏、安徽、湖北和贵州 4 省降水日数较常年同期偏多 14～20 天，均为 1961 年以来同期最多值；江苏和安徽平均日照时数不足 3 小时/天，湖北不足 2 小时/天，为 1961 年以来同期最少值，阴雨寡照影响冬小麦、油菜苗期生长，春季气象条件好转后恢复性生长较快，对冬小麦、油菜产量形成影响较小。

3. 高温热浪

2019 年夏季中东部地区出现大范围持续高温天气，日最高气温≥35℃的高温日数有 20～50 天，比常年同期偏多 5～15 天(图 2.10.2)，但高温持续天数和强度不及 2013 年和 2018 年。高温热浪阶段性和区域性明显，6 月至 7 月中旬，华北南部、黄淮北部高温天数达 10～30 天，区域平均高温日数和最高气温均为同期历史第 4 位，为近 10 年最多值，导致农田土壤蒸发加剧，部分无水灌溉农田旱情发展，玉米、大豆等作物生长迟缓、萎蔫，棉花蕾铃脱落增加；7 月下旬至 8 月中旬，江汉东部、江南大部、华南北部高温日数有 20～30 天，区域高温日数和平均最高气温不及 2018 年，但也均高于常年，造成部分一季稻结实率下降、玉米灌浆期缩短、棉花蕾铃脱落。

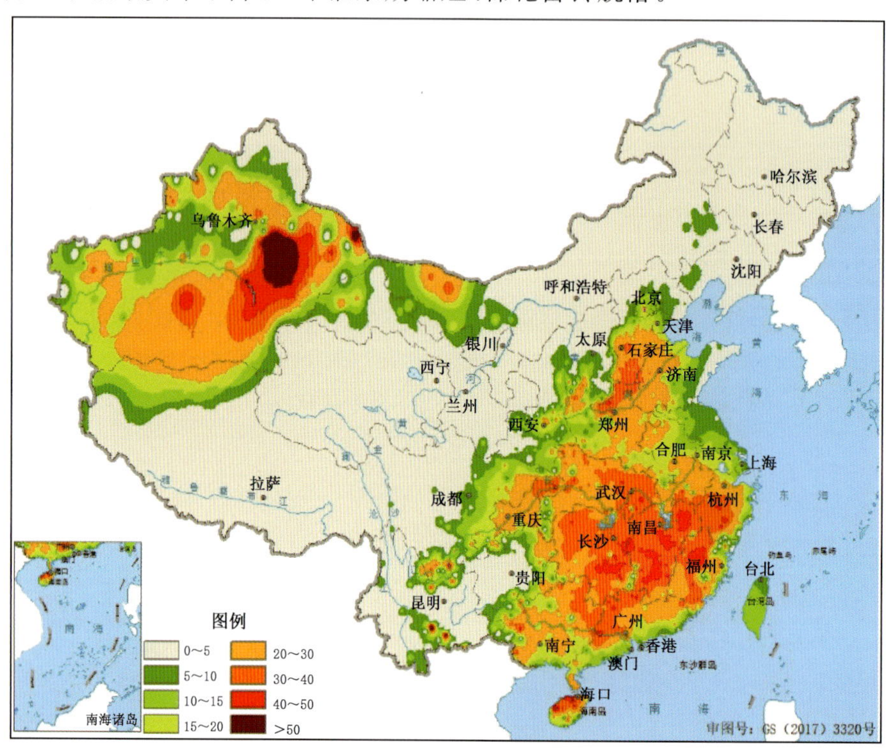

图 2.10.2 全国夏季高温日数

Fig. 2.10.2 The number of heat days with maximum daily temperature more than 35℃(unit:d)

4. 台风

2019 年登陆我国的台风有 6 个，较常年同期偏少 1 个；登陆台风强度总体偏弱，主要是超强台风“利奇马”致灾严重。8 月 10 日，“利奇马”在浙江温岭登陆，滞留时间长、风雨强度大，登陆后先后影响东部 12 个省(市)，浙江、山东等省部分地区日降雨量突破历史极值，导致部分农田被淹、高秆作物倒伏、设施大棚损毁、养殖塘受损，浙江、山东局地受灾较重(图 2.10.3)。此外，9 月 5—8 日，台风“玲玲”带来的大风强降水导致东北地区东部的部分农田作物倒伏和经济林果受损。

5. 低温霜冻害与雪灾

2019 年低温霜冻害和雪灾较近 5 年平均偏轻，主要集中在年初。1 月出现 4 次冷空气过程，造成云南东部、湖北北部、安徽、江苏、湖南中部、江西北部、浙江北部等地出现大雪、局地暴雪，最大积雪深度达 10～20 厘米；贵州、湖南出现较大范围冻雨；低温雨雪冰冻灾害导致设施农业、露地蔬菜、经济林果等农作物受灾，部分蔬菜大棚被积雪压塌，华南中北部部分热带、亚热带水果遭受寒害(图 2.10.4)。据不完全统计，农作物受灾面积达 14.7 万公顷。4 月 1 日、9—10 日湖北东北部、安徽南部、浙江北部

图 2.10.3　浙江台州早稻倒伏(a)和大棚积水(b)(浙江省气象局提供)

Fig. 2.10.3　The lodging of early rice(a) and waterlogging of greenhouse(b) in Taizhou City, Zhejiang(By Zhejiang Meteorological Service)

图 2.10.4　湖北江陵县大棚压毁(a),武汉东西湖辣椒植株受冻(b)(湖北省气象局提供)

Fig. 2.10.4　The destroyed greenhouse threatened by heavy snow in Jiangling county, Hubei(a) and frozen pepper in Dongxihu District, Wuhan(b)(By Hubei Meteorological Service)

等地部分地区日最低气温降至 4℃以下,平地和山谷茶园以及正值采摘期的春茶出现霜冻害。

2019 年初,青海省玉树州频发降雪,连续出现 12 次明显降雪过程,大部分地区遭受雪灾。造成 68.8 万头(只)牲畜觅食困难,2.1 万头(只)牲畜死亡,直接经济损失 6548 万元。

9 月 10—19 日,内蒙古东部、黑龙江西北部林区陆续出现霜冻,内蒙古兴安盟、赤峰市等地尚未成熟的玉米及绿豆、谷子等杂粮遭受霜冻害,叶片受损,影响后期灌浆成熟,千粒重下降。17—20 日,黑龙江松嫩平原北部陆续出现初霜冻,作物灌浆速度下降。

6. 风雹

2019 年我国大风、冰雹等强对流天气发生频次较近 5 年均值偏少,风雹灾害时空分布较为集中。时间主要集中在 4—8 月,区域主要集中在华东、华中和华北等地,内蒙古、河北、天津、北京、辽宁等地都曾遭遇超 10 级大风,局地损失较重。3 月 4—6 日,贵州东南部、湖南大部等地出现风雹灾害,农作物受灾面积 2400 公顷;4 月 8—11 日,湖北、湖南、重庆等省(市)遭受的风雹灾害造成农作物受灾面积 13100 公顷;4 月 18—22 日,江西、湖南、广东、广西、重庆、四川、贵州 7 省(自治区、直辖市)部分地区遭受风雹灾害,农作物受灾面积 10600 公顷;4 月 24—26 日,河北、山西、河南、陕西 4 省部分地区出现风雹灾害,造成部分地区梨树、桃树、杏树受损,玉米、蔬菜等作物受灾;5 月 25—28

日，西北、华北部分地区出现风雹灾害，河北、内蒙古、甘肃、青海等地小麦倒伏，牲畜大棚受损，玉米、蔬菜被淹，部分基础设施受损，农作物受灾面积13700公顷；6月1—2日，河北、黑龙江部分地区出现风雹灾害，造成农作物受灾面积500余公顷；6月17—19日，华北、东北部分地区出现风雹灾害，造成水稻、玉米、大豆、果树等农作物不同程度受灾，农作物受灾面积16400公顷；7月28—31日，华北、东北部分地区出现风雹灾害，河北、山西、内蒙古、辽宁、吉林、黑龙江农作物受灾面积26.8万公顷。

7. 干热风

2019年小麦干热风天气出现天数较2018年和近5年均值偏少，对小麦产量影响较小。5月21—25日冬麦区气温偏高，华北、黄淮等地出现了1～4天不同程度干热风天气；6月2—4日河北南部部分地区墒情偏差的麦田出现轻度干热风，处于灌浆乳熟的小麦略受影响。

2.11 病虫害

2.11.1 基本概况

2019年全国农业病虫害中等发生，发生面积较2018年偏小，虫害重于病害；小麦、水稻病虫害发生面积较2018年和常年均偏小，玉米病虫害发生面积较2018年和常年均偏大，新发害虫草地贪夜蛾年初自东南亚迁入我国部分农区为害多种作物，并在西南地区南部、华南等地定殖(图2.11.1、图2.11.2)。2018/2019年冬季，全国平均气温接近常年同期，前冷后暖，特别是前期阶段性寒潮过程低温极端性强、雨雪冰冻过程明显，一定程度上抑制了害虫、病菌安全越冬，早春病虫基数普遍偏低，但春季华北东南部、黄淮东部和四川盆地等麦区高温少雨，导致小麦蚜虫中等至偏重发生。春季至7月中旬，南方大部分地区降雨过程多、雨量大、范围广，加之江南入汛早，稻飞虱、稻纵卷叶螟

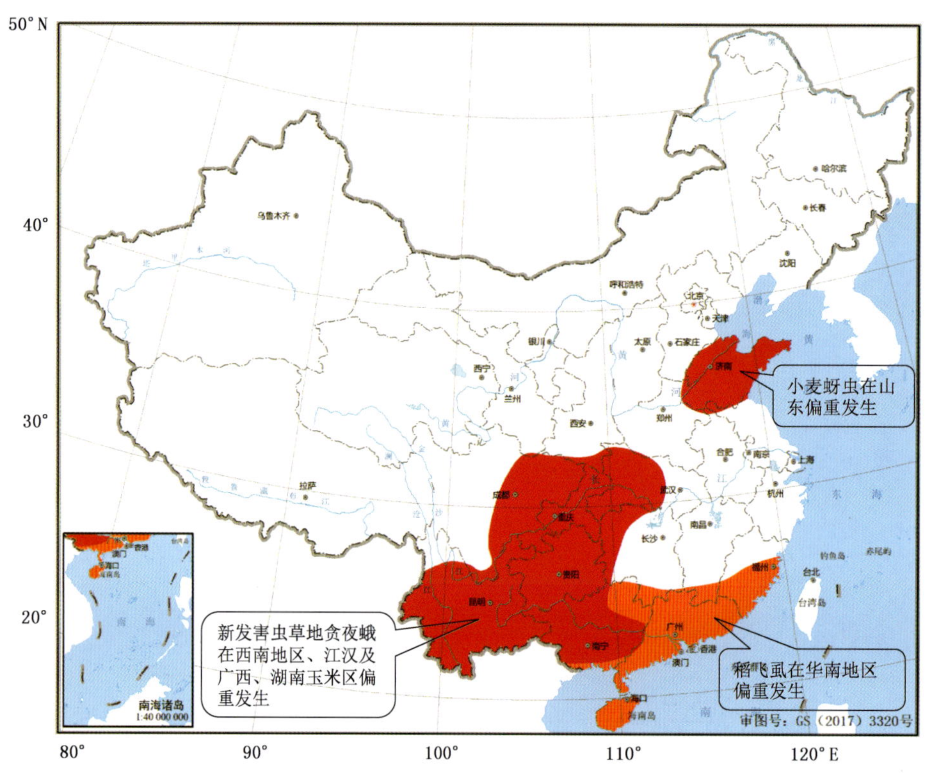

图2.11.1　2019年主要农业虫害分布区域

Fig. 2.11.1　Main agricultural insects and distribution regions in China in 2019

等水稻“两迁害虫”迁入期同比偏早，迁入虫量多，江南、华南和西南稻区“两迁害虫”中等至偏重发生；夏季东北大部分地区降水显著偏多，黑龙江水稻穗颈瘟发生程度为近10年来最重，部分地区玉米黏虫、玉米螟偏重发生。

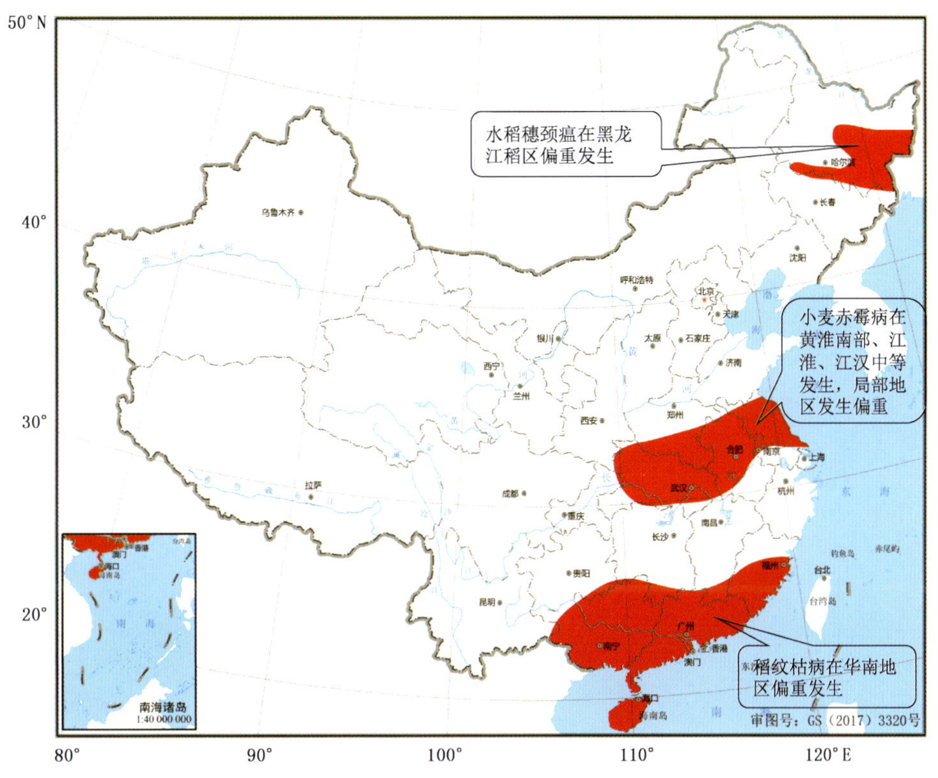

图2.11.2　2019年主要作物病害分布区域

Fig. 2.11.2　Main crop diseases and distribution regions in China in 2019

2.11.2　主要病虫害事例

1. 玉米病虫害重于2018年和常年；新发害虫草地贪夜蛾1月首次侵入我国，先后为害西南地区、华南至华北等地玉米区，扩散危害范围广

2019年玉米病虫害发生约6040万公顷次，较2018年增加约3%，较常年同期发生面积也有增加。玉米螟发生面积约1907万公顷次，偏轻至中等发生；玉米黏虫发生面积约277万公顷，较2018年增加约6%；新发害虫草地贪夜蛾发生合计约108万公顷，其中玉米田发生面积占106.5万公顷，占比达98.6%；二点委夜蛾总体偏轻发生，发生约50万公顷，比2018年增加3%；玉米大斑病轻于2018年。

草地贪夜蛾为原产于美洲热带和亚热带地区的杂食性迁飞害虫，玉米为其最喜食作物。2019年1月，草地贪夜蛾首次侵入我国云南，期间云南大部气温偏高、降水偏多，利于草地贪夜蛾迁入和繁殖；春季，随着中南半岛迁入虫源不断增加，再加上入侵种群的繁育，草地贪夜蛾在云南及周边省份不断危害；5月南海夏季风爆发偏早，受西南季风助推的影响，草地贪夜蛾迅速北扩，经长江流域，7—8月到达西北地区、华北等地。据统计，2019年共计26个省(区、市)1538个县(区、市)草地贪夜蛾有不同程度危害，仅未侵入青海、新疆、辽宁、吉林、黑龙江等5省(区)；为害程度从地理分布上表现为由南至北逐渐减轻、西部省份重于东部，为害偏重区主要集中在云南、广西、湖南、四川、贵州、湖北等地，为害症状多表现为低龄幼虫咬食叶片或寄主组织被钻蛀，云南因2019年4—5月出现干旱，导致虫害加重，德宏、保山等地区因幼虫从玉米茎基部钻入茎秆取食为害造成枯心苗。

夏季，东北地区大部、西北地区中部等地降水偏多3～8成，尤其东北地区降水量(488.2毫米)

为1981年以来第2多值，利于黏虫、玉米螟等喜湿性玉米病虫害的发生发展。三代黏虫在黑龙江、辽宁、吉林、内蒙古、河北、北京、天津部分县（区）管理粗放、杂草多的玉米田块虫量高、危害重；辽宁朝阳、锦州、阜新、铁岭等玉米地黏虫百株最高虫量达1000头以上、康平达1000～1500头、沈北新区达1500～2000头，部分玉米植株下部叶片被吃光；玉米螟在黑龙江、辽宁、吉林、内蒙古和江苏局部偏重发生；玉米大斑病在东北等地局部偏重发生。

2. 水稻病虫害中等发生、轻于2018年和常年，发生面积是1991年以来第二少年份

2019年全国水稻病虫害发生面积约6976万公顷次，比2018年减少约3%，为1991年以来发生面积第二少年份，仅高于1992年；虫害发生面积约4778万公顷次，病害发生面积约2198万公顷次，同比分别偏少约2%、7%。“两迁害虫”稻飞虱、稻纵卷叶螟均为中等发生，稻飞虱发生面积约1660万公顷次，较2018年减少约2%，在华南稻区偏重发生，江南和西南稻区中等发生，江汉、江淮稻区偏轻至中等发生；稻纵卷叶螟发生面积约1196万公顷次，与2018年基本持平，在沿太湖、沿江局部地区大发生，在华南、西南、江汉、江淮稻区中等发生，江南稻区偏轻至中等发生。

2019年入汛后至7月中旬，江南、华南等地降雨过程多，雨量大，强降雨范围广；江南春汛偏早、梅雨量（6月5日—7月20日）为1981年以来第2多值，湖南、江西、浙江、福建4省6月至7月中旬降水量和暴雨日数均为1961年以来历史同期最多值，春汛早、降水多利于水稻“两迁”害虫稻飞虱、稻纵卷叶螟的提早迁入流行，迁入期早于2018年，迁入峰次多，蛾量高。7月下旬至秋季，中东部出现阶段性高温，华北和黄淮6月至7月中旬、江汉和江南等地7月下旬至8月持续高温，江汉和江南平均高温日数分别为1981年以来最高值和次高值，受大范围持续高温天气的影响，稻飞虱、稻纵卷叶螟的迁入和发生发展及扩散为害受到不同程度的遏制。

稻瘟病中等发生，发生面积约311万公顷次，在西南和长江中下游稻区中等发生，山区、丘陵、沿江、沿海局部感病品种偏重发生；在东北稻区偏轻至中等发生，但黑龙江穗颈瘟为近10年来发生最重年份。水稻纹枯病中等至偏重发生，发生面积为1469万公顷次，比2018年减少5%，是2004年以来发生面积最少的年份；仅在华南稻区偏重发生，在长江中下游稻区中等至偏重发生，西南地区北部和东北稻区中等发生，西南地区南部偏轻发生。水稻二化螟中等发生，发生面积1256万公顷次，轻于2018年。受台风登陆少、总体强度偏弱的影响，水稻白叶枯病等水稻细菌性病害在南方稻区偏轻发生，仅在浙江沿海及浙南部分地区偏重发生。此外，以稻飞虱为传毒介体的南方水稻黑条矮缩病、水稻条纹叶枯病等水稻病毒病总体偏轻发生，发生面积16万公顷次，比2018年减少10%。

3. 小麦病虫害中等发生，较2018年和常年均偏轻，但部分地区蚜虫偏重发生

2019年小麦病虫害发生约4507万公顷次，比2018年减少约15%，虫害重于病害。小麦蚜虫发生1211万公顷左右，同比减少约7%；赤霉病发生面积约279万公顷，同比减少约53%，为2010年以来的第2轻发年份，仅重于2011年；小麦纹枯病发生742万公顷，同比减少约5%；白粉病发生面积约386万公顷，同比减少约29%；条锈病发生约153万公顷，是2001年以来第3轻发年份。

2018/2019年冬季前冷后暖，2018年12月25—31日寒潮过程持续时间长，影响范围大，低温极端性强，雨雪冰冻过程明显，不利于各种害虫、病菌安全越冬；小麦条锈病冬繁总体较轻，早春病情扩展缓慢，仅在长江沿江局部麦区发生较重；蚜虫早春虫量普遍偏低；白粉病常发区病害始见期普遍偏晚。春季，北方冬麦区大部分区域气温偏高1～2℃，降水偏少，黄淮、江淮、江汉北部及四川南部、云南等地偏少2～8成，华北南部、黄淮东部等地发生农业干旱，不利于小麦病害的发生流行，但温高雨少和干旱利于小麦蚜虫的发生发展，致使麦蚜在山东总体偏重发生，山东中南部局部大发生，河北南部、四川等麦区中等发生。小麦赤霉病主要在长江中下游、黄淮麦区中等发生。白粉病仅在江苏淮北、山东西南部和胶东半岛等地局部偏重发生。小麦茎基腐病在华北、黄淮麦区发生范围和程度呈扩大和加重趋势。

第3章　每月气象灾害事记

3.1　1月主要气候特点及气象灾害

3.1.1　主要气候特点

1月，全国平均气温为−4.1℃，较常年同期偏高0.9℃；全国平均降水量14.0毫米，与常年同期基本持平。月内，我国共出现4次冷空气过程，3次较大范围的连续雨雪过程，华北、黄淮、东北等地发生2次霾过程。

月降水量与常年同期相比，西北北部、华北、黄淮西部和北部、东北大部及内蒙古东北部和西部、四川南部、云南北部、海南等地偏少2～8成，部分地区偏少8成以上；云贵高原南部、华南大部、江南东北部和西南部及西藏中部和北部、新疆东南部、青海大部、内蒙古东南部等地多2成至1倍，局地偏多2倍以上；全国其余地区基本接近常年(图3.1.1)。

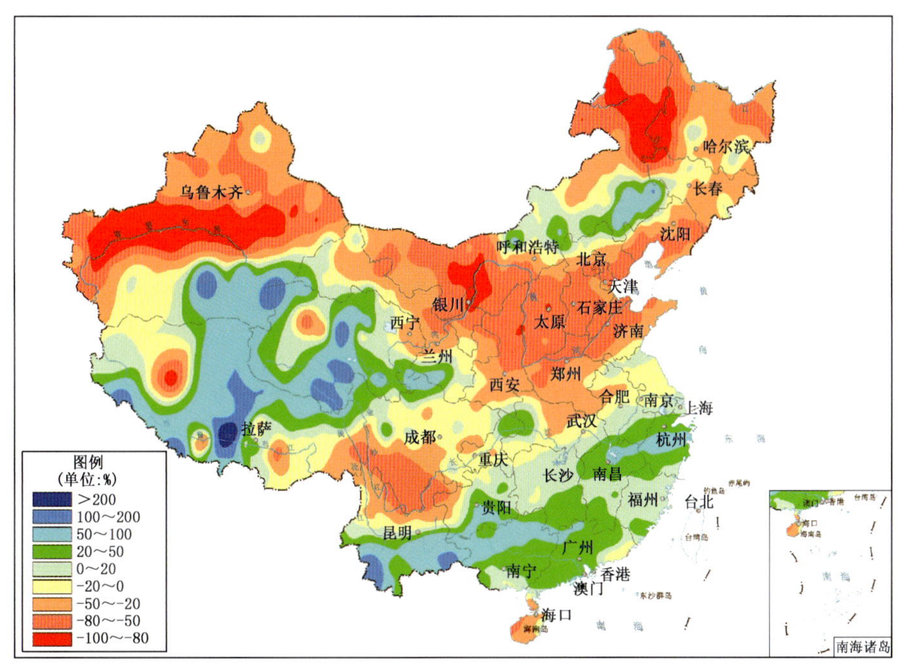

图3.1.1　2019年1月全国降水量距平百分率分布

Fig. 3.1.1　Distribution of annual precipitation anomaly percentage over China in January 2019(unit:%)

月平均气温与常年同期相比，东北和内蒙古大部、华北北部和东部、江南东部、华南东南部以及云南东部、贵州西部、四川南部、青海东南部等地偏高1～4℃，黑龙江部分地区偏高6℃以上；甘肃西部、西藏中部和南部等地偏低1～4℃；全国其余大部分地区接近常年(图3.1.2)。

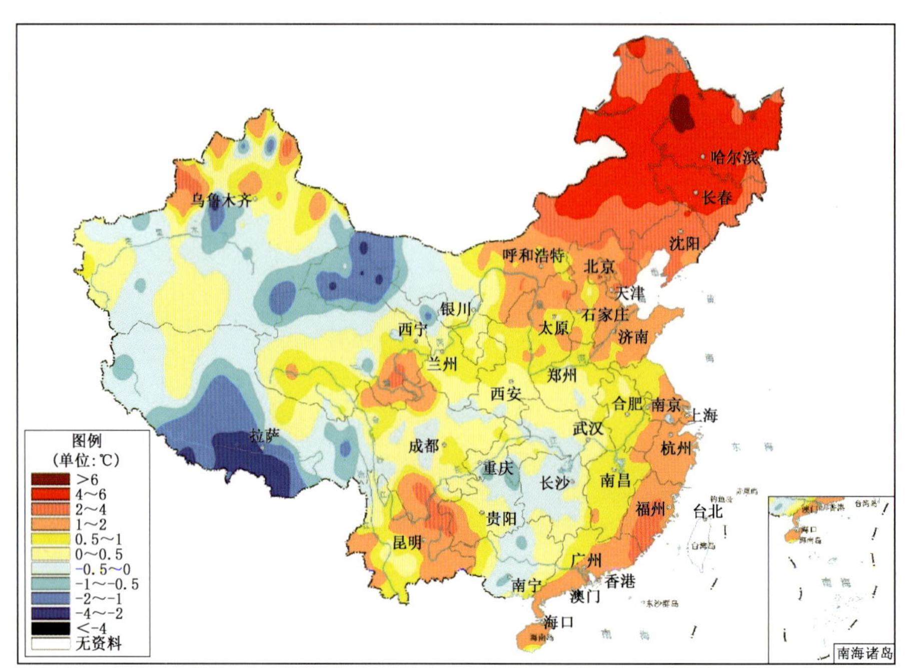

图 3.1.2 2019 年 1 月全国平均气温距平分布

Fig. 3.1.2 Distribution of mean temperature anomaly over China in January 2019(unit:℃)

3.1.2 主要气象灾害事记

(1)4 次冷空气过程影响我国

月内共有 4 次冷空气过程影响我国,略多于常年同期(3.4 次)。4 次过程分别发生在 1 月 15—17 日、20—22 日、26—27 日和 1 月 31 日至 2 月 1 日。15—17 日最大降温超过 10℃地区主要在东北、西藏东南部、四川北部;20—22 日最大降温超过 10℃地区主要在新疆东南部、甘肃、青海东南部。受冷空气影响,月内新疆西北部、青海、西藏西南部、云南东部、湖北南部、安徽南部、江苏南部、浙江北部、湖南中部等地累计降雪量达到 10～25 毫米,局部地区超过 50 毫米,西藏聂拉木站达 126.1 毫米,湖南绥宁站达 51.7 毫米。

(2)3 次较大范围的连续雨雪过程

月内共有 3 次较大范围的连续雨雪过程,4—5 日的降水主要发生在江南南部;8—11 日的降水主要发生在江南南部和西南南部;28—30 日,黄淮、江淮等地出现强雨雪天气。31 日早晨,河南中南部、江苏中北部、安徽中北部等地积雪深度 4～10 厘米。

受第 2 次连续雨雪过程的影响,云南省部分地区遭受洪涝灾害。据应急管理部统计,玉溪、红河、文山 3 市(州)7 个县(市)2.9 万人受灾;100 余间房屋不同程度损坏;农作物受灾面积 1300 公顷,其中绝收 300 余公顷;直接经济损失近 1400 万元。

(3)华北、黄淮、东北等地发生 2 次霾过程

月内,华北、黄淮、东北等地共发生霾天气过程 2 次,分别为 2—8 日和 11—15 日。1 月 2—8 日霾主要影响北京、天津、河北、河南、山东中西部、陕西关中、山西、安徽北部、湖北、湖南北部等地。1 月 11—15 日的霾主要影响北京、天津、河北、河南、山东中西部、陕西关中、山西、辽宁、吉林中西部、黑龙江西南部、江苏等地。

3.2 2月主要气候特点及气象灾害

3.2.1 主要气候特点

2月，全国平均气温为－1.3℃，较常年同期偏高0.4℃；全国平均降水量23.2毫米，较常年同期（17.4毫米）多33%。月内，共有3次冷空气过程影响我国；南方持续低温阴雨寡照；北方出现冬季范围最大的降雪过程，青海遭受雪灾。

月降水量与常年同期相比，新疆中部和西南部、宁夏北部、内蒙古东北部和西部部分地区、东北大部、华北东部、黄淮大部、江汉中西部、重庆、四川东北部和南部、贵州西部、云南大部、湖南西北部等地较常年同期偏少2～8成，东北北部及内蒙古东北部、新疆西南部等地偏少8成以上；江淮南部、江南中东部、华南中西部以及甘肃南部、青海东南部、新疆北部和东南部、内蒙古中部等地降水偏多2成至2倍，局部偏多2倍以上；全国其余大部分地区接近常年（图3.2.1）。

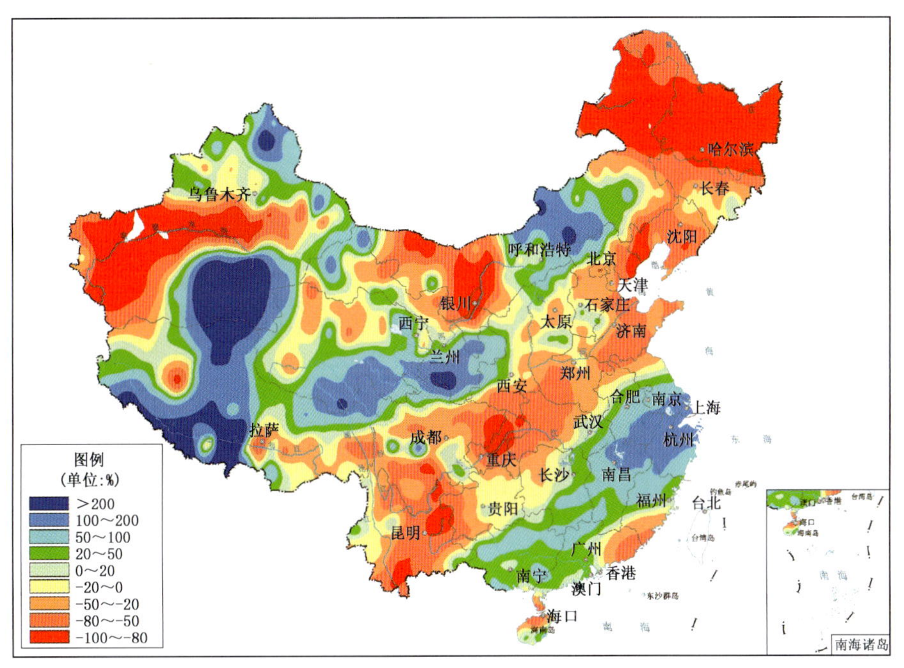

图3.2.1 2019年2月全国降水量距平百分率分布

Fig. 3.2.1 Distribution of precipitation anomaly percentage over China in February 2019（unit：%）

月平均气温与常年同期相比，黄淮西部、江淮西部、江汉、江南中西部、华南中西部及贵州东部、广西北部、内蒙古中西部、甘肃西北部、新疆北部等地偏低1～2℃，局部偏低2～4℃；内蒙古东部、东北中部和北部、江南东南部、华南南部及云南大部、贵州西部、四川西部、青海大部、西藏东北部等地偏高1～4℃，局部偏高4℃以上；全国其余大部分地区接近常年（图3.2.2）。

3.2.2 主要气象灾害事记

（1）3次冷空气过程影响我国

2月共有3次冷空气过程影响我国，略少于常年同期（3.4次）。3次过程分别发生在4—5日、7—11日和15—16日。其中，7—11日的冷空气过程持续时间长、影响范围大，最大降温超过10℃的地区主要在新疆北部、陕西北部、华北西北部、江南、华南及贵州，江南南部、华南大部及贵州南部

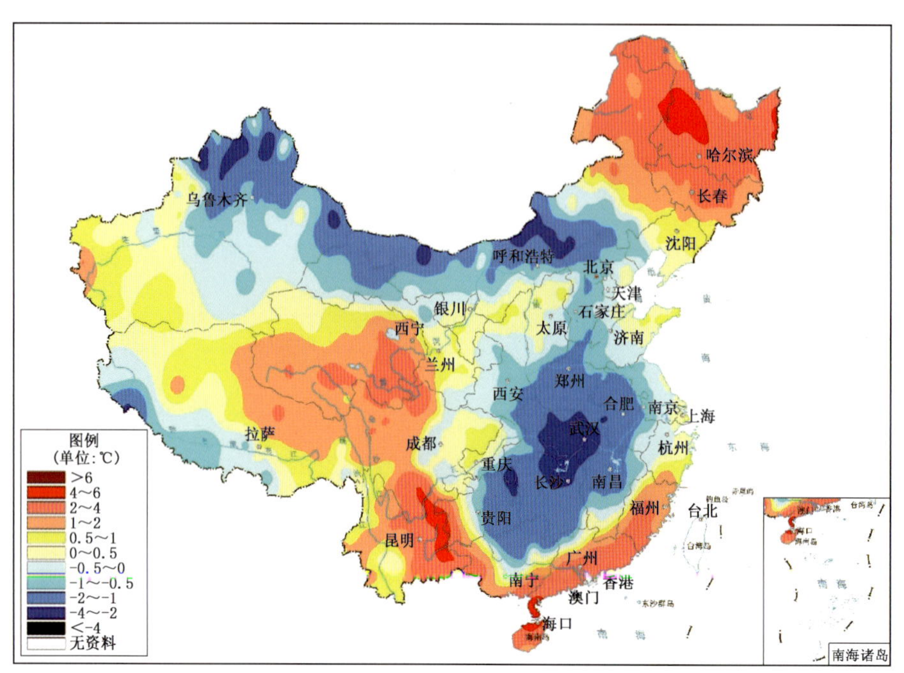

图 3.2.2　2019 年 2 月全国平均气温距平分布

Fig. 3.2.2　Distribution of mean temperature anomaly over China in February 2019(unit:℃)

最大降温超过 14℃。受此次冷空气影响,2 月 8 日江苏省淮河以南地区出现大到暴雪,2 月 8—9 日青海出现大到暴雪。2 月,新疆西北部、青海东南部、甘肃南部、西藏东北部和东南部、江淮大部、江汉东部、江南西部和北部等地累计降雪量达到 10~25 毫米,局部地区超过 25 毫米,西藏聂拉木站达 266 毫米,湖南攸县站达 122.8 毫米,浙江岱山和嵊泗 2 站达 116.1 毫米和 117.9 毫米。

受冷空气过程影响,江苏、湖北、湖南、青海、西藏局地遭受低温冷冻或雪灾,湖南受灾最重。据应急管理部统计,低温冷冻害造成湖南 16.7 万人受灾;农作物受灾面积 15.7 万公顷,其中绝收 2100 公顷;直接经济损失 1.6 亿元。

(2)南方持续低温阴雨寡照

南方出现长时间低温阴雨寡照天气,江淮西部和中部、江汉、江南西部和中部及广西北部、贵州东部等地气温较常年同期偏低 1~4℃。江淮南部、江南大部、华南中东部降水量普遍有 50~200 毫米,局部超过 200 毫米,普遍较常年同期偏多 2 成至 1 倍,浙江、江西东北部偏多 1 倍以上。浙江、江西 2 省降水量分别为 1961 年以来第 1 多值和第 2 多值。

降水日数偏多。江淮南部、江汉东南部、江南、华南北部及贵州中部和东南部降水日数普遍有 16~24 天;与常年同期相比,江苏南部、安徽南部、湖北东部、浙江、江西北部和福建东北部等地偏多 4~8 天,偏多 4 天以上的国土面积有 36.7 万平方千米。

日照时数偏少。江淮南部、江汉大部、江南、华南大部及贵州东部、重庆、四川东部等地日照时数普遍少于 50 小时;与常年同期相比,江淮中南部、江汉、江南大部及广西东北部等地普遍偏少 5~8 成,局部偏少 8 成以上。江苏、安徽、浙江、上海、江西、湖北、湖南、福建 8 省(市)区域平均日照时数只有 30.9 小时,为 1961 年以来历史同期最少值。

低温阴雨寡照天气使江苏、湖南、湖北部分地区遭受低温冻害或洪涝灾害。2 月 7—21 日,湖北省部分地区遭受低温冷冻害,造成宜昌市秭归、夷陵、兴山等 5 个县(市、区)12.6 万人受灾;农作物受灾面积1万公顷，其中绝收400余公顷；直接经济损失7500余万元。2月18—19日，湖南省衡阳市常宁市发生洪涝灾害，3100余人受灾，农作物受灾面积100余公顷。

（3）北方出现冬季范围最大的降雪过程，青海遭受雪灾

2月13—14日，北方地区出现冬季范围最大的降雪过程。华北、黄淮、内蒙古中东部出现1～6厘米积雪，北京怀柔、河南焦作等地最大积雪深度达10～13厘米。北京、天津、河北、山西、内蒙古、河南、山东、辽宁、吉林等地降雪面积达148万平方千米。

2月，青海省玉树州、海西州、果洛州境内出现大范围降雪天气，积雪主要出现在玉树州东南部、果洛州中北部、海西州东部等地。2月4—6日，玛多最大积雪深度达22厘米；2月9日，杂多最大积雪深度达19厘米。1月底至2月，大雪造成玉树、海西、果洛13.1万人受灾；107.6万头（只）牲畜觅食困难，死亡牲畜2.58万头（只）；直接经济损失6500余万元。

3.3 3月主要气候特点及气象灾害

3.3.1 主要气候特点

3月，全国平均气温为5.6℃，较常年同期偏高1.5℃；全国平均降水量30.0毫米，接近常年同期（29.5毫米）。月内，1次全国性寒潮过程影响我国中东部；3次区域性强降雨影响南方；江南、华南发生连阴雨；部分省（区）遭受风雹。

月降水量与常年同期相比，华南及内蒙古东南部、湖北西南部、青海南部和中部、西藏中部等地偏多2成至2倍，局地偏多2倍以上；西北大部、华北大部、黄淮大部、江淮及四川南部、云南东部、海南、内蒙古西部和东北部、黑龙江西部、辽宁东部等地偏少2～8成，华北南部、黄淮北部及新疆、甘肃西部、宁夏北部、陕西中北部等地偏少8成以上；全国其余地区基本接近常年（图3.3.1）。

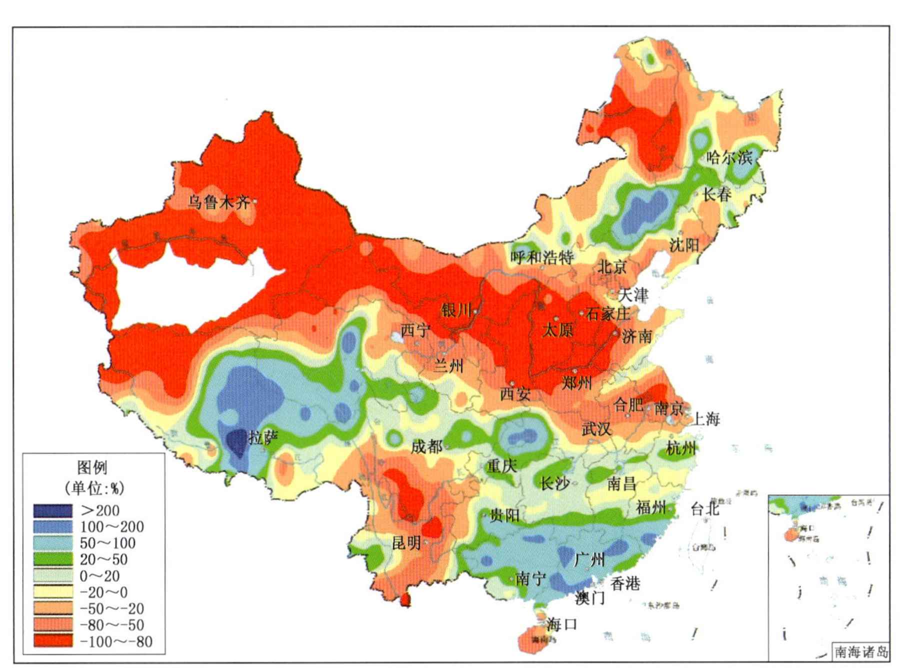

图3.3.1 2019年3月全国降水量距平百分率分布

Fig. 3.3.1 Distribution of precipitation anomaly percentage over China in March 2019(unit: %)

月平均气温与常年同期相比，除青藏高原部分地区地区偏低 1～2℃外，全国大部分地区接近常年或偏高，东北、华北、西北大部、黄淮、江淮、江汉、江南、华南大部及贵州东部、内蒙古等地偏高 1～4℃，黑龙江西部和内蒙古东北部部分地区偏高 4～6℃（图 3.3.2）。

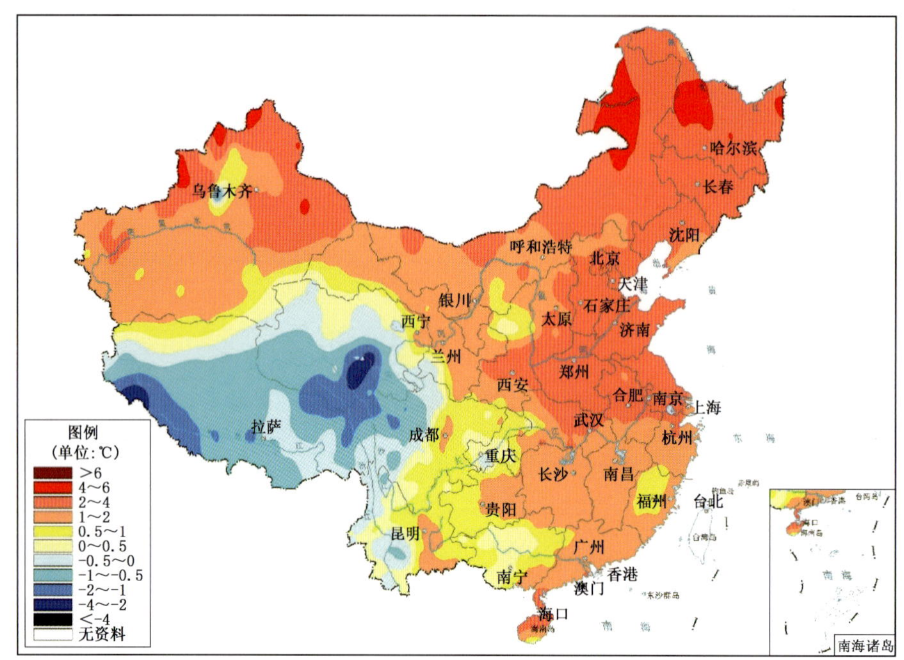

图 3.3.2　2019 年 3 月全国平均气温距平分布

Fig. 3.3.2　Distribution of mean temperature anomaly over China in March 2019(unit:℃)

3.3.2　主要气象灾害事记

（1）寒潮过程影响我国中东部

3 月 21—23 日，寒潮过程影响我国中东部大部分地区。最大降温超 10℃的地区主要在东北东部及江南等地，黑龙江东南部、吉林东部、辽宁北部及湖南、江西、广西、广东北部等地最大降温幅度超过 14℃。

（2）3 次区域性强降雨影响南方

3 月，共有 3 次区域性强降雨过程影响我国南方地区，分别出现在 5 日、9 日和 21—23 日。

3 月 5 日强降雨主要集中在长江中下游以南，江西南部、湖南南部、广西北部、广东北部、福建南部等地日降水量在 50 毫米以上。日降水量超过 100 毫米的有 5 个站，最大的为湖南道县（124.1 毫米）。

3 月 9 日强降雨主要集中在华南沿海地区，福建南部、广东北部日降水量在 50 毫米以上。

3 月 21—23 日强降雨主要集中在长江中下游地区，江西北部、浙江西南部等地日降雨量在 50 毫米以上，给当地人民生产生活、交通、电力、通信等造成不利影响。据统计，江西因灾死亡 5 人。

（3）江南、华南连阴雨

江南、华南等地出现长时间低温阴雨寡照天气，降水量和降水日数偏多，日照偏少，并伴随阶段性低温。

3 月，我国东南部大部分地区降水量在 100 毫米以上，广东北部、江西南部、福建南部等地超过 200 毫米；与常年同期相比，广东、广西大部、江西南部、福建南部等地偏多 5 成至 1 倍，广东部分地区偏多 1 倍以上。

降水日数多。江南大部及广西东部、广东北部、贵州东部等地降水日数为 15～20 天，部分地区超过 20 天，普遍较常年同期偏多，广西大部、湖南南部等地偏多 4 天以上。

日照时数少。南方大部分地区日照时数不足 100 小时，广西大部、广东西部等地不足 50 小时；与常年同期相比，广西、广东部分地区日照时数偏少 2 成以上。

阶段性气温低。受 3 月 21—23 日全国性寒潮影响，湖南、江西、广西、广东北部等地最大降温幅度超过 14℃。

（4）部分省（区）遭受风雹灾害

3 月，贵州、安徽、福建、江西、湖北、湖南、云南、广西等地遭受风雹灾害，影响当地人民生产生活。

3.4 4 月主要气候特点及气象灾害

3.4.1 主要气候特点

4 月，全国平均气温为 12.7℃，较常年同期偏高 1.7℃；全国平均降水量 49.0 毫米，较常年同期（44.7 毫米）偏多 9.6%。月内，中东部遭受 4 次冷空气过程影响；长江中下游及华南等地遭受暴雨洪涝；华北、黄淮等地气象干旱缓和，东北等地气象干旱发展；多省遭受风雹袭击，部分地区受灾较重；北方出现 4 次沙尘天气过程。

月降水量与常年同期相比，西北大部、华北、黄淮大部、华南中西部及内蒙古中部、西藏中部、湖南南部、贵州中部等地偏多 2 成至 2 倍，局地偏多 2 倍以上；东北大部、江淮南部、江南北部及内蒙古东部、新疆西南部、西藏西部和东南部、四川南部、云南、海南等地偏少 2～8 成，东北南部及内蒙古东部局地、西藏西部等地偏少 8 成以上（图 3.4.1）。

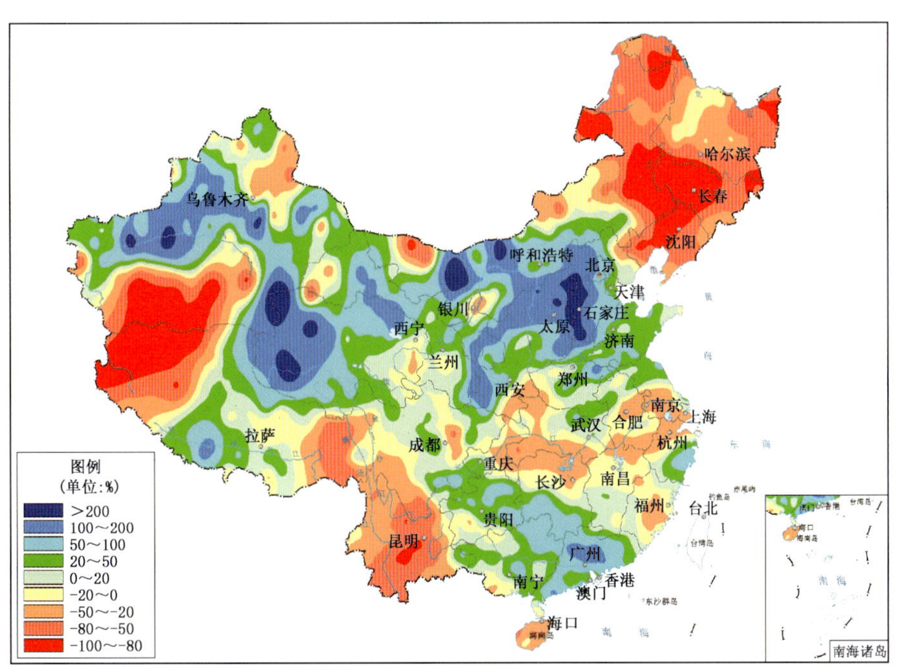

图 3.4.1 2019 年 4 月全国降水量距平百分率分布

Fig. 3.4.1 Distribution of precipitation anomaly percentage over China in April 2019(unit:%)

月平均气温与常年同期相比，除东北大部、华北大部、黄淮、江淮北部、江汉及湖南大部、江西南部、福建西部、广东北部、西藏中南部、内蒙古东北部等地接近常年外，全国大部分地区气温偏高 1～4℃，局部地区偏高 4～6℃（图 3.4.2）。海南平均气温为 1961 年以来最高；新疆、甘肃、宁夏、青海、四川为次高值。

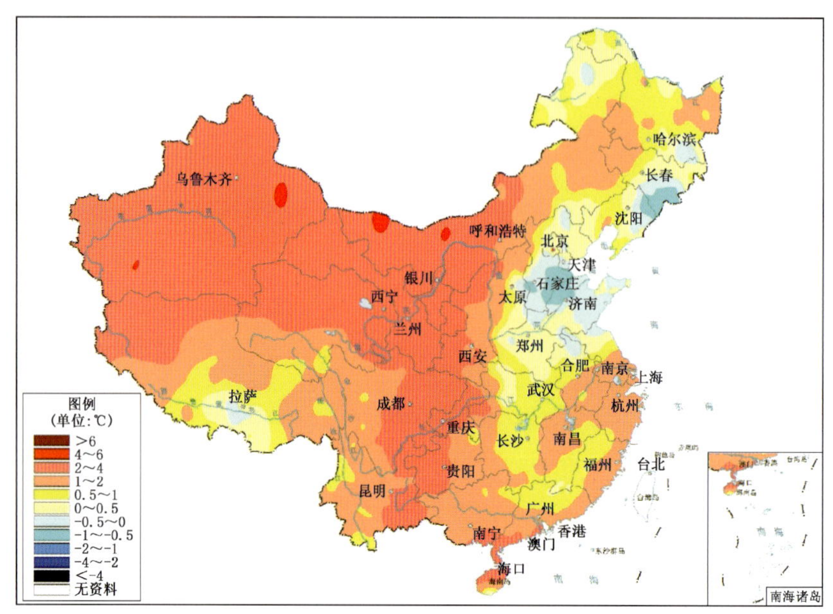

图 3.4.2　2019 年 4 月全国平均气温距平分布

Fig. 3.4.2　Distribution of mean temperature anomaly over China in April 2019(unit:℃)

3.4.2　主要气象灾害事记

（1）中东部遭受 4 次冷空气过程影响

4 月，共有 4 次冷空气过程影响中东部地区，这 4 次过程发生在 9—11 日、14—15 日、18—20 日、24—27 日。其中，4 月 9—11 日冷空气过程影响范围最广、强度最强。最大降温超过 10℃的地区主要在江汉、江淮及江南大部等地，湖北东南部、安徽南部、湖南东部及江西南部等地最大降温幅度超过 14℃。

（2）长江中下游及华南等地遭受暴雨洪涝

4 月，我国出现 4 次较大范围的暴雨天气过程，分别出现在 8—10 日、11—16 日、19—20 日、28—30 日。江南大部、华南及贵州东部等地累计降水量 100～200 毫米，江南南部及广西东北部、广东大部在 200 毫米以上，局部地区超过 400 毫米。

暴雨在江西、湖南、广东、广西、重庆、四川、甘肃、贵州 8 省（区、市）等地造成洪涝灾害，导致 25.6 万人受灾，27 人死亡，农作物受灾面积近 8 万公顷，直接经济损失近 4.4 亿元；广东、重庆受灾最为严重。

（3）华北、黄淮等地气象干旱缓和，东北等地气象干旱发展

3 月至 4 月上旬，西北地区东部、华北、黄淮大部分地区降水量不足 10 毫米，加上同期气温高，土壤失墒快，气象干旱持续发展，陕西中部、山西中部和西南部、河南北部和山东中西部等地出现特旱。

4 月，长江及其以北地区出现大范围降水过程，旱情明显缓和，但内蒙古东北部、东北大部等地降水量偏少明显，气象干旱发展。4 月 30 日全国气象干旱监测显示，内蒙古东北部、辽宁大部、吉林、黑龙江东部、云南中部等地存在中到重度气象干旱。

(4)多省(区)遭受风雹袭击,部分地区受灾较重

4月,云南、贵州、广东、广西、福建、浙江、湖北、湖南、四川、重庆、江西、河南、河北、山西、陕西、甘肃、新疆、黑龙江18省(区、市)遭受风雹袭击,贵州受灾较重。4月18—22日,贵州贵阳、遵义、安顺等7市(州)24个县(市、区)遭受风雹灾害,18.4万人受灾,2人死亡;农作物受灾面积1.3万公顷;直接经济损失1.7亿元。

(5)北方出现4次沙尘天气过程

4月,北方出现4次沙尘天气过程。沙尘天气过程次数较2009—2018年同期平均(3.6次)略偏多。4月4—6日,新疆南疆盆地、内蒙古中东部、辽宁、吉林、山东、河北、北京、天津等地的部分地区出现扬沙和浮尘天气。16日,辽宁西部、吉林西部、黑龙江西部等地出现扬沙和浮尘天气。17日,内蒙古中东部、辽宁西部、吉林西部、黑龙江西部等地出现扬沙和浮尘天气。20日,内蒙古中东部、吉林西部、河北北部等地出现扬沙和浮尘天气,内蒙古局地出现沙尘暴。沙尘天气给当地居民的生活及出行造成了一定影响。

3.5 5月主要气候特点及气象灾害

3.5.1 主要气候特点

5月,全国平均气温为16.2℃,接近常年同期;全国平均降水量69.5毫米,接近常年同期。月内,南方部分地区遭受暴雨洪涝;云南及黄淮和江淮等地气象干旱持续发展;华北、黄淮等地出现持续高温天气;北方出现4次沙尘天气过程;华北、西北部分地区遭受低温冷冻害;多省遭受风雹袭击,部分地区受灾较重。

月降水量与常年同期相比,东北大部、西北地区中东部及新疆中部、内蒙古西部和东部、四川北部和中部等地偏多2成至2倍,局地偏多2倍以上,黑龙江降水量为1961年以来历史同期次多;华北大部、黄淮、江淮、江汉及云南、广西北部和东部、西藏中西部等地偏少2～8成,华北南部、黄淮大部及云南西部、西藏西部等地偏少8成以上(图3.5.1)。云南月降水量为1961年以来历史同期最少,河南、江苏为次少。

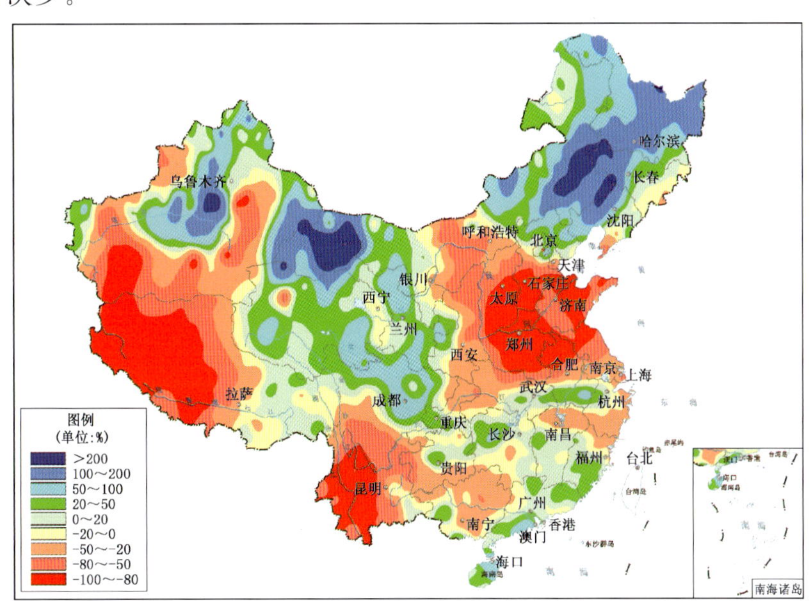

图3.5.1 2019年5月全国降水量距平百分率分布

Fig. 3.5.1 Distribution of precipitation anomaly percentage over China in May 2019(unit:%)

月平均气温与常年同期相比，新疆北部、内蒙古西部、甘肃西北部和东北部、四川东部、重庆南部、贵州北部、湖南西部等地偏低1～2℃，东北中部和南部、华北中东部、黄淮大部及云南、四川西南部等地偏高1～2℃，部分地区偏高2℃以上（图3.5.2）。云南月平均气温为1961年以来历史同期最高，天津为次高。

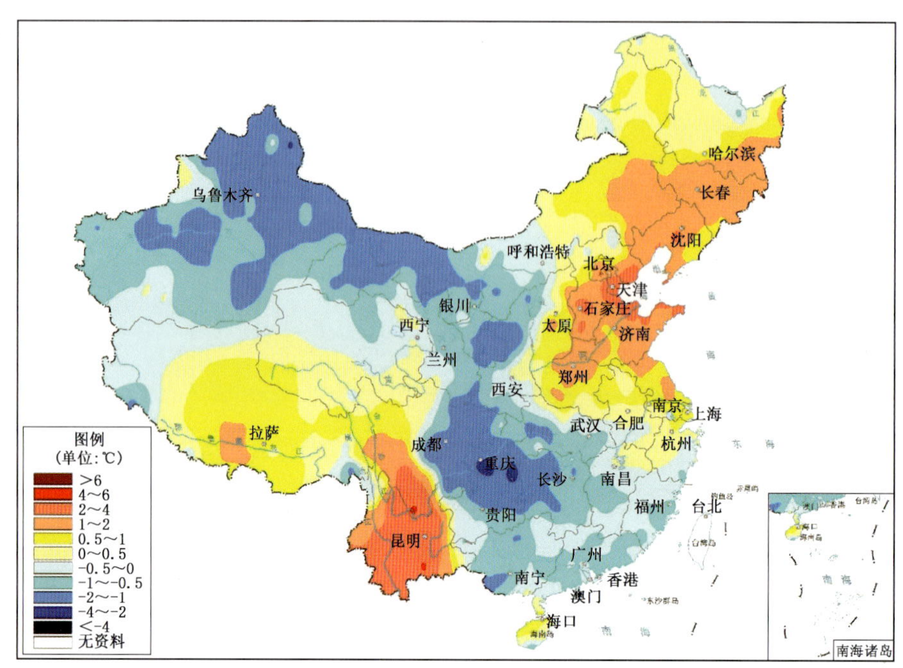

图3.5.2 2019年5月全国平均气温距平分布

Fig. 3.5.2 Distribution of mean temperature anomaly over China in May 2019(unit:℃)

3.5.2 主要气象灾害事记

（1）南方部分地区遭受暴雨洪涝

5月，我国共出现5次较大范围的暴雨天气过程，分别发生在5—6日、12—13日、15—18日、19—20日和25—28日。5月15—18日，江南大部及福建等地过程降水量普遍超过25毫米，福建中部等地有100～250毫米，局部出现暴雨或大暴雨天气。5月25—28日，淮河以南大部分地区降水量普遍超过25毫米，安徽南部、湖北东南部、江西北部、广西中南部、广东南部沿海超过100毫米，局部出现暴雨或大暴雨，广西东兴、靖西、天等和广东斗门出现特大暴雨，26日广西东兴降水量达359.7毫米。

5月，暴雨造成福建、甘肃、广东、广西、贵州、河北、湖北、湖南、江西、重庆、安徽等省（区、市）遭受洪涝灾害。

（2）云南及黄淮和江淮等地气象干旱持续发展

5月，黄淮和江淮地区（山东、河南、江苏和安徽）平均降水量34.5毫米，较常年同期偏少55.4%，气象干旱发展并维持。

4—5月，云南降水量60.2毫米，为1961年以来历史同期最小值；平均气温较常年同期偏高2.0℃，为历史同期最高。5月，云南南部等地出现持续高温天气。高温、少雨导致云南大部分地区发生严重干旱，部分河道断流、水库干涸、人畜饮水困难，春耕生产和人民生活受到影响。

月内，东北地区出现阶段性干旱，19日后，受明显降水影响气象干旱逐步缓解。

月底，黄淮、江淮北部及云南等地存在中到重度气象干旱，部分地区出现特旱。

(3)华北、黄淮等地出现持续高温天气

5月22—25日,华北、黄淮和东北出现高温天气过程。河南东北部、山东西部和东南部部分地区、河北东南部、内蒙古东南部、吉林西部等地极端最高气温超过38℃,河北、内蒙古等地局部地区超过40℃,河北南宫达到41.2℃。5月23日,高温范围广,北京、天津、河北、山西、山东、河南、安徽、江苏、内蒙古、吉林、辽宁11省(区、市)35℃以上高温覆盖面积达64.1万平方千米,38℃以上高温覆盖面积达13.8万平方千米。5月24日,高温强度强,吉林、辽宁、黑龙江共有53个县(市、区)气温突破5月历史高温极值。

(4)北方出现4次沙尘天气过程

5月,北方出现4次沙尘天气过程,分别发生在4—5日、11—12日、14—16日、18—19日,其中2次为扬沙过程,2次为沙尘暴过程。沙尘天气过程次数较2000—2018年同期平均(2.7次)偏多。

5月4—5日,内蒙古中西部、甘肃中西部出现扬沙和浮尘天气,内蒙古中西部局地出现沙尘暴。11—12日,内蒙古大部、甘肃中西部、宁夏、陕西北部、山西北部、河北北部、北京、天津等地出现扬沙和浮尘天气,内蒙古中西部、甘肃中部的部分地区出现沙尘暴。14—16日,内蒙古中西部、甘肃中西部、宁夏、黑龙江西南部、吉林西部等地的部分地区出现扬沙和浮尘天气,内蒙古、甘肃中部的部分地区出现沙尘暴。18—19日,内蒙古中西部、青海北部、宁夏、甘肃东部、河北中南部、新疆南疆盆地等地出现扬沙和浮尘天气。

(5)华北、西北部分地区遭受低温冷冻害

月内,气温波动大,多次遭受冷空气影响。5月13日,内蒙古中部、山西、陕西北部等地最低气温低于0℃,发生低温冷冻害,陕西受灾较重;18—22日,西北、华北等地部分地区多地最低气温降至2℃及以下,有些地区甚至低于0℃,造成新疆、陕西、甘肃、宁夏、河北、山西、内蒙古等地遭受低温(霜)冻害,降温同时大部分地区伴有大风,导致农作物和部分经济作物受灾严重,部分温室大棚受损。

(6)多省(区)遭受风雹袭击,部分地区受灾较重

5月,安徽、江西、湖南、河南、山东、河北、北京、山西、内蒙古、宁夏、甘肃、新疆、黑龙江、四川、云南等地遭受风雹灾害,安徽、江西、甘肃受灾较重。5月18—20日,西北地区东部、华北、东北地区自西向东出现一次大风天气过程,上述地区最大阵风普遍超过7级,内蒙古中部、河北西北部、北京中西部、天津北部达11～12级。北京最大阵风达14级(44.7米/秒,延庆闫家坪),造成全市5人死亡(建筑构筑物倒压所致)。

3.6 6月主要气候特点及气象灾害

3.6.1 主要气候特点

6月,全国平均气温为20.6℃,较常年同期偏高0.6℃;全国平均降水量99.8毫米,接近常年同期。月内,我国中东部地区出现4次大范围强降水天气过程,南方遭受严重暴雨洪涝灾害;云南及华北和黄淮等地少雨高温,气象干旱持续;华北、黄淮等地出现阶段性高温;多省遭受风雹袭击,部分地区受灾较重。

月降水量与常年同期相比,西北大部及内蒙古中西部、黑龙江北部、河南大部、重庆南部、四川东部、湖北中部、湖南中部、贵州中部、江西南部、福建大部、浙江南部等地偏多2成至1倍,西北中西部和内蒙古西部的部分地区偏多1倍以上;华北大部、黄淮东北部、江淮东部、青藏高原南部及云南、四川西部、海南大部、广西东南部、广东西南部等地偏少2～8成,局地偏少8成以上(图3.6.1)。西藏月降水量为1961年以来历史同期最少。

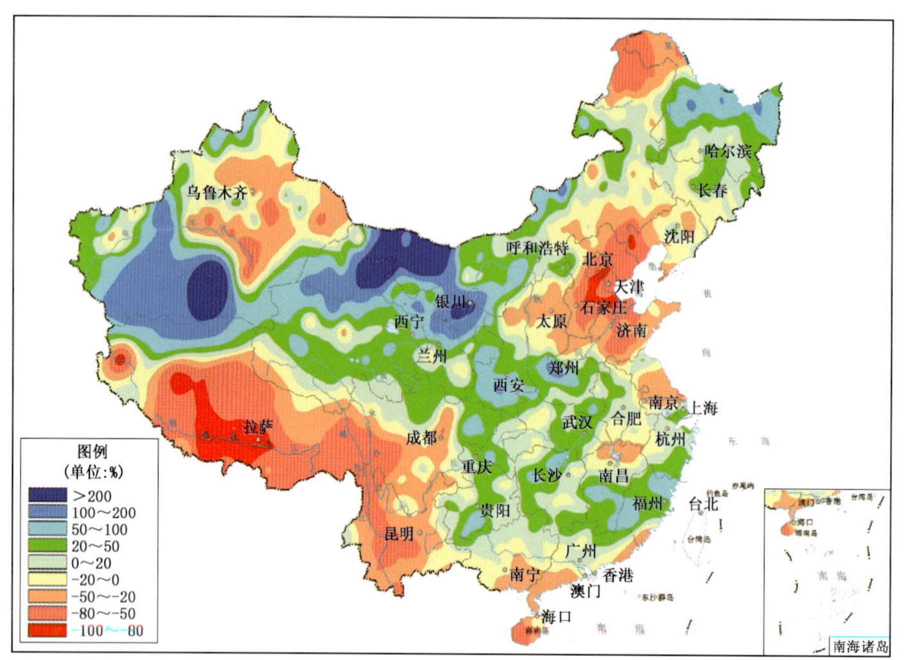

图 3.6.1 2019 年 6 月全国降水量距平百分率分布

Fig. 3.6.1 Distribution of precipitation anomaly percentage over China in June 2019(unit:%)

月平均气温与常年同期相比，华北大部、黄淮大部及西藏东部、四川西部、云南、贵州西部、海南北部等地偏高 1～2℃，部分地区偏高 2～4℃；黑龙江东北部、新疆西南部等地偏低 1～2℃；全国其余大部分地区接近常年(图 3.6.2)。海南、西藏月平均气温为 1961 年以来历史同期最高，河北、云南和山东为次高。

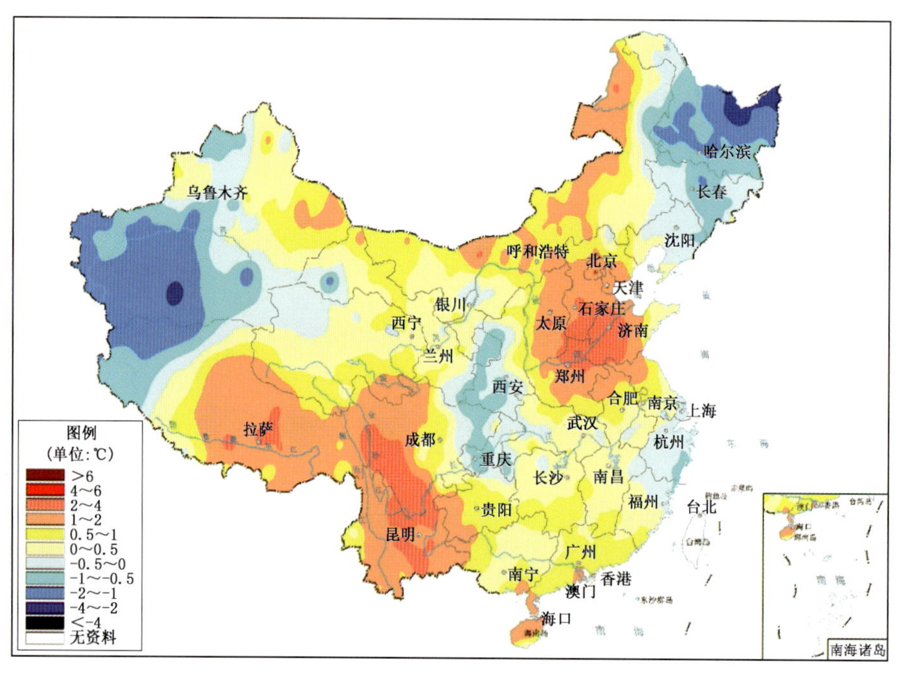

图 3.6.2 2019 年 6 月全国平均气温距平分布

Fig. 3.6.2 Distribution of mean temperature anomaly over China in June 2019(unit:℃)

3.6.2 主要气象灾害事记

(1)中东部地区出现4次大范围强降水天气过程,南方遭受严重暴雨洪涝灾害

月内,中东部地区共出现4次较大范围的暴雨天气过程,分别发生在4—5日、6—13日、16—19日和20—25日。6月6—13日和6月20—25日过程范围大、强度强、影响重。

6月6—13日,湖南中南部、江西、浙江南部、福建、贵州、广西北部、广东中东部等地累计降雨量普遍有100～350毫米,广西桂林最大降雨量832毫米,江西吉安758毫米。

6月20—25日,四川达州、重庆南川、云南德宏、贵州遵义、湖北孝感、安徽黄山、湖南株洲和长沙、江西吉安和赣州及上饶、浙江丽水和温州、福建南平和宁德及福州等局地降雨量250～408毫米。

据民政部统计,6月暴雨洪涝共造成浙江、福建、江西、湖北、湖南、广西、贵州、四川及重庆等地直接经济损失近255亿元。

(2)云南及华北和黄淮等地少雨高温,气象干旱持续发展

4—5月,华北东南部、黄淮大部及云南等地降水普遍少于100毫米,较常年同期偏少2～8成。同时,上述地区气温普遍较常年同期偏高1～2℃,云南东部偏高2～4℃。

受持续少雨高温影响,云南及华北和黄淮等地气象干旱发展,6月23日干旱范围达到最大,重旱以上面积近43万平方千米,农业、水资源及森林草原防火受到影响。

月底,云南及华北和黄淮等地存在中到重度气象干旱,部分地区达特旱。

(3)华北、黄淮等地出现阶段性高温

6月,华北东南部、黄淮大部分地区高温日数有5～10天,河北南部、山东西北部、河南东北部等地达10～15天;与常年同期相比,上述地区高温日数普遍偏多1～5天,部分地区偏多5天以上。高温少雨造成华北和黄淮等地气象干旱发展。

(4)多省(区)遭受风雹袭击,部分地区受灾较重

6月,内蒙古、河南、湖北、陕西、山东、吉林、江苏、甘肃、河北、新疆、云南、宁夏、山西、青海、四川、江西、黑龙江等省(区、市)遭受风雹袭击,部分地区受灾较重。

3.7 7月主要气候特点及气象灾害

3.7.1 主要气候特点

7月,全国平均气温为22.1℃,较常年同期偏高0.2℃;全国平均降水量126.3毫米,较常年同期(120.6毫米)偏多4.7%。月内出现5次较大范围强降水过程,多地遭受暴雨洪涝或滑坡、泥石流等灾害;华北和黄淮等地高温日数明显偏多,江南南部高温日数偏少;黄淮和江淮等地气象干旱持续;多地遭受风雹袭击,部分地区受灾较重。

月降水量与常年同期相比,东北北部、江南南部及福建、广西北部、甘肃西部、青海西北部、西藏大部、四川中部、云南西北部等地偏多2成至1倍,江南南部及青海西北部和甘肃西部的部分地区偏多1～2倍,江西中部、福建北部等地偏多2倍以上;东北东南部、华北南部、黄淮大部、江淮、江汉、江南北部及海南大部、新疆、宁夏大部、内蒙古中部和东南部等地偏少2～8成,局地偏少8成以上(图3.7.1)。

月平均气温与常年同期相比,东北南部、华北南部、黄淮大部及新疆西部和东北部、海南东部、内蒙古东南部等地偏高1～2℃,河南、山东、新疆局部地区偏高2～4℃;江南南部及青藏高原部分地区偏低1～2℃;全国其余大部分地区接近常年(图3.7.2)。

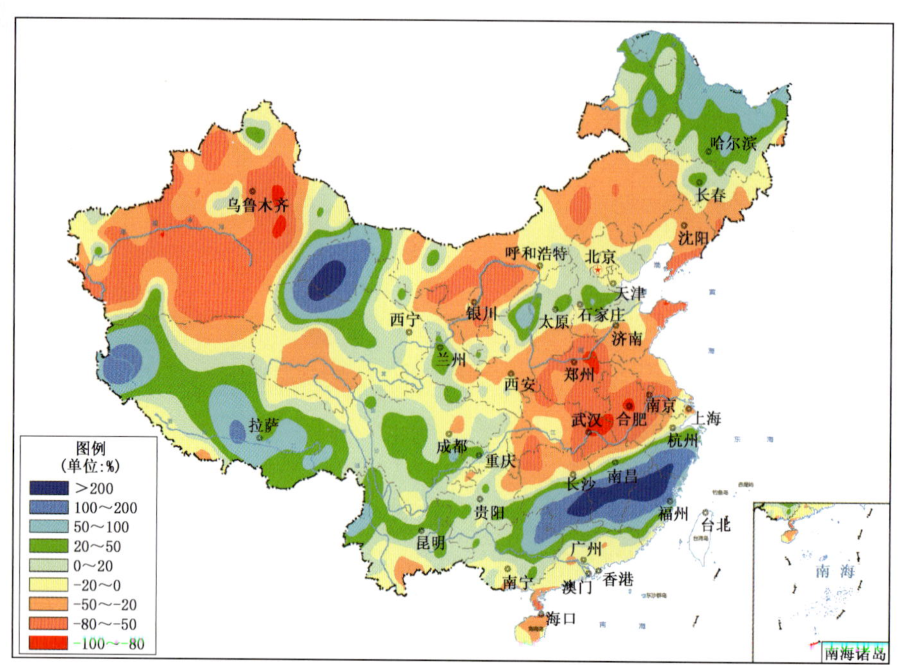

图 3.7.1 2019 年 7 月全国降水量距平百分率分布

Fig. 3.7.1 Distribution of precipitation anomaly percentage over China in July 2019(unit: %)

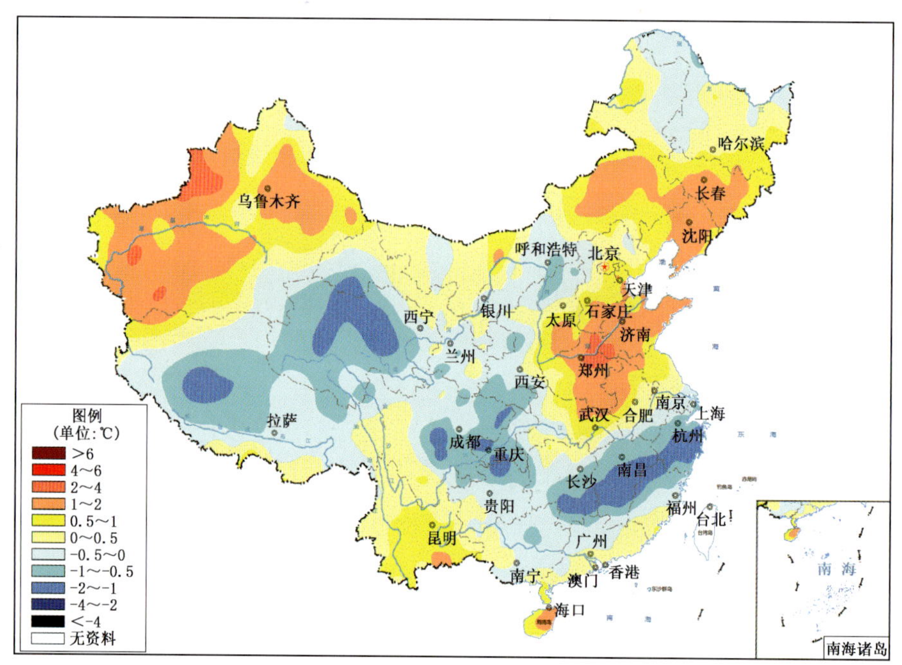

图 3.7.2 2019 年 7 月全国平均气温距平分布

Fig. 3.7.2 Distribution of mean temperature anomaly over China in July 2019(unit: ℃)

3.7.2 主要气象灾害事记

7 月,我国出现 5 次较大范围的强降水过程。其中,6—9 日和 12—14 日过程影响范围大、强度强、影响重。7 月 6—9 日,长江以南大部分地区出现强降水过程,广西灵川,江西萍乡、宜春、分宜、芦溪等 6 个县(市)日降雨量破当地建站以来历史极值,浙江、江西、湖南、广西、贵州、福建等地遭受暴雨洪涝等灾害；12—14 日，江南和华南大部分地区出现大范围强降水过程，安徽、江西、福建等地有 6 个县(市)突破当地 7 月日降雨量历史极值，浙江、安徽、江西、湖南、广西等地遭受暴雨洪涝灾害。另外，强降水还引起部分地区发生滑坡、泥石流等地质灾害，其中，贵州水城特大山体滑坡、四川凉山州泥石流等灾害造成严重人员伤亡。

月内，全国平均高温日数为 5.7 天，比常年同期偏多 1.4 天。7 月 1—5 日和 16—31 日出现 2 次区域性高温天气过程。华北南部、黄淮大部、江淮大部受持续高温少雨天气影响，气象干旱持续发展，华北南部、黄淮西部、江淮大部及山东半岛、云南南部等地存在中到重度气象干旱，部分地区达特旱。

7 月，山东、黑龙江、新疆、江苏、吉林、内蒙古、山西、河北、辽宁、陕西、湖南、湖北等省(区)遭受风雹袭击，部分地区受灾较重。

3.8 8 月主要气候特点及气象灾害

3.8.1 主要气候特点

8 月，全国平均气温为 21.6℃，较常年同期偏高 0.8℃；全国平均降水量 110.5 毫米，较常年同期(105.3 毫米)偏多 5.0%。月内，台风“利奇马”重创浙江等地；东北及四川等地遭受暴雨洪涝灾害；长江中下游气象干旱发展；南方出现大范围持续高温天气；多省遭受风雹袭击，部分地区受灾较重。

月降水量与常年同期相比，东北大部及内蒙古东部、黄淮东部、江淮东部、华南南部及浙江东北部、新疆西北部、西藏西部等地多 2 成至 1 倍，黑龙江东部、辽宁中部、山东东部的部分地区偏多 1～2 倍；江南大部、华南北部、江淮西部、江汉大部、西南地区东部及新疆大部、青海西北部、内蒙古中部等地偏少 2～8 成，江西部分地区偏少 8 成以上(图 3.8.1)。

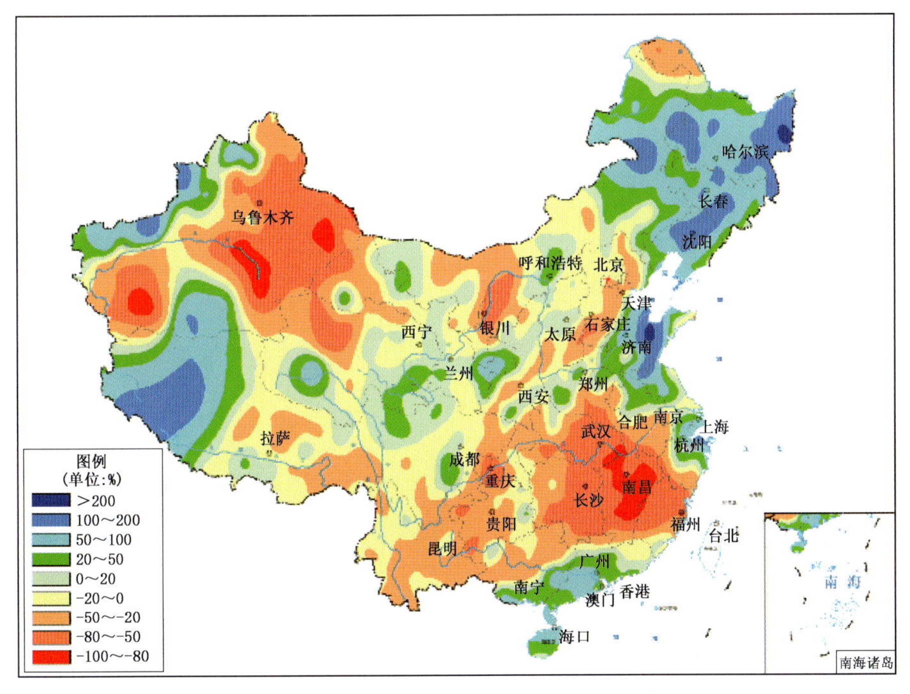

图 3.8.1 2019 年 8 月全国降水量距平百分率分布

Fig. 3.8.1 Distribution of precipitation anomaly percentage over China in August 2019(unit:%)

月平均气温与常年同期相比，除东北局部地区偏低 1～2℃外，全国大部分地区接近常年或偏高，西北中部和西部、西南大部、黄淮西南部、江汉、江南大部、华南北部等地偏高 1～2℃，湖北、湖南、新疆等地部分地区偏高 2～4℃(图 3.8.2)。湖南、江西、新疆月平均气温为历史同期次高。

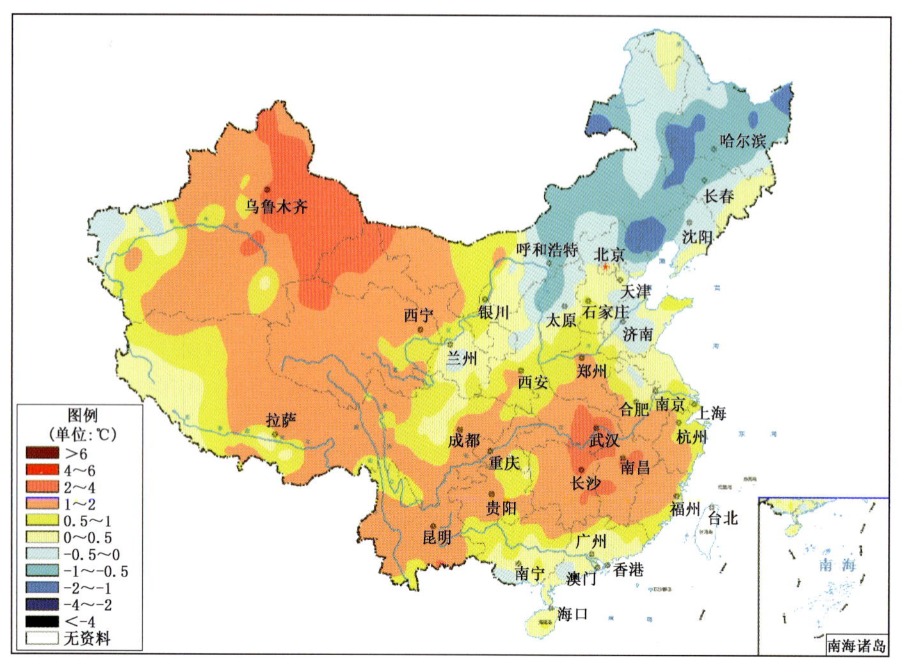

图 3.8.2　2019 年 8 月全国平均气温距平分布

Fig. 3.8.2　Distribution of mean temperature anomaly over China in August 2019(unit:℃)

3.8.2　主要气象灾害事记

8 月，我国共出现 4 次(7 月 31 日至 8 月 1 日、2—4 日、9—15 日和 25—27 日)较大范围的暴雨天气过程。除台风降雨过程外，以 8 月 2—4 日暴雨过程影响最大，降雨集中在东北南部及山西大部、陕西大部、四川东部等地，四川、陕西受灾较重。东北及内蒙古东部 8 月降水频繁，与常年同期相比，东北中东部以及内蒙古东部降水日数偏多 4～10 天。黑龙江和吉林累计降水量为 1961 年以来同期第 1 多值，辽宁为同期第 4 多值。黑龙江北安(136.9 毫米)、杜蒙(117.6 毫米)和虎林(104 毫米)3 站日降水量突破历史极值。东北地区共 198 站发生极端连续降水事件，14 站连续降水量超历史极值。降水导致松花江、嫩江等部分干流河段和支流水位上涨，发生超警戒水位洪水，部分地区遭受暴雨洪涝灾害。持续低温阴雨天气对作物生长发育不利。19—22 日，四川盆地西部出现强降雨天气过程。最大日降水量出现在都江堰，达 155.9 毫米；最大过程降水量出现在芦山县，达 316.3 毫米。强降水导致山体滑坡和泥石流灾害，造成道路、通讯、电力中断和人员伤亡。

月内，南海及西北太平洋共有 5 个台风生成，生成个数接近常年同期(5.8 个)；有 3 个台风(“韦帕”“利奇马”“白鹿”)登陆我国，登陆个数较常年同期(1.9 个)偏多 1.1 个。2019 年第 9 号台风“利奇马”于 10 日、11 日相继在浙江温岭市、山东青岛市黄岛区沿海登陆，登陆时中心附近最大风力分别为 16 级(52 米/秒)和 9 级(23 米/秒)，是 1949 年以来登陆我国第五强的台风，也是 1949 年以来登陆浙江第三强的台风。8 月 9—15 日，受“利奇马”影响，江南东部、江淮东部、黄淮东部、华北东部、东北东部等地累计降水量一般有 50～250 毫米，山东中部超过 250 毫米，浙江和山东局地超过 400 毫米。由于台风风雨强度大，造成了严重的人员伤亡和经济损失，浙江、山东、安徽等地损失较重。

月内，高温少雨导致土壤失墒迅速，长江中下游气象干旱发展快。湖北大部、湖南北部、江西北部、安徽南部等地普遍有中到重度气象干旱，湖北东部局部有特旱。干旱对湖北、湖南、江西等地造成一定影响，湖北受灾较重。

月内，南方出现大范围持续高温天气，高温日数多、强度强，影响范围广。湖北、四川、重庆、湖南、江西、浙江、福建、广东、广西等 9 省(区、市)平均高温日数为 14.2 天，较常年同期偏多 7.7 天，为 1961 年以来同期最多，江西、湖南为 1961 年以来同期最多，湖北为 1961 年以来同期第 2 多，持续高温对电力供应造成一定影响。

月内，海南、湖北、新疆、安徽、河南、江苏、内蒙古、青海、云南、重庆、辽宁、黑龙江等 20 多个省(区、市)遭受大风、冰雹、雷击、龙卷等强对流天气袭击，海南、湖北、新疆、安徽、云南等地局部地区受灾较重。

3.9 9月主要气候特点及气象灾害

3.9.1 主要气候特点

9 月，全国平均气温为 17.7℃，较常年同期(16.6℃)偏高 1.1℃；全国平均降水量 62.4 毫米，较常年同期(65.2 毫米)偏少 4%。月内，华西秋雨南区开始偏早，影响显著；长江中下游气象干旱持续发展；黑龙江、内蒙古等多地遭受风雹灾害；黑龙江和内蒙古部分地区遭低温冷冻害。

月降水量与常年同期相比，东北地区西部、华北东南部、黄淮大部、江淮、江南大部、华南大部及内蒙古东部、新疆东部等地偏少 2～8 成，黄淮东部、江淮西部、江汉东部、江南中北部及内蒙古东南部、新疆东南部等地偏少 8 成以上；东北地区中北部、华北西南部、西北地区中东部及新疆西部和北部、四川西部和东北部、贵州西部、西藏中部等地偏多 2 成至 1 倍，局部地区偏多 1 倍以上(图 3.9.1)。

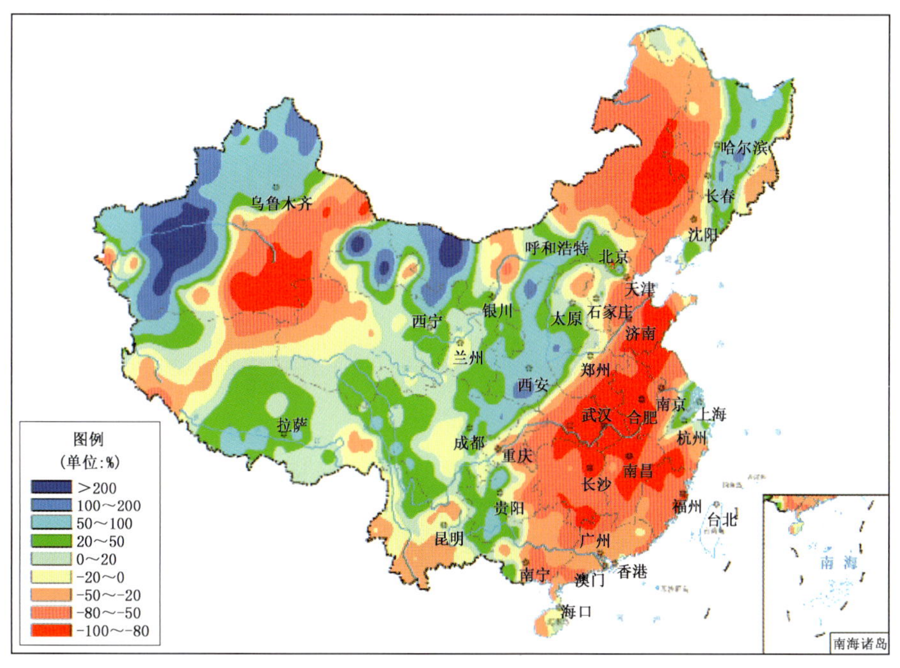

图 3.9.1　2019 年 9 月全国降水量距平百分率分布

Fig. 3.9.1　Distribution of precipitation anomaly percentage over China in September 2019(unit:%)

月平均气温与常年同期相比，东北、华北、黄淮大部、江汉大部、江淮西部、江南大部、西北地区中部及内蒙古、福建、西藏西部等地普遍偏高 1～2℃，华北东北部以及内蒙古、新疆东部、甘肃河西走廊、湖北东部、湖南东部、江西西北部等地偏高 2℃以上，局地偏高超过 4℃；全国其余大部分地区接近常年(图 3.9.2)。

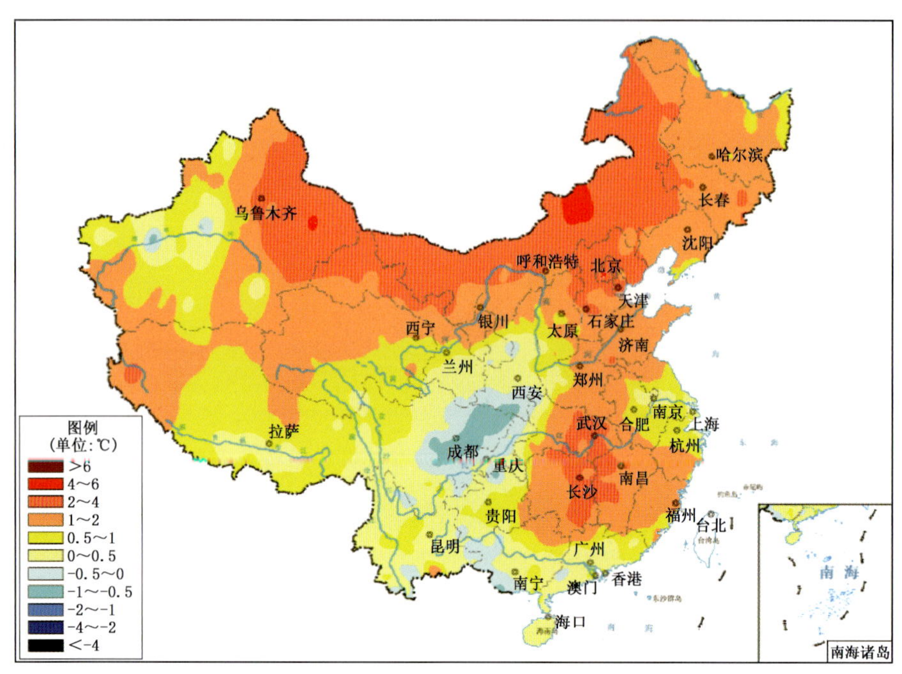

图 3.9.2　2019 年 9 月全国平均气温距平分布

Fig. 3.9.2　Distribution of mean temperature anomaly over China in September 2019(unit:℃)

3.9.2　主要气象灾害事记

9 月，华西秋雨南区开始偏早，影响显著。8 月 27 日，华西秋雨监测区南区(包括湖北西部、湖南西部、重庆、四川东部、贵州北部以及陕西南部)进入秋雨季，开始时间较常年(9 月 9 日)早 13 天。8 月 27 日至 9 月 30 日，除华西秋雨区东部的部分地区降水量较常年同期少外，其余大部分地区降水量明显偏多，陕西南部、四川北部和西南部的最长连续降水日数超过 10 天。华西秋雨南区进入雨季后，绵绵秋雨中时有短时强降水和暴雨、局部大暴雨天气出现，有 2 次明显的大范围强降水过程，分别发生在 9 月 7—11 日和 11—19 日，造成陕西、四川、重庆、贵州、甘肃、云南等地出现部分河流水位上涨、农田被淹、城镇严重内涝，局地还遭受山洪滑坡、泥石流等灾害。9 月 8 日以后，渭河、汉江流域上游多地出现多次暴雨过程，土壤趋于饱和，渭河、汉江干支流出现明显洪水过程，多条支流出现超警洪水。

月内，受持续少雨和高温天气影响，黄淮大部、江淮中部和西部、长江中下游等地气象干旱持续发展。湖北、湖南、江西、安徽、福建、河南、云南南部等地出现中到重度气象干旱，湖北东部和西南部、江西北部、湖南东北部和安徽西南部达到特旱。截至 9 月 30 日，湖北、江西、安徽、湖南 4 省中旱以上面积达 62.8 万平方千米，重旱以上面积 41.4 万平方千米，特旱面积 11.2 万平方千米。部分地区旱情较为严重，造成大量农作物减产或绝收，部分水库干涸，鄱阳湖水位持续偏低并提前进入枯水期，部分城乡居民饮水困难，森林火灾频发，局地森林火险等级高。

9 月，黑龙江、内蒙古、云南、甘肃、青海、宁夏、河南、湖北、湖南、四川、山西、新疆、西藏等省(区)遭受风雹灾害，部分地区损失较大。9 月 13—14 日，云南部分地区遭受风雹灾害，昭通、丽江、大理 3

市(州)近3500人受灾,直接经济损失2400余万元。

9月6—20日,受冷空气影响,内蒙古东部和东北大部分地区降温幅度普遍有4~8℃,局部地区达8~12℃。中下旬,内蒙古赤峰、通辽和兴安等3市(盟)9个县(区、旗)以及黑龙江鸡西、伊春、黑河等3市5个县(市、区)遭受低温冷冻害,累计33.37万人受灾;农作物受灾面积17.66万公顷,其中绝收1300公顷;直接经济损失6.45亿元。

3.10 10月主要气候特点及气象灾害

3.10.1 主要气候特点

10月,全国平均气温为11.1℃,较常年同期偏高0.8℃;全国平均降水量36.6毫米,接近常年同期(35.8毫米)。月内,安徽、江西、江苏等7省干旱较重,给农业和水资源带来不利影响;华西中部秋雨偏多,部分省份发生洪涝灾害。

月降水量与常年同期相比,西北地区中部和东部、华北西南部、黄淮西部、江汉西部、西南地区东北部及内蒙古部分地区、西藏中北部等地偏多2成至1倍,部分地区偏多1倍以上;东北大部、江淮大部、江南中部和东部及山东东部、福建、广东大部、海南、云南大部、四川南部、新疆大部、西藏西部等地偏少2~8成,江苏南部、安徽南部、江西东北部、西藏西部、新疆南部偏少8成以上(图3.10.1)。

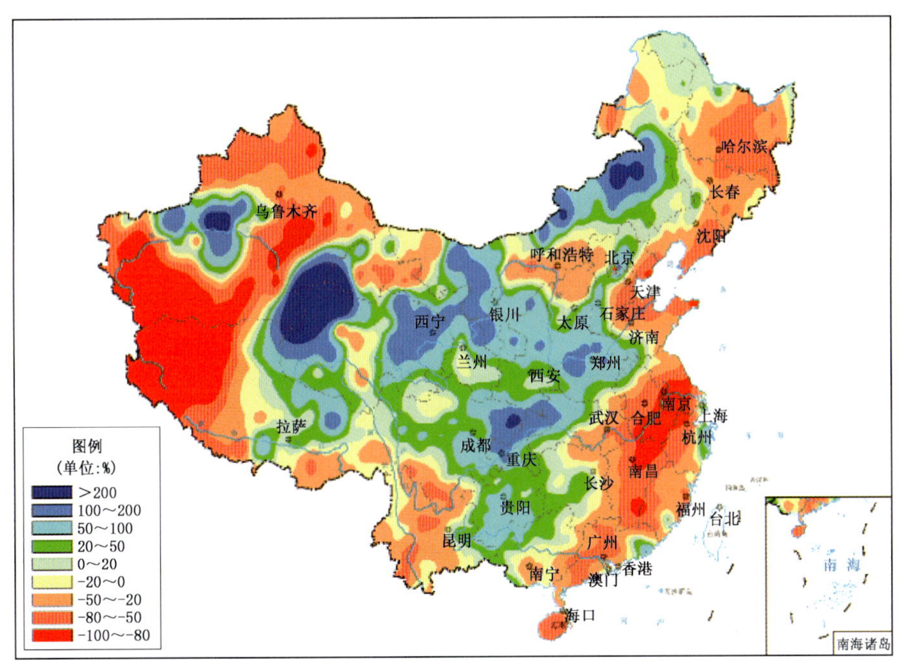

图3.10.1 2019年10月全国降水量距平百分率分布

Fig. 3.10.1 Distribution of precipitation anomaly percentage over China in October 2019(unit:%)

月平均气温与常年同期相比,全国大部分地区接近常年或偏高,江南中东部及黑龙江大部、吉林大部、云南东部、贵州中西部、四川南部、西藏西部、青海西部和东南部、新疆东部和西南部等地偏高1~2℃(图3.10.2)。

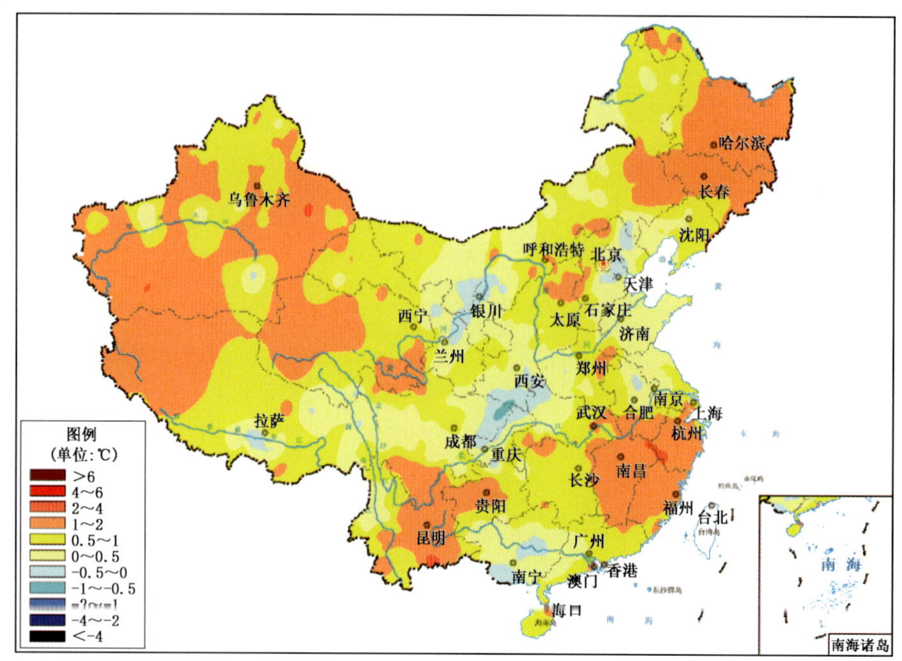

图 3.10.2 2019 年 10 月全国平均气温距平分布

Fig. 3.10.2 Distribution of mean temperature anomaly over China in October 2019(unit:℃)

3.10.2 主要气象灾害事记

10 月 4 日,安徽、江西、江苏、湖北、湖南、浙江和福建 7 省中度及以上气象干旱面积最大,达 90.1 万平方千米;10 月 10 日,重度及以上气象干旱面积最大,达 62.7 万平方千米,特旱面积 26.0 万平方千米。10 月底上述省份干旱有所缓解。干旱给安徽、江西、湖南等省农业、水资源等带来不利影响,部分农作物减产甚至出现绝收,麦菜播种进度延迟,水果品质下降;多地溪河断流,水库处于死水位以下,山塘干涸,鄱阳湖水域面积比常年同期偏少 5 成,提前进入枯水期;部分地区出现人畜饮水困难,森林火险等级高。

10 月 4—5 日,华西地区有 1 次明显的大范围暴雨天气过程。受华西秋雨及短时强降水影响,四川、重庆、陕西、贵州、湖北等省(市)部分地区发生暴雨洪涝灾害。

3.11 11 月主要气候特点及气象灾害

3.11.1 主要气候特点

11 月,全国平均气温为 4.0℃,较常年同期偏高 1.1℃;全国平均降水量 13.6 毫米,较常年同期(18.8 毫米)偏少 27.7%。月内,受 5 次冷空气过程影响,西北、华北出现大范围降雪天气,部分地区发生风雹灾害。

月降水量与常年同期相比,西北地区中东部、华北北部、东北大部及内蒙古大部、西藏东北部、四川中北部等地偏多 2 成至 1 倍,部分地区偏多 1 倍以上;全国其余大部分地区降水以偏少为主,江南东南部、华南中部和东部以及河南中部、新疆西南部、西藏西部、四川南部、云南北部等地偏少 8 成以上(图 3.11.1)。

月平均气温与常年同期相比,除内蒙古东北部局地、新疆北部偏低 1~2℃外,全国大部分地区

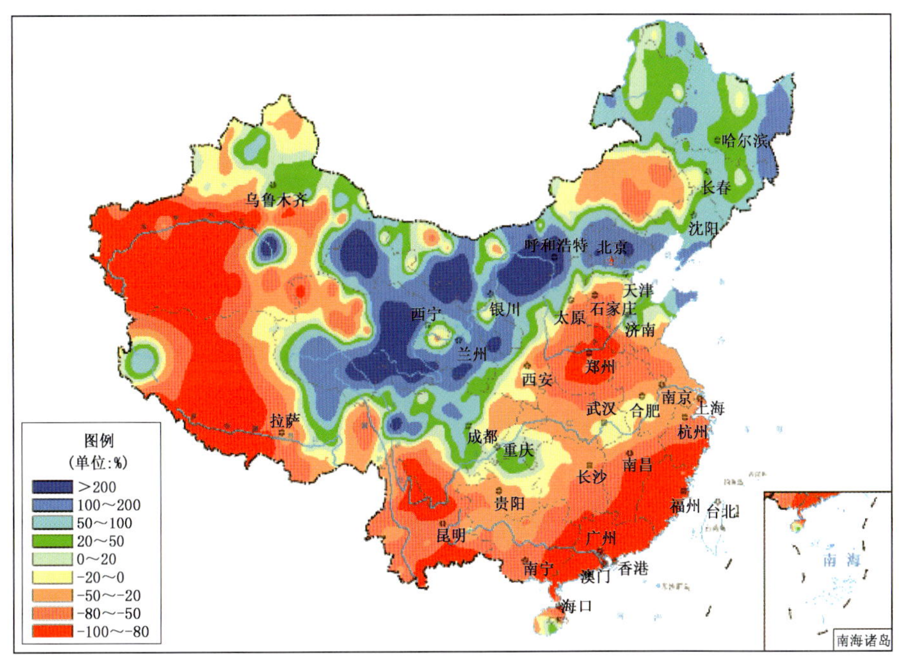

图 3.11.1　2019 年 11 月全国降水量距平百分率分布

Fig. 3.11.1　Distribution of precipitation anomaly percentage over China in November 2019(unit:%)

接近常年或偏高，华北、黄淮、江淮、黄淮、江汉、江南大部、青藏高原及四川西部、云南、广东西部、海南北部、陕西大部、宁夏、内蒙古中西部等地偏高 1～4℃，青藏高原局部地区偏高 4℃以上(图 3.11.2)。

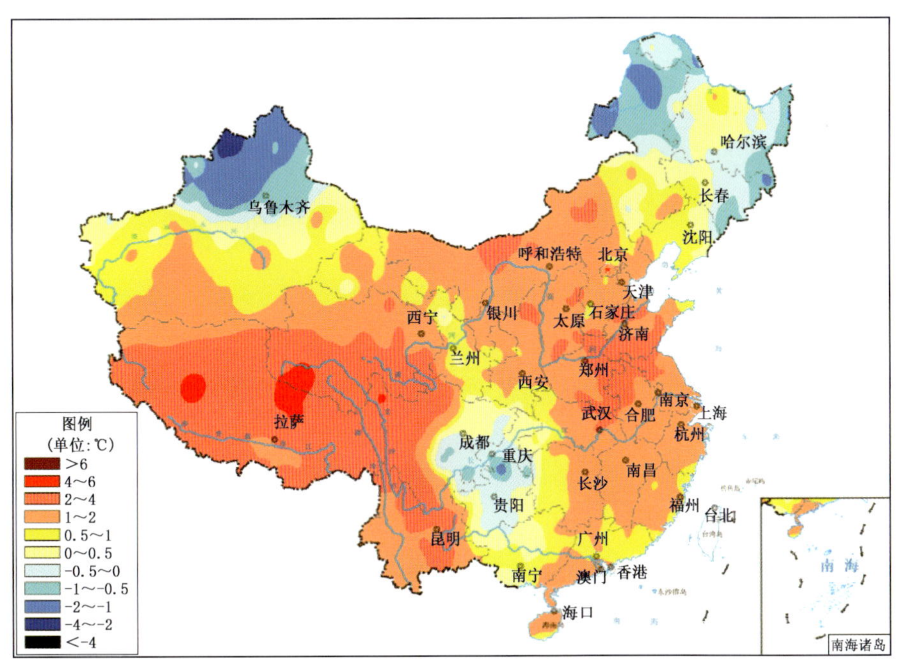

图 3.11.2　2019 年 11 月全国平均气温距平分布

Fig. 3.11.2　Distribution of mean temperature anomaly over China in November 2019(unit:℃)

3.11.2　主要气象灾害事记

11 月，共有 5 次冷空气过程(2—5 日、11—12 日、14—15 日、17—19 日和 24—26 日)影响我国。11 月 17—19 日寒潮过程影响北方大部及江淮、江南等地，大部分地区过程累计降温 6～12℃，局部地区超过12℃。受此次寒潮过程影响，黑龙江、吉林、辽宁东北部等地部分地区出现暴雪，黑龙江鸡西、牡丹江和吉林延边等局地出现大暴雪(20～25毫米)。18日，内蒙古东北部、黑龙江、吉林中东部等地积雪深度有6～13厘米，局部地区达16～25厘米。11月29日08时至30日08时，西北中东部至东北先后出现小到中雪，河北西北部、内蒙古中部、山西北部、甘肃南部和东部等局地大雪；30日8时，甘肃南部和东部、内蒙古中部、河北西北部等地积雪深度达5～8厘米。北京大部分地区出现中雪，北部出现大雪，延庆和昌平局地暴雪(10～13.7毫米)，全市平均降雪量3.9毫米。

月内，受冷空气影响，山西、重庆、湖北、湖南、江西等省(市)部分地区出现大风降温天气，局部地区受灾较重。

3.12 12月主要气候特点及气象灾害

3.12.1 主要气候特点

12月，全国平均气温为-2.7℃，较常年同期偏高0.5℃；全国平均降水量11.2毫米，较常年同期(10.5毫米)偏多6.7%。月内，受4次冷空气过程影响，中下旬北方大部分地区和长江中下游及湖南、贵州、山东等多地出现大范围降雪过程，引发低温冷冻和雪灾；华北、黄淮和新疆等多地出现大雾天气，对交通产生不利影响。

月降水量与常年同期相比，东北大部、华北北部、黄淮东部、江淮东部、江南东部及湖南中部、内蒙古大部、云南东北部、四川中西部、青海中西部、西藏东北部等地偏多2成至2倍，部分地区偏多2倍以上；西北地区东部、华北地区西南部、黄淮西部、江汉大部、华南大部及四川东部、西藏西部和南部、新疆大部、黑龙江西北部、内蒙古东北部等地偏少2成至1倍；全国其余大部分地区接近常年(图3.12.1)。

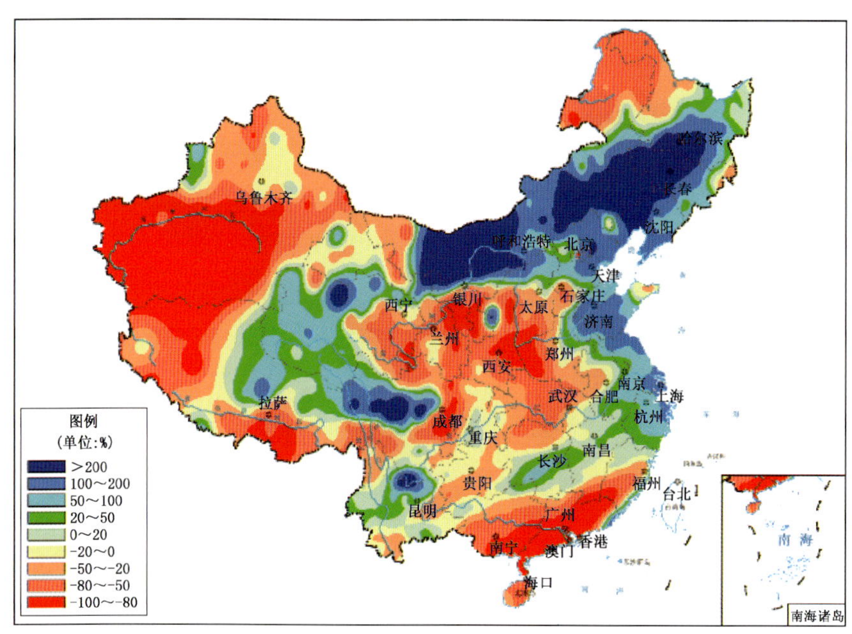

图3.12.1 2019年12月全国降水量距平百分率分布
Fig. 3.12.1 Distribution of precipitation anomaly percentage over China in December 2019(unit:%)

月平均气温与常年同期相比，黑龙江西部、内蒙古东北部、吉林西部、青海东南部和中部等地偏低1～2℃，局部地区偏低2～4℃；西北地区东部、华北西南部、黄淮、江淮、江汉、江南、华南大部及内蒙古西部、新疆北部、甘肃西北部、重庆北部等地偏高1～2℃，部分地区偏高2～4℃；全国其余大部分地区接近常年(图 3.12.2)。

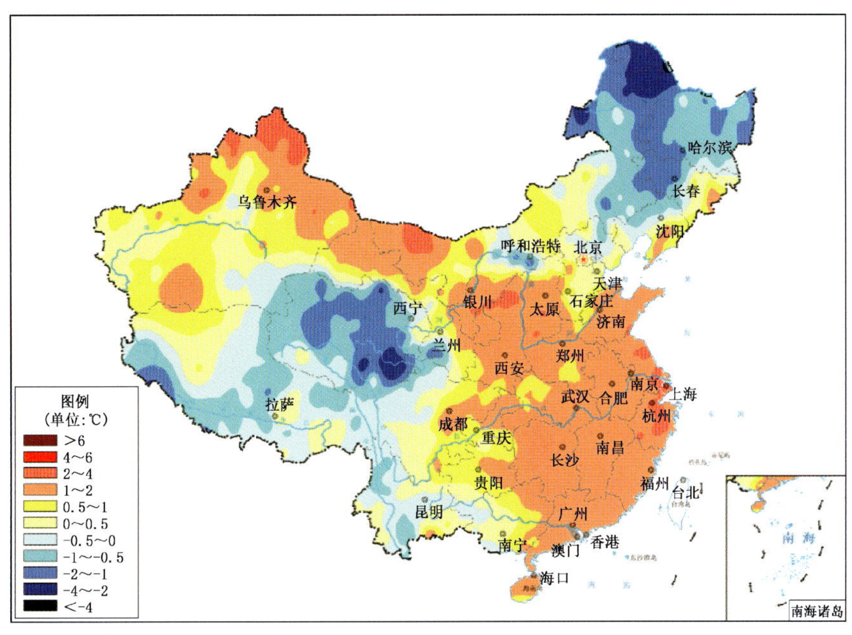

图 3.12.2　2019 年 12 月全国平均气温距平分布

Fig. 3.12.2　Distribution of mean temperature anomaly over China in December 2019(unit:℃)

3.12.2　主要气象灾害事记

12 月,共有 4 次冷空气过程(1—4 日、17—19 日、26—28 日和 30—31 日)影响我国。12 月 17—19 日过程影响范围最大,东北大部、华北北部、江淮东部、江南大部和华南大部累计降温 8～16℃,累计降温幅度超过 8℃的面积为 258.7 万平方千米。12 月 30—31 日为全国性寒潮过程,西北东部、东北东部和南部、华北大部、黄淮和江淮等地降温 8～12℃,东北地区东南部降温 12～16℃,局地降温 16℃以上。受冷空气影响,12 月 1—14 日云南大部分地区气温较常年同期偏低 1～4℃,全省平均气温为 1961 年以来历史同期最低,造成玉溪、曲靖、文山等 9 市(自治州)26 个县(市、区)发生低温冷冻害,24.4 万人受灾;农作物受灾面积 1.76 万公顷,其中绝收 3200 公顷;直接经济损失 2.5 亿元。12 月 6—7 日,宁夏回族自治区部分地区遭受低温冷冻害,固原市西吉县 1 万人受灾,农作物受灾面积 1200 公顷,直接经济损失 1400 余万元。

12 月中下旬,北方大部和长江以南地区出现大范围降雪过程,其中 16—17 日、18—22 日降雪范围较大、强度较强。12 月 16—17 日,降雪区主要位于东北大部和华北大部,内蒙古呼伦贝尔市大部、通辽市大部、赤峰市西部、锡林郭勒盟中南部、包头市、呼和浩特市大部、巴彦淖尔市东部地区出现大到暴雪,部分地区最大积雪深度达 15～25 厘米,巴彦淖尔市乌拉特中旗、呼和浩特市赛罕区遭受雪灾,1.4 万人受灾,死亡羊只 1244 只,直接经济损失 2500 余万元。12 月 18—22 日,长江中下游沿江地区以及湖南中部、贵州东部等地出现中到大雪,局部有暴雪。大范围降雪过程给上述地区农牧业生产、交通运输和居民生活造成不利影响。

12 月 6—10 日,华北、黄淮、四川盆地等多地出现大雾天气。天津、河北、河南、山东等地部分地区出现强浓雾或特强浓雾;同时,北京、天津、河北、山东及汾渭平原部分地区出现重度污染。11 月 27 日至 12 月 14 日、12 月 15—19 日和 26—27 日,新疆多次出现阶段性大雾天气,大雾影响范围广、持续时间长。大雾天气对上述地区交通运输造成不利影响,导致部分高速公路实施交通管制,部分航班延误。

第 4 章　分省气象灾害概述

4.1　北京市主要气象灾害概述

4.1.1　主要气候特点及重大气候事件

2019 年，北京市年平均气温为 12.5℃，比常年偏高 1.0℃（图 4.1.1），为 1951 年以来第二高值（2014 年，12.6℃）；平均年降水量 511.1 毫米，接近常年（540.7 毫米，图 4.1.2）。年内，冬季（2018/2019）气温正常，夏季略偏高，春季和秋季偏高；冬、夏季降水偏少，春、秋季偏多。共出现 3 次强降水过程，7 月 28—29 日北京出现强降水，门头沟区李家庄村最大累计雨量（134.3 毫米）达到大暴雨级别；8 月 5 日怀柔和朝阳最大日降水量分别达 130.5 毫米和 104 毫米，分别为 1986 年以来 8 月怀柔日降水量最大值和近 10 年 8 月朝阳日降水量次高值；9 月 9—10 日，北京出现大到暴雨，10 日朝阳和大兴的日降水量分别达 82.6 毫米和 142.4 毫米，均创建站以来 9 月日降水量极值。

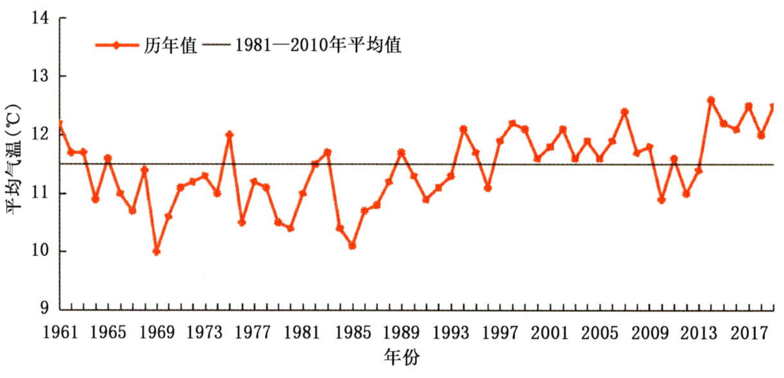

图 4.1.1　1961—2019 年北京市年平均气温变化

Fig. 4.1.1　Annual mean temperature variation in Beijing during 1961—2019(unit:℃)

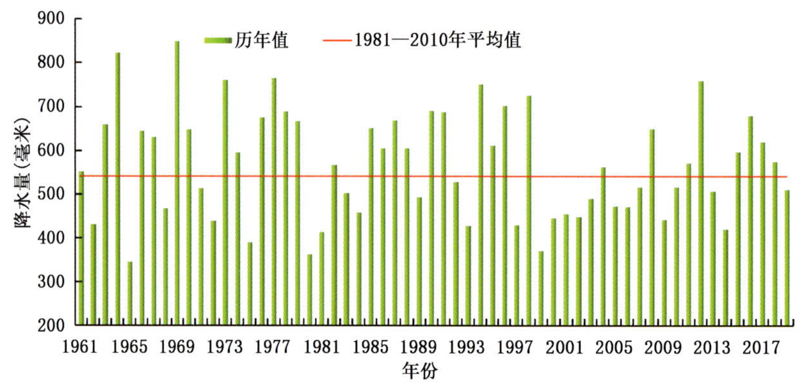

图 4.1.2　1961—2019 年北京市平均年降水量变化

Fig. 4.1.2　Annual precipitation in Beijing during 1961—2019(unit:mm)

2019 年，北京市局部遭受了洪涝、大风、冰雹等灾害，造成一定程度的损失。2019 年北京因气象灾害受灾 6.4 万人次，1 人因灾死亡；农作物受灾面积 2500 公顷；直接经济损失 5.2 亿元。总的来看，属气象灾害相对偏轻年份。

4.1.2 主要气象灾害及影响

1. 暴雨洪涝(滑坡、泥石流)

2019 年，北京市暴雨洪涝造成农作物受灾面积 200 公顷；受灾 1.9 万人次，1 人因灾死亡；直接经济损失 1.4 亿元。

2019 年 8 月 5 日凌晨至上午，受低涡外围云系影响，朝阳区出现暴雨、大暴雨天气。强降雨导致朝阳区北部地区严重积水，积水深度达 120 厘米，多处主路双向断路，树木倒伏砸到变压器导致部分区域停电。

2019 年 8 月 9 日，受东移高空槽和偏南暖湿气流的共同影响，密云区西北部出现较强降水，短时强降水导致洪涝灾害，造成 1.9 万人受灾，农作物受灾面积 197.8 公顷，直接经济损失 1.36 亿元。

2019 年，因暴雨洪涝(滑坡、泥石流)灾害死亡 1 人。2019 年 2 月 8 日延庆区龙庆峡冰灯展区周边发生山体崩塌，造成高空落石，导致游客 1 人死亡、12 人受伤。

2. 大风、冰雹

2019 年，北京市大风、冰雹灾害共造成农作物受灾面积 2300 公顷，4.5 万人次受灾，损坏房屋 1000 间，直接经济损失 3.8 亿元。

2019 年 5 月北京市局地受强对流天气影响较大。5 月 18—20 日，北京市自西向东出现大风天气过程，最大阵风达 14 级，延庆区闫家坪最大风速达 44.7 米/秒。5 月 17—19 日，通州区和延庆区遭遇暴雨冰雹天气。此次灾害共造成 4.29 万人次受灾，农作物受灾面积 2200 公顷，一般损坏房屋 561 间，直接经济损失 3.79 亿元，其中农业损失 3.78 亿元。

3. 森林火灾

2019 年，北京市发生森林火灾 5 起，过火面积超过 56.9 公顷，无人员伤亡。

2019 年 3 月 30 日，密云区东邵渠镇高各庄村村南发生山火，并迅速蔓延至平谷区刘家店镇北吉山村方向，丫髻山东侧、北侧火情明显，造成约 42.7 公顷林地损毁，因燃烧产生大量空气污染物。

2019 年 6 月 24 日，平谷区金海湖镇洙水村南因村村民燎荒引发林火，过火面积超过 6.7 公顷。

4.2 天津市主要气象灾害概述

4.2.1 主要气候特点及重大气候事件

2019 年，天津市年平均气温为 13.9℃，较常年偏高 1.3℃，位列历史高值第 2 位(图 4.2.1)；平均年降水量 471.4 毫米，较常年偏少 1 成以上(图 4.2.2)；年总日照时数 2616.3 小时，较常年偏多 117.3 小时。从季节上看，各季平均气温均较常年偏高，其中秋季平均气温偏高 1.5℃，与 1998 年、2005 年、2006 年并列为 1961 年以来历史同期高值第 1 位。降水均偏少，秋、冬季偏少 5 成以上，春、夏季接近常年略偏少。春、夏季日照偏多，冬、秋季偏少。

2019 年，天津主要出现了暴雨、强对流、大风、高温、寒潮、干旱等灾害性天气气候事件。暴雨和强对流天气给农业造成一定的损失；夏季高温高湿导致电网负荷屡创新高；年末 2 次区域寒潮席卷津城，造成全市范围的大风降温天气；冬春连旱导致北部森林火险气象等级达到极度危险级别。

总体上，2019 年气象灾害虽对农业、市政等诸多方面造成不同程度的影响，但影响程度较轻。全年气象条件对农业生产利大于弊，为丰产年景。

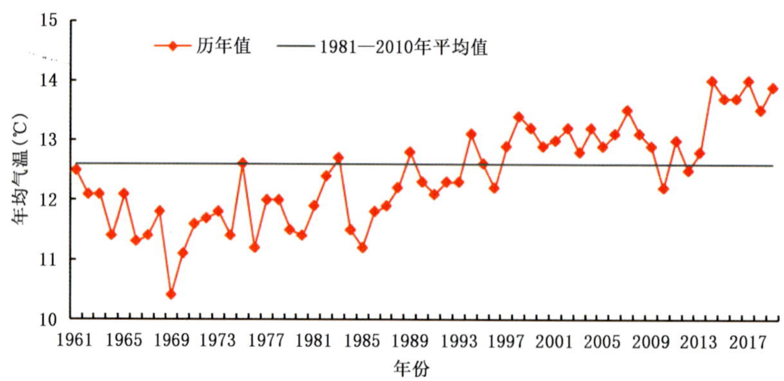

图 4.2.1　1961—2019 年天津市年平均气温变化

Fig. 4.2.1　Annual mean temperature in Tianjin during 1961—2019(unit:℃)

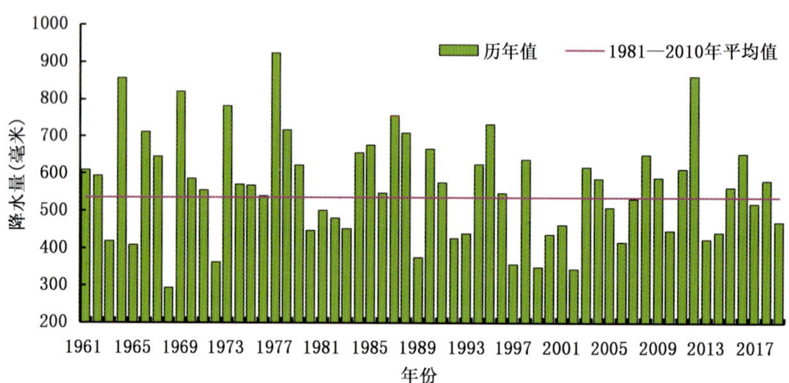

图 4.2.2　1961—2019 年天津市平均年降水量变化

Fig. 4.2.2　Annual precipitation in Tianjin during 1961—2019(unit:mm)

4.2.2　主要气象灾害及影响

1. 暴雨洪涝

2019 年,天津市共出现 7 次暴雨天气过程,其中 6 次出现在"七下八上",即 7 月下旬和 8 月上旬。出现 2 次区域性暴雨天气过程,分别为 7 月 22—23 日和 7 月 29 日。

7 月 22—23 日全市普降大到暴雨(1 站大暴雨,8 站暴雨),平均降水量 67.4 毫米,最大值为 128.1 毫米(宁河)。受台风"利奇马"影响,8 月 10—13 日出现持续性降雨,中南部、东部和北部山区雨量较大,最大过程雨量 104.6 毫米(滨海新区郭庄子)。

2. 局地强对流

2019 年,天津市强对流天气频发。5 月 26 日,武清部分地区出现强对流天气,小麦、果蔬等农作物受灾面积 2280.7 公顷,成灾面积 2020.3 公顷,绝收面积 210.3 公顷;6 月 3 日 01 时前后宁河局部地区出现冰雹,西瓜、果树、葡萄、玉米、小麦等农作物受灾 533.3 公顷;6 月 10 日 16 时 20—40 分,宁河区岳龙镇、丰台镇出现冰雹、短时大风、强降水天气,小麦、棉花、玉米、蔬菜受灾面积达 2367.3 公顷;7 月 13 日夜间,滨海新区汉沽茶淀街出现雷阵雨、短时大风、局地冰雹,造成葡萄受灾 464.7 公顷。

3. 大风

2019 年,天津市平均大风日数 7 天,是 2005 年以来最多的一年。除市区外,其余各区大风日数为 2(津南)～16 天(宁河)。5 月 19 日,受高空槽影响,全市出现大风天气,瞬时极大风速为 24.0

米/秒，出现在宝坻和宁河。受其影响，宁河区 6 个镇葡萄、棉花、水稻、西瓜、果树等农作物受灾，受灾面积 687.0 公顷；武清区 7 个镇受灾，小麦倒伏 66 公顷（图 4.2.3），大棚受损 27.3 公顷。

图 4.2.3　2019 年 5 月 19 日天津武清区大风造成小麦倒伏（武清区气象局提供）
Fig. 4.2.3　Lodging of wheat caused by strong wind in Wuqing District of Tianjin on May19, 2019(By Wuqing Meteorological Service)

4. 高温

2019 年，天津市平均高温日数 16 天。大部分地区高温初日为 5 月 22 日，较常年同期偏早 10 天以上。武清、西青、北辰、市区、东丽、津南和滨海新区汉沽高温终日为 9 月 8 日，为建站以来最晚。市区最长连续高温日数 7 天（7 月 21—27 日），是建站以来高温持续时间最长的一年（与 1997 年、2017 年并列）。受持续高温天气影响，天津电网最大负荷于 7 月 25 日 13 时 30 分达到 1539.0 万千瓦，创下历史新高；26 日 14 时 23 分，再次刷新历史纪录，达到 1544.29 万千瓦。

5. 寒潮

受强冷空气影响，11 月 18 日天津市出现区域性寒潮过程（24 小时最低气温降幅 7～9℃），并伴有大风天气，多地瞬时极大风速超过 20.0 米/秒，最大瞬时风速达 22.7 米/秒（9 级，武清）。12 月 29—31 日，再次出现区域性寒潮过程，蓟州区极端最低气温降到 2019 年最低值（－15.9℃）。

6. 干旱

2018 年 12 月至 2019 年 4 月中旬天津市平均降水量仅 11.2 毫米，较常年同期偏少 7 成以上。降水持续偏少造成全市范围的气象干旱，持续时间达 121 天。干旱导致 2019 年 4 月上旬天津北部森林火险等级维持在极度危险级别（五级）。

4.3　河北省主要气象灾害概述

4.3.1　主要气候特点及重大气候事件

2019 年，河北省年平均气温为 12.9℃，较常年偏高 1.1℃（图 4.3.1）。春季显著偏高，夏季和秋季偏高，冬季接近常年。平均年降水量 437.6 毫米，较常年偏少 13.1%（图 4.3.2）。冬季和秋季偏少，春季和夏季接近常年，4 月降水异常偏多。

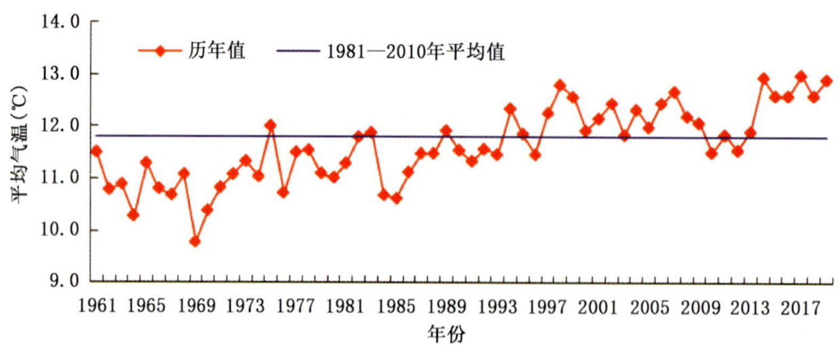

图 4.3.1　1961—2019 年河北省年平均气温变化

Fig. 4.3.1　Annual mean temperature in Hebei during 1961—2019(unit:℃)

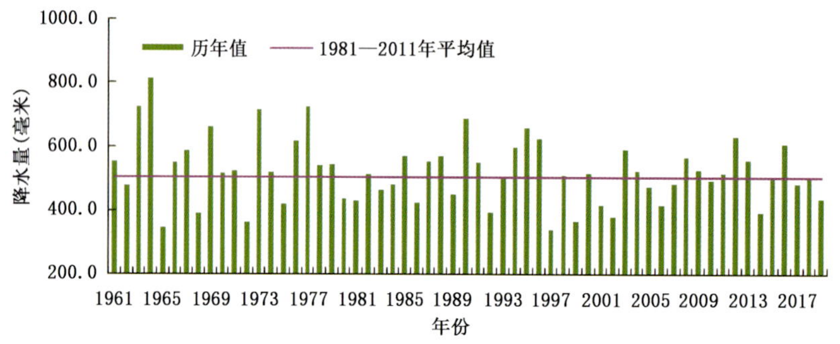

图 4.3.2　1961—2019 年河北省平均年降水量变化

Fig. 4.3.2　Annual precipitation in Hebei during 1961—2019(unit:mm)

2019 年河北省主要遭受了局地强对流、干旱、热带气旋、暴雨、寒潮、高温、雾、霾等灾害性天气，共造成 289.2 万人次受灾，死亡 3 人；农作物受灾面积 31.47 万公顷，绝收面积 5.16 万公顷；直接经济损失 23.2 亿元，为近 10 年最低。综合来看，属轻灾年份。

4.3.2　主要气象灾害及影响

1. 局地强对流

2019 年，单次直接经济损失在 2000 万元以上的强对流天气过程有 9 次。局地强对流天气共造成 103.7 万人次受灾，死亡 2 人，直接经济损失 9.7 亿元，其中 5 月 15—18 日的风雹天气影响相对较大。5 月 15—18 日，河北省中北部地区出现强对流天气，有 9 个县(市、区)出现冰雹，最大冰雹直径 4.0 厘米，最长降雹时间 20 分钟左右，最大积雹厚度 5 厘米左右，有 12 个县(市、区)最大瞬时风力在 8 级以上，35 个县(市、区)的部分乡镇出现短时强降水。此次强对流天气使 2.8 万公顷板栗、山楂、葡萄、玉米、小麦等农作物受灾，损毁房屋 4940 间，共造成直接经济损失 4.7 亿元，占 2019 年风雹灾害总损失的 48.6%。

2. 干旱

2019 年，河北省旱灾出现在 6—9 月。6 月，河北省大部分地区降水量偏少 50%以上，再加上气温偏高，土壤失墒较快，全省旱情迅速发展。7 月 1 日至 8 月 20 日，降水量较之前明显增多，但空间分布极为不均，邯郸西部、邢台西部、石家庄西部等地降水量较常年偏少 30%以上，使这些地区旱情进一步发展。8 月 21 日至 9 月 8 日，全省降水持续偏少，绝大部分地区降水量较常年偏少 80%以上，旱情继续发展。干旱使邯郸、邢台、石家庄、张家口、承德、秦皇岛的 13.1 万公顷秋收大田作物和果树等受灾，126 万人次受灾，直接经济损失 9.0 亿元。

3. 热带气旋

受2019年第9号台风“利奇马”外围云系影响，8月10日20时至13日20时河北省东部地区出现区域性暴雨、大风等灾害性天气。河北省东部地区23个县(市、区)过程降水量超过100毫米，覆盖面积8900平方千米，最大过程降水量298.1毫米。部分沿海地区和沿海海域阵风风力在10级以上，最大瞬时风速34.9米/秒(12级)。强降雨造成承德、唐山和秦皇岛多处河道和水库水位出现明显上涨，大风使渤海湾潮位明显上涨，沿海海域最高潮位超过当地警戒潮位。暴雨、大风、风暴潮等使河北省东部地区农业、渔业受灾较重(图4.3.3)，部分高铁停运，秦皇岛市景区全部关闭。共造成受灾人口15万，农作物受灾面积1.66万公顷，直接经济损失8000万元。台风在带来诸多危害的同时，使河北省大中型水库增加蓄水量2.87亿立方米。

图4.3.3　2019年8月12日河北省吴桥县菜苗被毁(a)、棉田积水严重(b)(河北省气象局提供)
Fig. 4.3.3　The vegetable seedlings were destroyed(a) and cotton field was seriously flooded(b) in Wuqiao County, Hebei province on 12 August 2019(By Hebei Meteorological Service)

4. 暴雨洪涝

2019年河北省区域性暴雨洪涝过程有4次，共造成37.7万人次受灾，死亡1人，直接经济损失3.1亿元，其中7月22—25日的暴雨洪涝灾害影响相对较大。受高空槽和副热带高压外围气流共同作用，7月22—25日河北省中部到东北部地区出现区域性暴雨天气，16个县(市、区)过程降水量在100毫米以上，覆盖面积500平方千米，16个县(市、区)出现8级以上大风，共造成13.37万人受灾，1人因灾死亡；农作物受灾面积8000公顷；直接经济损失7000万元。

5. 低温冷冻灾害

2019年，河北省低温冷冻害较轻，共造成直接经济损失6000万元，为近10年最低。2019年5月12—14日，受持续冷空气影响，河北省出现大范围大风降温天气，有15个县(市、区)出现8级以上大风，23个县(市、区)24小时最低气温降幅在8℃以上，张家口北部地区最低气温下降到0℃以下。大风、强降温天气造成张家口6.1万人次受灾；农作物受灾面积1.0万公顷，绝收面积0.4万公顷；直接经济损失0.6亿元。

4.4　山西省主要气象灾害概述

4.4.1　主要气候特点及重大气候事件

2019年，山西省年平均气温为10.9℃，较常年(9.8℃)偏高1.1℃，为1961年以来第二高，近10

年最高(图 4.4.1);平均年降水量 439.2 毫米,较常年(468.3 毫米)偏少 6.2%(图 4.4.2)。四季气温以偏高为主,冬季与常年持平,春、夏、秋季均偏高 1℃左右,夏秋季气温为近 10 年次高和最高;四季降水分布不均,冬、春、夏季均偏少,秋季偏多。

年内,春季出现大范围寒潮天气,致使低温冻害发生;春夏季中南部持续的高温少雨天气,造成中南部干旱严重;夏秋季强降水及对流天气较多,9 月暴雨站次历史同期最多,局部地区遭受暴雨洪涝等灾害;秋季初期,全省大部分地区出现 5~12 天的连阴雨天气,给秋粮作物和经济林果带来不良影响。气象灾害共造成山西省农作物受灾面积 147.37 万公顷,绝收面积 31.42 万公顷;953 万人次受灾,死亡 32 人;直接经济损失 124 亿元。总的来看,2019 年山西省气象灾害属于偏重年份。

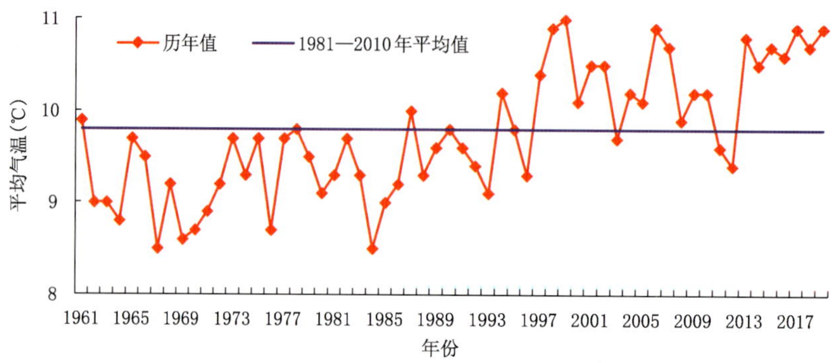

图 4.4.1 1961—2019 年山西省年平均气温变化

Fig. 4.4.1 Annual mean temperature in Shanxi during 1961—2019(unit:℃)

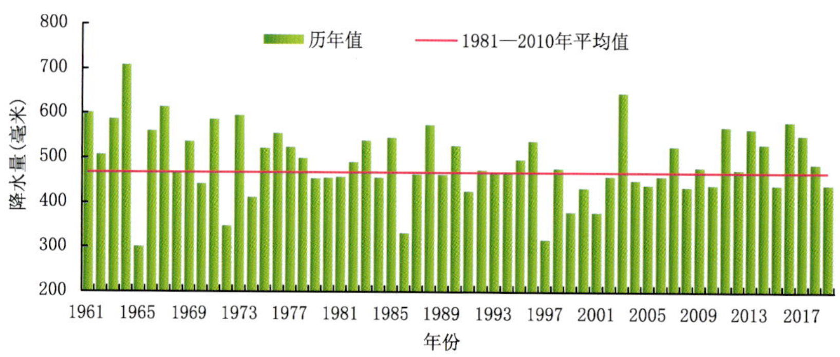

图 4.4.2 1961—2019 年山西省平均年降水量变化

Fig. 4.4.2 Annual precipitation in Shanxi during 1961—2019(unit:mm)

4.4.2 主要气象灾害及影响

1. 干旱

2019 年 5 月,山西省大部分地区降水偏少 5 成以上,中南部大部分地区偏少 8 成以上,加之下旬持续的高温天气,土壤墒情下降迅速。进入夏季,虽然对流性降水天气较多,但降水主要集中在山西北部,中南部地区持续的少雨天气导致旱情迅速发展。干旱对春播作物营养生长阶段旺盛生长、夏播作物播种出苗及苗期生长不利,受旱严重的春玉米生长高度仅在 1 米左右,部分地块缺苗断垄严重。玉米、谷子、马铃薯等作物受旱后发育迟缓,营养积累不足,对后期产量形成不利(图 4.4.3)。

2019 年,山西省因干旱造成 837.7 万人次受灾,30.8 万人次饮水困难;农作物受灾面积 128.45 万公顷,绝收面积 29.45 万公顷;直接经济损失 99.1 亿元,占气象灾害总损失的 80%。

图 4.4.3　2019 年 7 月 30 日山西省临汾玉米受旱严重(山西省气候中心提供)
Fig. 4.4.3　The drought affected corn farmland in Linfen City on July 30, 2019
(By Shanxi Climate Center)

2. 暴雨洪涝

2019 年,山西省共发生暴雨 90 站次,较常年偏多 23 站次。9 月暴雨站次数最多,为 45 站次,超过常年夏季总暴雨站次数(43 站次)。9 月的暴雨站次数为历史同期第一多值,比常年同期偏多 38.4 站次。9 月 11 日,暴雨出现范围最大,达 44 县(市)。日最大降水量出现在定襄(8 月 5 日,110.2 毫米)。

山西省暴雨洪涝灾害共造成 7.15 万公顷农作物受灾,绝收面积 6100 公顷;43 万人次受灾,死亡 31 人;直接经济损失 12.9 亿元(图 4.4.4)。

图 4.4.4　2019 年 8 月 5 日山西省阳城遭受暴雨袭击(阳城县气象局提供)
Fig. 4.4.4　Rainstorm in Yangcheng on August 5, 2019
(By Yangcheng Meteorological Service)

3. 冰雹

2019 年夏季,山西省冰雹、雷暴大风等强对流天气频发。全年冰雹发生 69 站次,7 月出现 20 站次,为全年站次数最多月,其次为 6 月,出现 15 站次。冰雹给局地农作物等造成较为严重损失。7 月 14 日下午,受强对流天气影响,平顺县杏城镇出现了局地强降水过程,并伴有大风、冰雹等灾害性天气。14 时 10 分前后开始出现冰雹,持续约 30 分钟,最大冰雹直径约 3 厘米(图 4.4.5)。

山西省大风、冰雹及雷电灾害共造成 7.34 万公顷农作物受灾，绝收 9400 公顷；46.7 万人次受灾，死亡 1 人；直接经济损失 8.6 亿元(图 4.4.5)。

图 4.4.5　2019 年 7 月 14 日山西省平顺县冰雹灾害(平顺县气象局提供)
Fig. 4.4.5　Hail disaster in Pingshun County of Shanxi on July 14, 2019
(By Pingshun Meteorological Service)

4. 低温冻害

2019 年，山西省寒潮天气共出现 787 站次，11 月最多，为 156 站次，其次是 3 月，为 141 站次。大同县出现寒潮天气最多，为 20 次，其次是广灵和右玉，各出现 19 次。全省大范围寒潮过程有 3 次，出现在 3 月 21—23 日、11 月 24—26 日、12 月 30—31 日，分别有 106 站、102 站、74 站出现寒潮天气。

春季的寒潮过程致使农作物和经济林果等大面积受灾，造成的损失较为严重。山西省低温冷冻害共造成 4.43 万公顷农作物受灾，绝收面积 4200 公顷；25.6 万人次受灾；直接经济损失 3.4 亿元。

4.5　内蒙古自治区主要气象灾害概述

4.5.1　主要气候特点及重大气候事件

2019 年，内蒙古年平均气温为 6.1℃，较常年偏高 1.0℃，比 2018 年高 0.3℃，为 1961 年以来第 5 高(图 4.5.1)；平均年降水量 343.3 毫米，较常年偏多 21.8 毫米，比 2018 年少 39.4 毫米(图 4.5.2)。冬季气温偏低、降水偏少；春季气温偏高，降水偏多；夏季气温、降水接近常年，东北部及中部偏北地区发生春夏连旱，农牧业遭受损失，多地发生暴雨、洪涝等灾害；秋季气温偏高，降水东部偏少，多地出现风雹、霜冻灾害。

2019 年，内蒙古多地不同程度遭受了干旱、暴雨洪涝、局地强对流、低温冷冻害、沙尘暴、森林草原火灾等多种气象灾害和衍生灾害。共造成 220.7 万人受灾，因灾死亡 7 人；直接经济损失 46.8 亿元，以局地强对流灾害损失最为严重，直接经济损失为 17.5 亿元。总体来看，2019 年内蒙古气象灾害属偏轻年份。

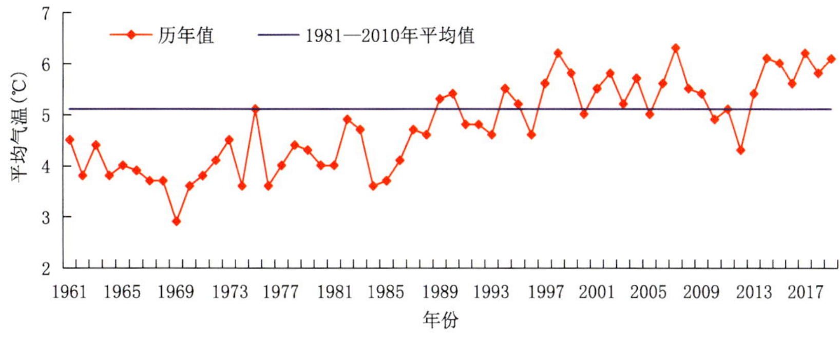

图 4.5.1　1961—2019 年内蒙古自治区年平均气温变化

Fig. 4.5.1　Annual mean temperature in Inner Mongolia during 1961—2019(unit:℃)

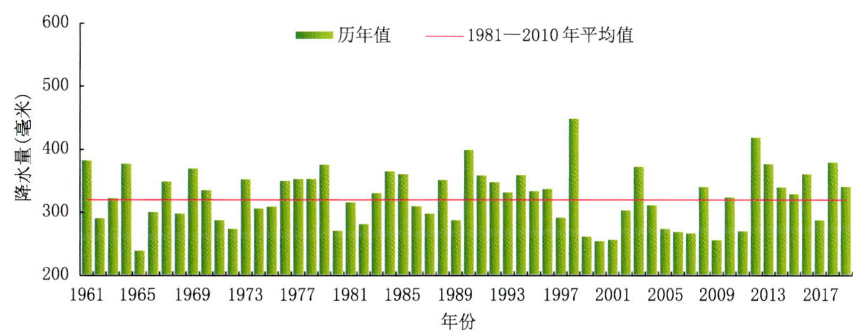

图 4.5.2　1961—2019 年内蒙古自治区平均年降水量变化

Fig. 4.5.2　Annual precipitation variation in Inner Mongolia during 1961—2019(unit:mm)

4.5.2　主要气象灾害及影响

1. 干旱

2019 年春、夏季，内蒙古自治区多地受温高雨少影响，出现春夏连旱，呼伦贝尔市、锡林郭勒盟、乌兰察布市、鄂尔多斯市等地干旱灾情较重。6 月末至 7 月初呼伦贝尔市额尔古纳市发生的干旱灾害最为严重，农作物受干旱死苗，草场未返青或返青后枯死，共造成农作物成灾面积 17 万公顷，损失粮食 40 万吨，草场受灾面积 47.3 万公顷，直接经济损失共计 7 亿元。旱情对牧草生长、人畜饮水和旱作农区的作物生长等产生较为严重的影响，2019 年旱灾共造成呼伦贝尔市、锡林郭勒盟、乌兰察布市、鄂尔多斯市 4 个盟(市)8 个县(市、区、旗)49 万人受灾，农作物受灾面积 37.97 万公顷，直接经济损失 12.9 亿元。

2. 暴雨洪涝

夏季，呼伦贝尔市东部、兴安盟东部、通辽市南部、赤峰市中东部、锡林郭勒盟中东部、乌兰察布市北部、呼和浩特市北部和东部、鄂尔多斯市北部、巴彦淖尔市西南部和东北部、乌海市、阿拉善盟东部和西北部等地均出现不同程度的暴雨洪涝灾害，以呼伦贝尔市、巴彦淖尔市、乌兰察布市、通辽市最为严重(图 4.5.3)。共造成 39.7 万人受灾，农作物受灾面积 22.28 万公顷，直接经济损失 8.8 亿元。

3. 局地强对流

2019 年 4—9 月，内蒙古多地发生局地强对流天气，呼伦贝尔市、兴安盟、通辽市、赤峰市、锡林郭勒盟、乌兰察布市、呼和浩特市、包头市、鄂尔多斯市、巴彦淖尔市 10 盟(市)共 42 个县(市、区、旗)遭受大风、冰雹等灾害。7 月 28 日呼伦贝尔市扎兰屯市遭受风雹袭击，风雹持续 40 分钟，极大风力

图 4.5.3　2019 年 7 月 5 日通辽市库伦旗农田遭受洪涝灾害(通辽市气象局提供)
Fig. 4.5.3　The farmland damaged by floods in Tongliao on July 5, 2019(By Tongliao Meteorological Service)

达 13 级,致使玉米、大豆农作物大面积受灾,直接经济损失达 2.17 亿元(图 4.5.4)。局地强对流灾害共造成 82 万人受灾,7 人死亡;农作物受灾面积 49.81 万公顷,绝收面积 2.73 万公顷;直接经济损失 17.5 亿元。

图 4.5.4　2019 年 7 月 28 日呼伦贝尔市扎兰屯市农田遭受冰雹灾害(呼伦贝尔市气象局提供)
Fig. 4.5.4　The farmland damaged by hail disaster in Zalantun City, Hulun Buir on July 28, 2019(from Hulun Buir Meteorological Service)

4. 低温冷冻害

2019 年内蒙古多地遭受低温冷冻害,灾害共造成 50 万人受灾;农作物受灾面积 35.29 万公顷,绝收面积 2400 公顷;直接经济损失 7.6 亿元。春末及秋初,受较强冷空气影响,巴彦淖尔市、鄂尔多斯市、呼和浩特市、包头市、赤峰市、通辽市、兴安盟 7 盟(市)共 12 个县(市、区、旗)遭受霜冻灾害,9 月 19 日兴安盟突泉县遭受的低温冷冻灾害最为严重,致使 9 个乡镇全部受灾。

5. 沙尘暴

春季,内蒙古出现 8 次大范围的沙尘天气过程。5 月 10—12 日过程强度较强,共有 67 站、96 站次出现浮尘、扬沙或沙尘暴天气,主要影响区域为阿拉善盟北部、巴彦淖尔市大部及兴安盟东北部、锡林郭勒盟西北部、包头市北部等地。阿左旗和额济纳旗因沙尘暴影响受灾严重,额济纳旗拐子湖出现强沙尘暴，最低能见度仅为74米。

6. 森林草原火灾

4月17日呼伦贝尔市陈巴尔虎旗遭受森林草原火灾，此次灾害为俄罗斯境外火灾。草原过火面积共计4.9万公顷，农牧民部分房屋、棚圈、机械等被烧毁，牲畜被烧伤。

4.6 辽宁省主要气象灾害概述

4.6.1 主要气候特点及重大气候事件

2019年，辽宁省年平均气温为9.8℃，比常年(8.8℃)偏高1.0℃，为1961年以来最高(图4.6.1)；平均年降水量为676.8毫米，比常年(648.2毫米)偏多4.4%(图4.6.2)；年日照时数为2537小时，接近于常年(2543小时)。与常年同期相比，冬季、春季、夏季和秋季平均气温分别偏高1.0℃、1.5℃、0.4℃和0.9℃。冬季降水比常年同期偏少，春、秋季降水接近常年，夏季比常年略偏多。

2019年，辽宁省主要气象灾害有热带气旋、暴雨洪涝、局地强对流和干旱，1909号台风“利奇马”及局地龙卷造成的灾害损失较重。气象灾害共造成农作物受灾面积32.5万公顷，绝收面积3.5万公顷；受灾人口171.4万，因灾死亡6人；累计直接经济损失47.5亿元。

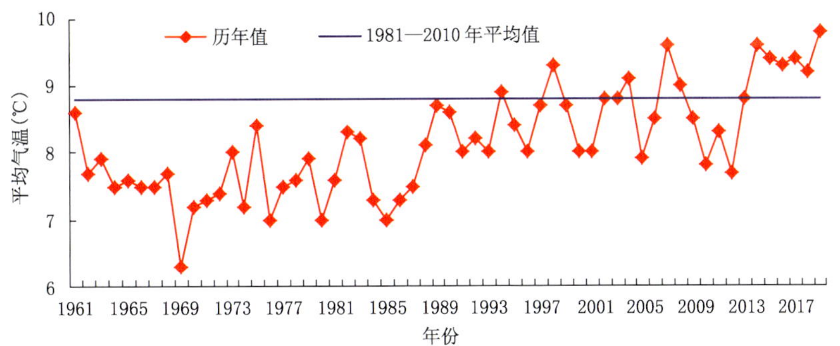

图4.6.1 1961—2019年辽宁省年平均气温变化

Fig. 4.6.1 Annual mean temperature in Liaoning during 1961—2019(unit:℃)

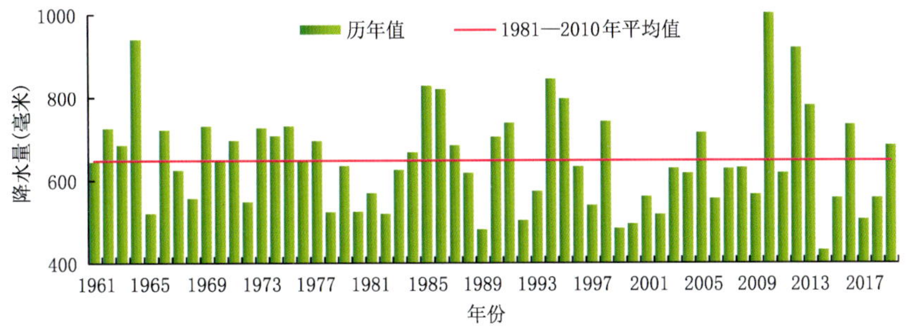

图4.6.2 1961—2019年辽宁省平均年降水量变化

Fig. 4.6.2 Annual precipitation in Liaoning during 1961—2019(unit:mm)

4.6.2 主要气象灾害及影响

1. 热带气旋

2019年，辽宁省遭受2次热带气旋影响，分别为8月10—15日1909号台风“利奇马”、9月7—8日1913号台风“玲玲”。热带气旋影响个数较常年同期偏多，灾害损失较常年偏重。受热带气旋影响，共造成辽宁省农作物受灾面积2.5万公顷，绝收面积6000公顷；受灾人口36.5万，紧急转移安置 13.0 万人次；直接经济损失 8000 万元。

8 月 10—15 日，受台风“利奇马”外围、主体云系和西风带冷空气共同影响，辽宁省大部分地区出现大暴雨，累计降水量 100～250 毫米，沈阳、大连、抚顺、铁岭、葫芦岛的局部地区累计降水量 250.0～358.8 毫米，最大降水量 358.8 毫米出现在大连高新技术园区黄泥川村。全省平均累计降水量达 126.5 毫米，突破 1951 年以来同期极值。大连市区、旅顺口区日降水量为 1951 年以来历史第二高，长兴岛日降水量为建站以来第二高（图 4.6.3、图 4.6.4）。此次台风影响过程，持续时间之长、累计雨量之大、影响范围之广为历史少见。

图 4.6.3　8 月 12 日台风“利奇马”影响大连海域，掀起滔天巨浪（大连市气象局提供）

Fig. 4.6.3　Typhoon Lekima influence Dalian sea area and set off huge waves in August 12, 2019(By Dalian Meteorological Service)

图 4.6.4　受台风“利奇马”影响，8 月 12 日葫芦岛绥中县六股河水位大幅度上涨（葫芦岛市气象局提供）

Fig. 4.6.4　Due to typhoon Lekima, Liugu River's water level rise sharply in Suizhong County of Huludao City in August 12 (By Huludao Meteorological Service)

2. 局地强对流

2019 年，辽宁省共发生龙卷灾害 2 次、冰雹灾害 13 次，造成受灾人口 15.9 万人，因灾死亡 6 人；农作物受灾面积 2.9 万公顷，绝收面积 1000 公顷；损坏房屋 1.6 万间；直接经济损失 13.1 亿元。

7 月 3 日下午，铁岭市出现龙卷。龙卷始发于开原市金钩子镇金英村北约 0.5 千米处，在中固镇清水沟子村北约 1.5 千米处消散，全程移动距离约 15 千米。龙卷伴随着冰雹、短时强降水等强对流天气，给当地带来严重损失。经评估此次龙卷的强度为四级，受灾人口 4.1 万，死亡 6 人，紧急转移安置 1.1 万人；农作物受灾面积 0.9 万公顷，绝收面积 462.9 公顷；倒塌房屋 68 间，严重损坏房屋 1210 间，一般损坏房屋 1.5 万间。

3. 暴雨洪涝

2019 年，辽宁省共出现 2 次区域性暴雨过程，分别为 7 月 29—30 日、8 月 2—3 日。受暴雨洪涝影响，共造成全省农作物受灾面积 25.7 万公顷，绝收面积 3.0 万公顷；受灾人口 114.1 万；损坏房屋 8000 间；直接经济损失 32.7 亿元。

4. 干旱

2019 年，辽宁省出现了阶段性春旱和辽南区域性伏旱，造成农作物受灾面积 1.4 万公顷，成灾面积 9000 公顷，绝收面积 3000 公顷；受灾人口 4.9 万；直接经济损失 9000 万元。

4.7 吉林省主要气象灾害概述

4.7.1 主要气候特点及重大气候事件

2019 年，吉林省年平均气温为 6.7℃，比常年偏高 1.3℃（图 4.7.1），为 1949 年以来最高值。平均年降水量 692.5 毫米，比常年偏少 13%（图 4.7.2）。春季气温明显偏高，居新中国成立以来高温第 4 位，降水稍多。夏季气温稍高，降水偏多，空间差异明显，南部降水偏少，中部地区降水明显偏多。秋季气温明显偏高，居新中国成立以来高温的第 2 位，降水稍少；初霜晚，对大田作物成熟有利。

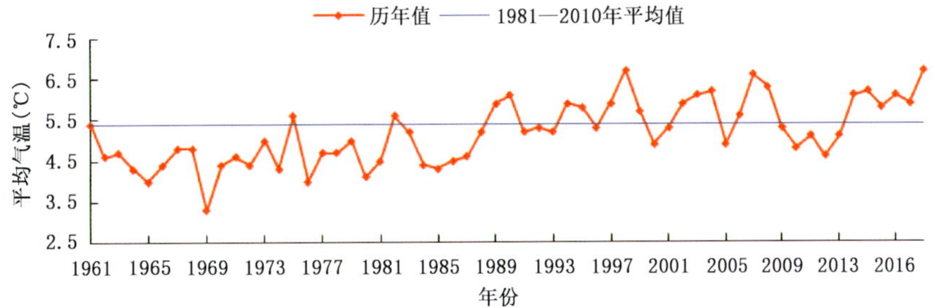

图 4.7.1 1961—2019 年吉林省年平均气温变化

Fig. 4.7.1 Annual mean temperature in Jilin during 1961—2019(unit:℃)

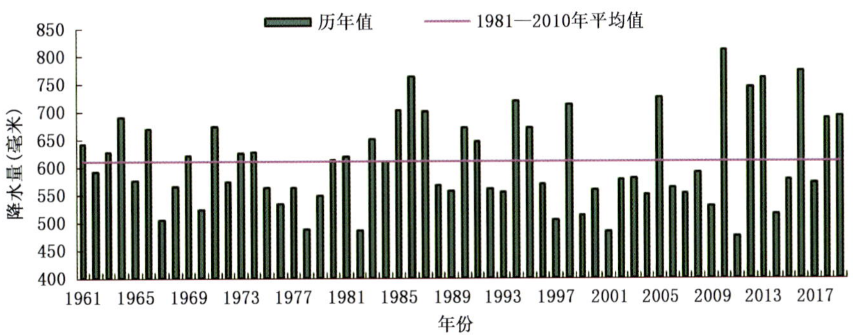

图 4.7.2 1961—2019 年吉林省平均年降水量变化

Fig. 4.7.2 Annual precipitation in Jilin during 1961—2019(unit:mm)

2019年吉林省主要气象灾害为暴雨洪涝、局地强对流和台风等，气象灾害共造成吉林省受灾人口177.1万；农作物受灾53.6万公顷，绝收面积6.4万公顷；直接经济损失51.2亿元。2019年为气象灾害偏轻年。

4.7.2 主要气象灾害及影响

1. 暴雨洪涝

2019年，吉林省的暴雨过程主要出现在7—9月。受暴雨洪涝影响，全省受灾人口107.2万，倒塌房屋1000间，损坏房屋1.4万间；农田受灾28.6万公顷，绝收4.6万公顷；直接经济损失40.8亿元。

特别是8月13—17日，吉林省出现2019年汛期最明显降雨天气过程，累计降雨量超过250毫米的有17站，100～249.9毫米的有433站，50～99.9毫米的有579站，东辽、双阳、伊通等18个县(市)打破同期历史降雨最多纪录，多座水库超汛限运行，多条河流超保、超警戒水位，多地遭受较为严重的洪涝灾害(图4.7.3)。受13—17日降雨影响，全省受灾人口41.1万，转移安置2.4万人；倒塌房屋268间；农田受灾11.9万公顷，绝收1.6万公顷；直接经济损失21.2亿元。

图4.7.3 2019年8月16日吉林省双阳、伊通暴雨洪涝灾害(吉林省气象台提供)

Fig. 4.7.3 Heavy rain and flood disaster in Shuangyang and Yitong of Jilin on August 16, 2019 (By Jilin Meteorological Observatory)

2. 局地强对流

2019年5—9月吉林省部分地区出现雷雨大风、冰雹、雷电等局地强对流天气，共有21县(市)次出现冰雹灾害，6县(市)次出现大风灾害，3县(市)遭受雷击。因局地强对流受灾30.2万人；损坏房屋7000间；农作物受灾12.5万公顷，绝收1.4万公顷；直接经济损失5亿元，其中雷电灾害直接经济损失9.1万元。

2019年7月24日17时前后，受强对流天气影响，乾安县5个乡、镇、场(安字镇、赞字乡、严字乡、大遐畜牧场、来字良种场)遭受不同程度的大风灾害，瞬时风速达到9级(22米/秒)(图4.7.4)。据统计，2103户9955人受灾；农作物受灾面积1.2万公顷，绝收面积272公顷；直接经济损失1.6亿元。

图 4.7.4　2019 年 7 月 24 日吉林省乾安大风灾害(乾安县气象局提供)
Fig. 4.7.4　Gale disaster in Qian'an County of Jilin on July 24,2019(By Qian'an Meteorological Office)

3. 台风

2019 年 7—9 月吉林省先后受台风“丹娜丝”“利奇马”“罗莎”“玲玲”外围云系影响,导致部分县(市)出现洪涝灾害。全省受灾 39.7 万人,紧急安置 3000 人;农田受灾 12.5 万公顷,绝收 4300 公顷;直接经济损失 5.4 亿元。

4.8　黑龙江省主要气象灾害概述

4.8.1　主要气候特点及重大气候事件

2019 年,黑龙江省年平均气温为 4.1℃,比常年高 1.1℃,为 1961 年以来历史第 3 高(图 4.8.1);平均年降水量为 753.1 毫米,比常年偏多 43%,为 1961 年以来最多(图 4.8.2)。年内,冬、春季平均气温特高,夏季偏低,秋季偏高;降水冬季特少,春、夏季特多,秋季略多。黑龙江省 2019 年共发生 13 次极端气候事件。

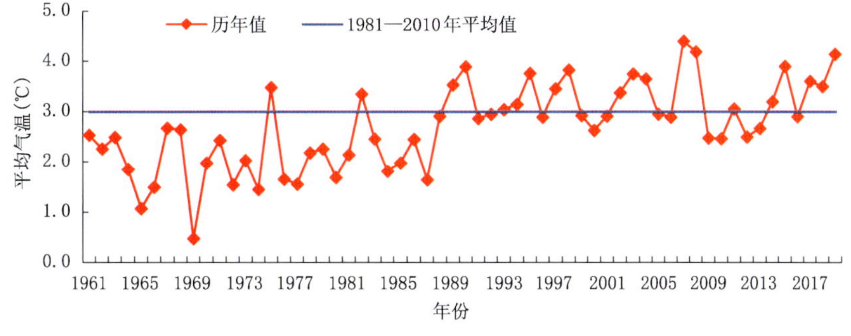

图 4.8.1　1961—2019 年黑龙江省年平均气温变化
Fig. 4.8.1　Annual mean temperature in Heilongjiang during 1961—2019(unit:℃)

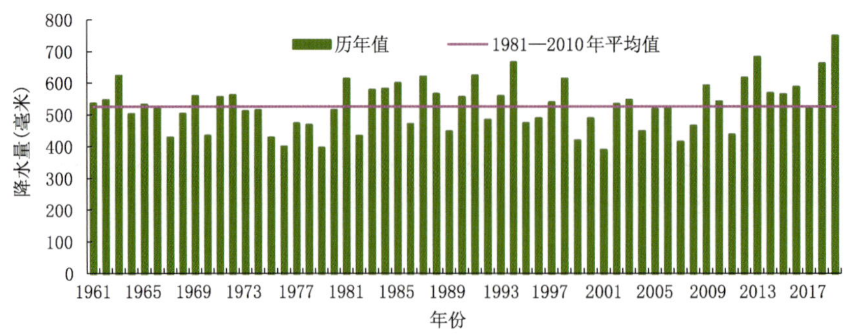

图 4.8.2　1961—2019 年黑龙江省平均年降水量变化

Fig. 4.8.2　Annual precipitation in Heilongjiang during 1961—2019(unit:mm)

2019 年,黑龙江省主要气象灾害有暴雨洪涝、温带气旋、局地强对流、低温冷冻害等。全年因气象灾害共造成 397.6 万人受灾,死亡 2 人;农作物受灾面积 354.1 万公顷,绝收面积 73.8 万公顷;直接经济损失 221.4 亿元。总体评价,2019 年属气象灾害较重年份。

4.8.2　主要气象灾害及影响

1. 暴雨洪涝

2019 年,黑龙江省强降雨天气频发,入汛以后,全省出现 19 次较大降水过程,降水量为 1961 年以来最多。降水范围广、强度大、持续时间长,共有 13 个市(地)116 个县(市、区)发生洪涝灾害,45 条河流 82 站发生超警戒水位以上洪水。暴雨洪涝造成 290.6 万人受灾,死亡 2 人;农作物受灾面积 274.5 万公顷,绝收面积 66.9 万公顷;直接经济损失 187.3 亿元。

暴雨主要集中在 6 月中下旬、7 月中下旬及 8 月。7 月 20 日,齐齐哈尔市甘南县、讷河市发生洪涝灾害(图 4.8.3),造成 3.6 万人受灾,紧急转移安置 2587 人;农作物受灾面积 6.2 万公顷,绝收面积 1.7 万公顷;损坏房屋 95 间;直接经济损失 5.1 亿元。

图 4.8.3　2019 年 7 月 20 日,讷河市乡镇街道被淹(黑龙江省讷河市气象局提供)

Fig. 4.8.3　Town streets flooded in Nehe Cityon July 20, 2019(By Nehe Meteorological Service)

2. 台风

2019 年，对黑龙江省造成较大影响的台风有“利奇马”“罗莎”以及“玲玲”，共有 8 市 38 县（市、区）发生台风灾害。受灾人口 68.3 万；农作物受灾面积 53.5 万公顷，绝收面积 5.5 万公顷；直接经济损失达 24.1 亿元。

8 月 15 日，受台风“罗莎”外围云系及冷涡共同影响，牡丹江市 8 个县（市、区）发生强降雨，绥芬河、东宁 24 小时降水量超过 100 毫米，造成受灾人口 7.8 万，紧急转移安置 1.1 万人；农作物受灾面积 3.9 万公顷，绝收面积 1.1 万公顷；倒塌房屋 38 间；损坏房屋 114 间，直接经济损失 7.5 亿元。

3. 局地强对流

2019 年黑龙江省 13 个市（地）62 个县（市、区）发生局地强对流天气。受灾人口 31.6 万；农作物受灾面积 22.4 万公顷，绝收面积 1.4 万公顷；直接经济损失 9.1 亿元。

7 月 2 日，受强对流天气影响，齐齐哈尔市龙江县、甘南县遭受冰雹袭击，降雹过程持续 30 分钟，最大冰雹直径 5 厘米，造成瓜菜、稻苗育秧大棚被击穿，近 180 台机动车受损，部分房屋玻璃、房盖铁皮受损。冰雹灾害造成 2 县 7.4 万人受灾，农作物受灾面积 6.7 万公顷，直接经济损失 3.1 亿元。

4. 低温冷冻害和雪灾

2019 年，黑龙江省受低温冷冻害和雪灾影响，共造成 7.1 万人受灾，农作物受灾面积 3.7 万公顷，直接经济损失达 9000 万元。

9 月 19 日，受冷空气影响，伊春市嘉荫县部分地区最低气温下降至－2℃，并出现雨夹雪天气，部分黄豆、玉米遭受低温冷冻害。据统计，共计 1698 人受灾，农作物受灾面积 3688.3 公顷，直接经济损失 3560 万元。

4.9 上海市主要气象灾害概述

4.9.1 主要气候特点及重大气候事件

2019 年，上海市年平均气温为 17.3℃，比常年偏高 1.0℃（图 4.9.1）；中心城区气温最高，年平均气温 18.0℃，比常年偏高 1.1℃，郊区为 16.2～17.7℃，崇明最低，各站气温均比常年偏高0.4～1.3℃；冬春季气温偏高；夏季气温略低；秋季气温偏高。全市平均年降水量 1515.0 毫米，比常年同期偏多 28.2%（图 4.9.2）；各站年降水量为 1274.4（崇明）～1763.8（浦东）毫米，偏多 12.9%～42.8%。冬季降水异常偏多，春季降水偏少，夏秋季降水偏多。

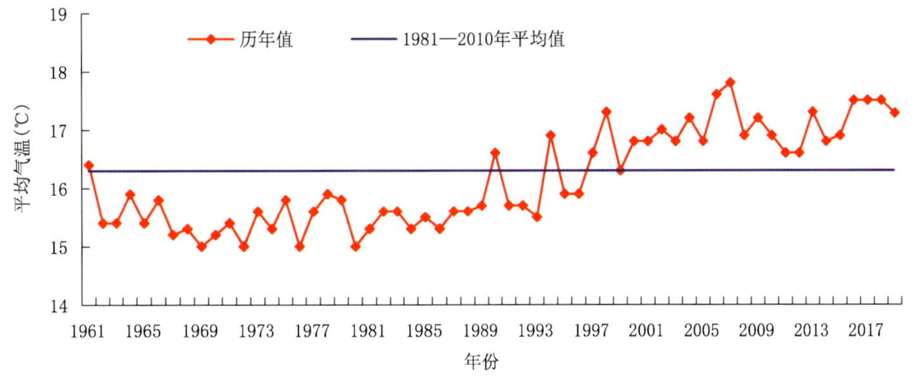

图 4.9.1 1961—2019 年上海市年平均气温变化

Fig. 4.9.1 Annual mean temperature in Shanghai during 1961—2019(unit:℃)

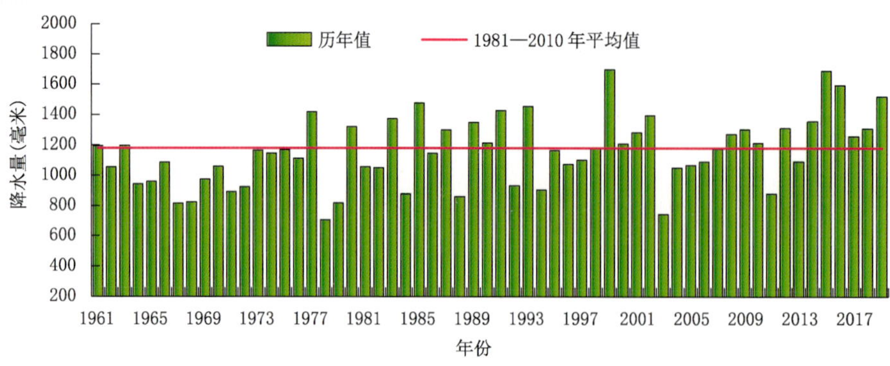

图 4.9.2 1961—2019 年上海市平均年降水量变化

Fig. 4.9.2 Annual precipitation in Shanghai during 1961—2019(unit:mm)

2019 年,上海市主要气象灾害有暴雨、台风、雷雨大风、雷电和寒潮大风。全年因气象灾害造成 18.9 万人受灾,紧急转移安置人口 15.1 万;农作物受灾面积 8700 公顷,绝收面积 100 公顷;直接经济损失达 1.9 亿元。总体评价,2019 年属气象灾害偏轻年份。

4.9.2 主要气象灾害及影响

1. 暴雨洪涝

2019 年,上海市平均暴雨日数(11 站平均)为 7 天,比常年多 4 天。暴雨主要出现在汛期,梅雨期长、梅雨量异常偏多,7 月下旬至 9 月也有局地性强降水。暴雨造成全市受灾人口 3.4 万,农作物受灾面积 800 公顷;至少 235 处房屋、110 个小区、284 条马路积水,228 辆以上车抛锚;直接经济损失达 8000 万元。

2. 台风

2019 年有 4 个热带气旋相继影响上海地区,造成比较明显的灾害(8 月 9—11 日 1909 号台风"利奇马"、9 月 6 日 1913 号台风"玲玲"、9 月 21—22 日 1917 号台风"塔巴"、10 月 1—2 日 1918 号台风"米娜")。

台风"利奇马""米娜"对上海影响较大,全市受灾人口 15.5 万,紧急转移安置人口 15.1 万,农作物受灾面积 7900 公顷,绝收面积 100 公顷。暴雨造成积水 1300 多处;大风致使 3.2 万株树木倒伏、209 条电力线路中断,吹落各种杂物砸坏 1100 辆以上车辆并影响 820 多条道路交通,大风还吹倒吹坏广告牌、信号灯等近 280 个(图 4.9.3);两大机场共取消航班 3000 多架次,停运 20 条高铁、地铁和 300 班长途客运,上海港封港、水上轮渡停驶,直接经济损失达 1.1 亿元。

台风"玲玲"主要给上海带来强降水,暴雨造成积水至少 92 处,78 辆以上车抛锚;台风"塔巴"主要给上海带来大风,大风吹倒树木等、吹落玻璃等杂物,砸坏 61 辆以上汽车并影响 24 条以上道路交通,大风还吹倒隔离栏、红绿灯等 15 个。

3. 局地强对流

受强对流雷暴云团影响,2019 年汛期上海市发生雷雨大风致灾 16 起。大风吹倒吹落树、墙、瓦片等,共砸坏 168 辆以上汽车和 1 个屋顶,影响 83 条以上道路交通;大风还吹倒吹坏雨棚、树木、广告牌、信号灯等共 15 个。

2019 年,汛期上海市发生雷击致灾事件 10 起。雷击击坏屋顶掉落瓦片、劈倒树等砸坏 5 辆汽车;击坏 3 个信号灯;打断了 15 处以上电线,致使 3 处电线、1 根电线杆、1 个电箱、1 辆汽车和 2 户人家着火,引起 2 个村、4 个小区、1 户居民停电。

图 4.9.3　2019 年 8 月 9—11 日台风“利奇马”造成上海奉贤区道路积水及树倒砸坏车辆(a)，青浦区蔬菜大棚受损受淹(b)(奉贤区气象局和青浦区气象局提供)

Fig. 4.9.3　The road water and the smashed car in Fengxian(a, by Fengxian Meteorological Office), and the vegetable greenhouses were damaged and flooded in Qingpu(b, by Qingpu Meteorological Office) by typhoon Lekima on August 9—11, 2019

4. 寒潮大风

2019 年受冷空气影响，上海共出现 12 次寒潮大风。大风吹倒树、雨棚、围栏、广告牌等，砸坏 98 辆汽车并影响 51 条道路交通，大风吹倒吹坏雨棚、树木、广告牌、信号灯等共 52 个。

4.10　江苏省主要气象灾害概述

4.10.1　主要气候特点及重大气候事件

2019 年，江苏省年平均气温为 16.2℃，较常年偏高 0.9℃(图 4.10.1)，达到历史第四高，冬、夏季气温正常，春、秋季偏高，12 月异常偏高。平均年降水量为 845.7 毫米，较常年偏少 1.7 成(图 4.10.2)，为 1995 年以来次少年(仅多于 2004 年的 823.7 毫米)，冬季及 12 月降水异常偏多，春、夏、秋季连续偏少。

2019 年江苏省主要气象灾害有干旱、暴雪、大风、暴雨洪涝、台风、高温等。江苏省共有 145.9 万人次不同程度受灾，因灾受伤 39 人，死亡 9 人；农作物受灾面积约 22.4 万公顷，绝收面积约 1.8 万公顷；灾害造成的直接经济损失约 15.6 亿元。从灾情分析来看，因暴雨洪涝、台风、强对流、暴雪等造成的人民生命财产、农业经济损失和直接经济损失严重。2019 年江苏省主要农作物、海盐、旅游及交通行业气候年景较好，河蟹养殖等行业气候条件较为有利，特色农业种植、水资源及水环境气候年景较差。

4.10.2　主要气象灾害及影响

1. 局地强对流

2019 年，江苏省因强对流天气(大风、冰雹、雷电)共造成 65.2 万人受灾，死亡 8 人；房屋损坏 2.9 万间；农田受灾面积约 6.9 万公顷，绝收面积 3000 公顷；直接经济损失约 4.9 亿元。

7 月 6 日江苏省自北向南出现一次罕见强对流天气过程，此次强对流持续时间长、影响范围广、风雨强度大，徐州、连云港、宿迁、淮安、盐城、扬州、常州等地出现冰雹(图 4.10.3)。强对流天气从 6 日 08 时至 7 日 02 时在江苏省境内历时 18 个小时，全省有 50 个乡镇(街道)小时雨量超 50 毫米，最

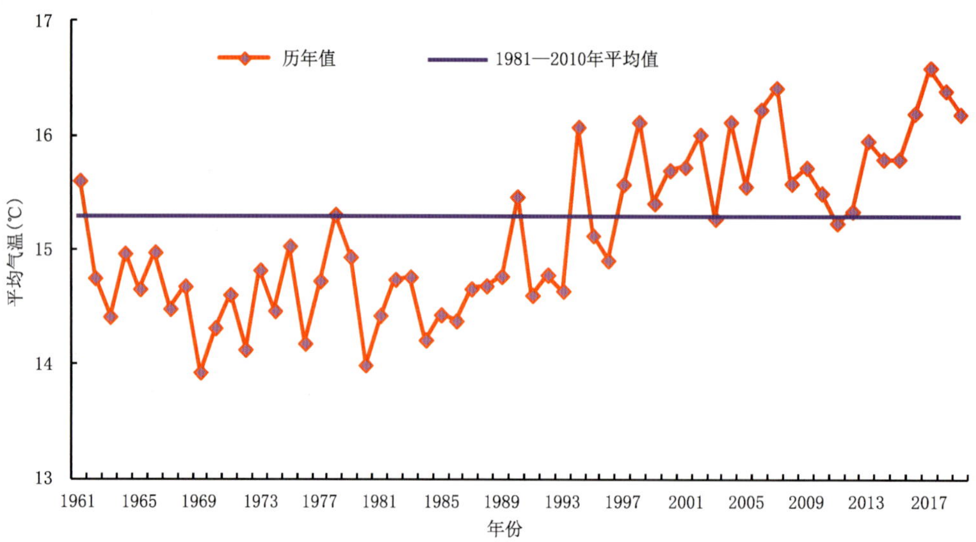

图 4.10.1 1961—2019 年江苏省年平均气温变化

Fig. 4.10.1 Annual mean temperature in Jiangsu during 1961—2019(unit:℃)

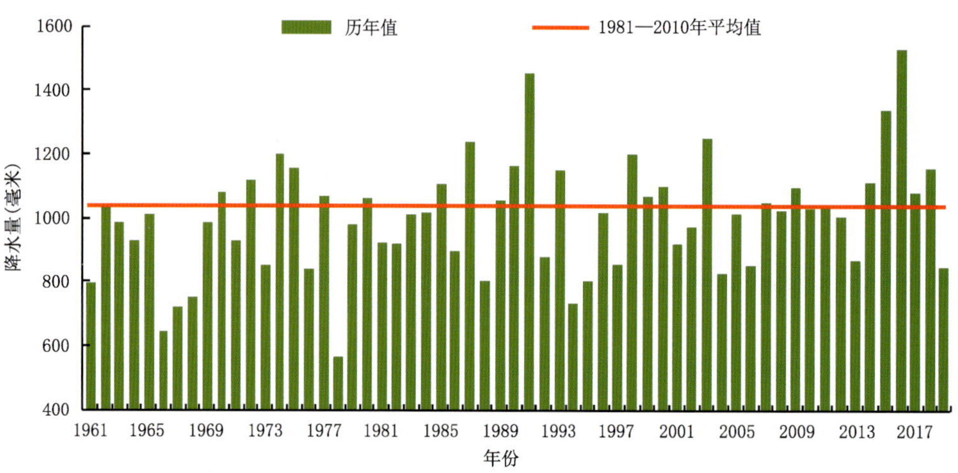

图 4.10.2 1961—2019 年江苏省平均年降水量变化

Fig. 4.10.2 Annual precipitation in Jiangsu during 1961—2019(unit:mm)

大小时雨量超 100 毫米(6 日 14—15 时,连云港市云台农场雨量 104.8 毫米)。全省普遍出现 6 级以上雷雨大风,有 58 个县(区、市)的 203 个乡镇(街道)超过 8 级,11 个乡镇(街道)超过 10 级,最大 11 级(泗洪陈圩乡,28.7 米/秒)。

2. 暴雨洪涝

2019 年,江苏省因暴雨洪涝共造成 27.1 万人受灾;损坏房屋 0.1 万间;直接经济损失约 5.9 亿元。

7 月 17—18 日,江苏省沿江中东部地区出现暴雨到大暴雨、局地特大暴雨天气。南通如皋市 1 小时雨量达 161.9 毫米、3 小时累计雨量达 289.0 毫米。全市 50 人受灾,农业受灾面积 3.8 万公顷,直接经济损失 1500 万元。

8 月 10 日,徐州邳州市普降暴雨,过半数乡镇达大暴雨,共造成 17.8 万人受灾;倒塌房屋 10 间,农田受灾面积 3.2 万公顷,成灾 1.9 万公顷,绝收 9569.3 公顷;直接经济损失约 2.2 亿元,其中农业经济损失约 1.8 亿元。新沂市普降大暴雨,全市 9.6 万人受灾,农作物受灾面积约 1.1 万公顷,

图 4.10.3 7月6日徐州市丰县玉米(a)、棉花(b)遭受冰雹袭击(徐州市气象服务中心提供)
Fig. 4.10.3 The corn (a) and cotton (b) were hit by hail in Fengxian County, Xuzhou City On July 6 (By Xuzhou Meteorological Service Center)

倒塌房屋81间,直接经济损失约8744.1万元。

3. 热带气旋

2019年夏季,受第9号台风"利奇马"的风雨影响,徐州、宿迁、连云港、南通、盐城、镇江及无锡市等地共53.3万人受灾,转移安置1.1万人,死亡1人,受伤33人;倒塌房屋349间;农作物受灾面积15.5万公顷,绝收面积1700公顷;直接经济损失4.7亿元。

台风"利奇马"于8月10日22时前后从太湖南部进入江苏省,经苏州、无锡、南通、盐城,11日12时从连云港市灌云县灌西盐场入海,在江苏境内经历14个小时,对江苏省影响时间长、范围广、风雨强。受其影响,10—11日江苏省普遍出现暴雨到大暴雨天气,中东部地区伴有7级以上偏东大风,太湖及沿海海面10~12级。江苏省常规气象站中有38站过程累计降水量超过100毫米,主要集中在江淮北部、淮北及苏南地区;累计最大过程降水出现在东海(332.8毫米,图4.10.4),日最大降水量出现在东海(212.5毫米,创本站日降水量历史极值)。极大风速为24.3米/秒(西连岛),滨海(20.7米/秒)和盱眙(19.2米/秒)日极大风速创本站8月历史极值。"利奇马"为近58年来影响江苏的最强台风,造成江苏省交通受阻、城乡内涝、农田积涝、电网设施受损,沂沭泗流域出现洪水威胁,但其带来的丰沛降水解除了沿淮和淮北地区的前期干旱,特别是有效补充了洪泽湖等湖库蓄水。

4. 雪灾

2019年,江苏省因暴雪影响共造成3000人受灾,农作物受灾面积200公顷,直接经济损失约1000万元。

1月30日傍晚,江苏省江淮之间北部和淮北地区出现大到暴雪,沿江及以北大部分地区有积雪,江淮之间北部和淮北大部分地区积雪深度在5厘米以上(东海10厘米,邳州10厘米,泗阳10厘米)。30—31日暴雪天气过程造成沿淮以北地区3000多人受灾,农田受灾面积106公顷,直接经济损失1000多万元。

5. 干旱

3月1日至5月23日,江苏省平均降水量为85.7毫米,较常年同期偏少5.5成,沿江苏南大部分地区偏少5~8成,淮北偏少2~5成。江苏省淮河以南地区出现大范围中等以上气象干旱,泰州、

图 4.10.4 8月10—11日台风暴雨造成连云港东海田间积水大棚被淹(连云港市气象台提供)
Fig. 4.10.4 Waterlogging greenhouses in the East China Sea caused by typhoon and rainstorm on August 10 to 11,2019 (By Lianyungang Meteorological Station)

镇江、扬州、常州及无锡、苏州等地部分地区达到重旱等级。

9月中旬开始，江苏省降水稀少，淮河以南地区除南通、苏州、无锡外，连续65天未出现有效降水，南京、扬州、徐州、连云港等地旱情较重，截至11月14日，全省小麦、油菜受旱面积达17.5万公顷，一些田块出现死苗现象，南京市30%的茶园出现重度干旱，部分茶区绝收面积超过10%。秋播开始以后，由于后期近40多天无有效降水，造成连云港市西部岭地近8万公顷旱茬小麦出现旱情，严重受旱面积达3万多公顷。

4.11 浙江省主要气象灾害概述

4.11.1 主要气候特点及重大气候事件

2019年，浙江省年平均气温为18.1℃，比常年偏高0.9℃(图4.11.1)；平均年降水量1792.6毫米，比常年同期偏多2成(图4.11.2)；日照时数全省平均1572.8小时，比常年偏少186.5小时。极端天气气候事件频发，总体气象灾害影响偏重。

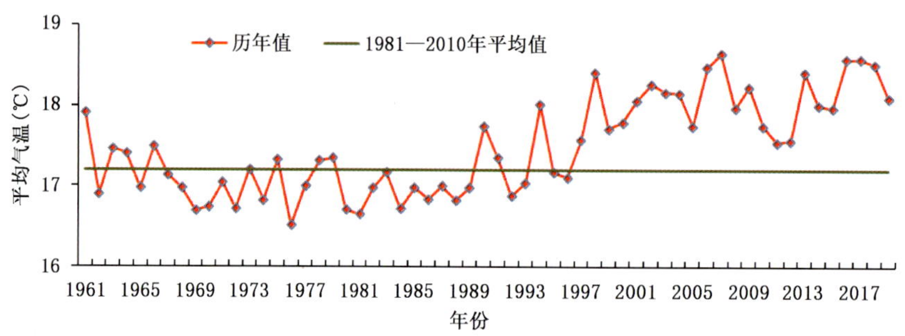

图 4.11.1 1961—2019年浙江省年平均气温变化
Fig. 4.11.1 Annual mean temperature in Zhejiang during 1961—2019(unit:℃)

总体来讲，2019年浙江省气象灾害阶段性集中分布特征明显，冬季浙江省出现罕见大范围持续阴雨寡照天气，造成农作物受害，对人民身体健康也有一定影响；4月至初夏，雷电、大风、冰雹等强对流天气频发；6月17日入梅，比常年偏晚7天，梅雨量偏多5成，梅汛期暴雨过程频繁，涝梅冷梅

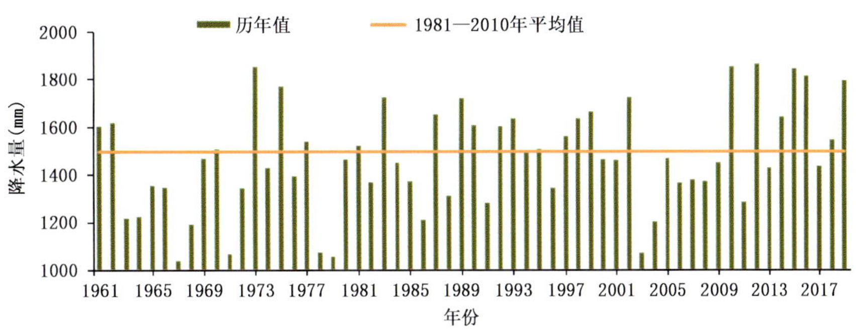

图 4.11.2 1961—2019 年浙江省平均年降水量变化

Fig. 4.11.2 Annual mean precipitation in Zhejiang during 1961—2019(unit:mm)

特征明显;出梅后,浙江省气温迅速攀升,出现全省性高温,但高温阶段性明显;年内共有 4 个台风影响浙江省,超强台风“利奇马”登陆浙江省,为新中国成立以来登陆浙江省的第 3 超强台风,也是滞留浙江省时间最长的超强台风,台风“米娜”10 月于舟山登陆,为 1949 年以来 10 月登陆浙江的第 3 个台风。伏夏至秋季内陆持续少雨、部分地区伏秋连旱,给农业生产造成较大影响。全年浙江省因灾死亡 62 人,失踪 2 人,累计受灾人口 896 万;农作物受灾面积 35.4 万公顷,绝收面积 4.6 万公顷;房屋倒塌 8000 间;因灾造成直接经济损失 552.6 亿元。

4.11.2 主要气象灾害及影响

1. 连阴雨

2018 年 12 月至 2019 年 2 月,浙江省平均雨日 48 天,无日照天数 51 天,均为历史同期最多;平均累计日照仅 137.8 小时,为历史同期最少。连续阴雨寡照天气影响蔬菜、水果的品质(图 4.11.3),给人民生产、生活造成较大影响。

图 4.11.3 连阴雨导致设施蔬菜和瓜果出现高湿病害

Fig. 4.11.3 Agricultural disasters caused by continuous rain

2. 梅雨

2019 年,浙江省于 6 月 17 日入梅,比常年偏晚 7 天(常年 6 月 10 日);7 月 17 日出梅,比常年偏晚 7 天(常年 7 月 10 日);梅期共 30 天,与常年持平,梅雨期降水量全省平均 451 毫米,比常年偏多 115%。2019 年浙江省梅雨期有暴雨过程频繁、梅雨总量大、强降雨区域重叠、“冷黄梅”等特点(图 4.11.4)。

受梅汛期多次强降雨的影响,多地出现道路塌方、村庄停电、民房受损、农田水利设施损毁等灾情(图 4.11.5)。据统计,全省共有 47 万人次受灾,因公路塌方、山体滑坡造成死亡 2 人,紧急转移安置

（救助）3.2 万人次；倒损房屋 9700 余间；农作物受灾面积 4.0 万公顷；直接经济损失 22.2 亿元。钱塘江、瓯江、东苕溪、杭嘉湖和甬江等多条江河先后发生洪水，7 月 5 日钱塘江发生兰溪站接近保证水位的流域性洪水；7 月 13 日钱塘江、东苕溪和甬江 3 条江河以及杭嘉湖东部平原同一天内发生超警戒、超保证洪水，为有历史记录以来的首次，东苕溪北湖滞洪区继 2013 年“菲特”台风后首次开闸分洪。

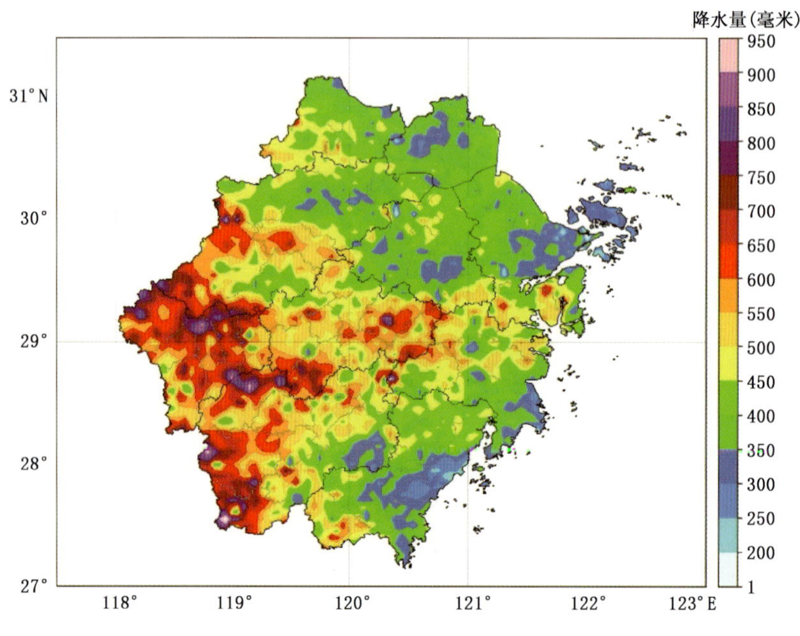

图 4.11.4　2019 年浙江省梅雨降水量分布

Fig. 4.11.4　Precipitation during the period of Meiyu over Zhejiang in 2019

图 4.11.5　常山大陆农田受淹(a)和桐庐农作物受损(b)

Fig. 4.11.5　Farmland flooded in Changshan(a) and crops damaged in Tonglu(b)

3. 台风

2019 年共计 4 个台风影响浙江省（常年 3.4 个），分别是 201909 号“利奇马”、201913 号“玲玲”、201917 号“塔巴”和 201918 号“米娜”。台风导致全省受灾 840.8 万人，死亡 52 人，紧急转移人口 163.5 万人；农作物受灾面积 30.3 万公顷，绝收面积 4.1 万公顷；房屋倒塌 6000 间；直接经济损失 421.6 亿元。

超强台风“利奇马”为新中国成立以来登陆浙江省的第 3 超强台风，也是滞留浙江省时间最长的超强台风(达 20 小时)，临海括苍山过程雨量 831 毫米，破当地台风降水历史纪录，温岭石塘镇三蒜岛实测风速 61.4 米/秒，仅次于登陆浙江省台风的极值(200608 号台风“桑美”苍南霞关 68.0 米/秒)。“利奇马”的狂风暴雨及海水倒灌等，致使浙江省台州和宁波等地区发生内涝、积水严重，城镇、农田受淹(图 4.11.6 和图 4.11.7)；一些民房倒塌，电力、通讯、道路等基础设施被毁损，出现大面积停电，多处发生泥石流、塌方等次生灾害。

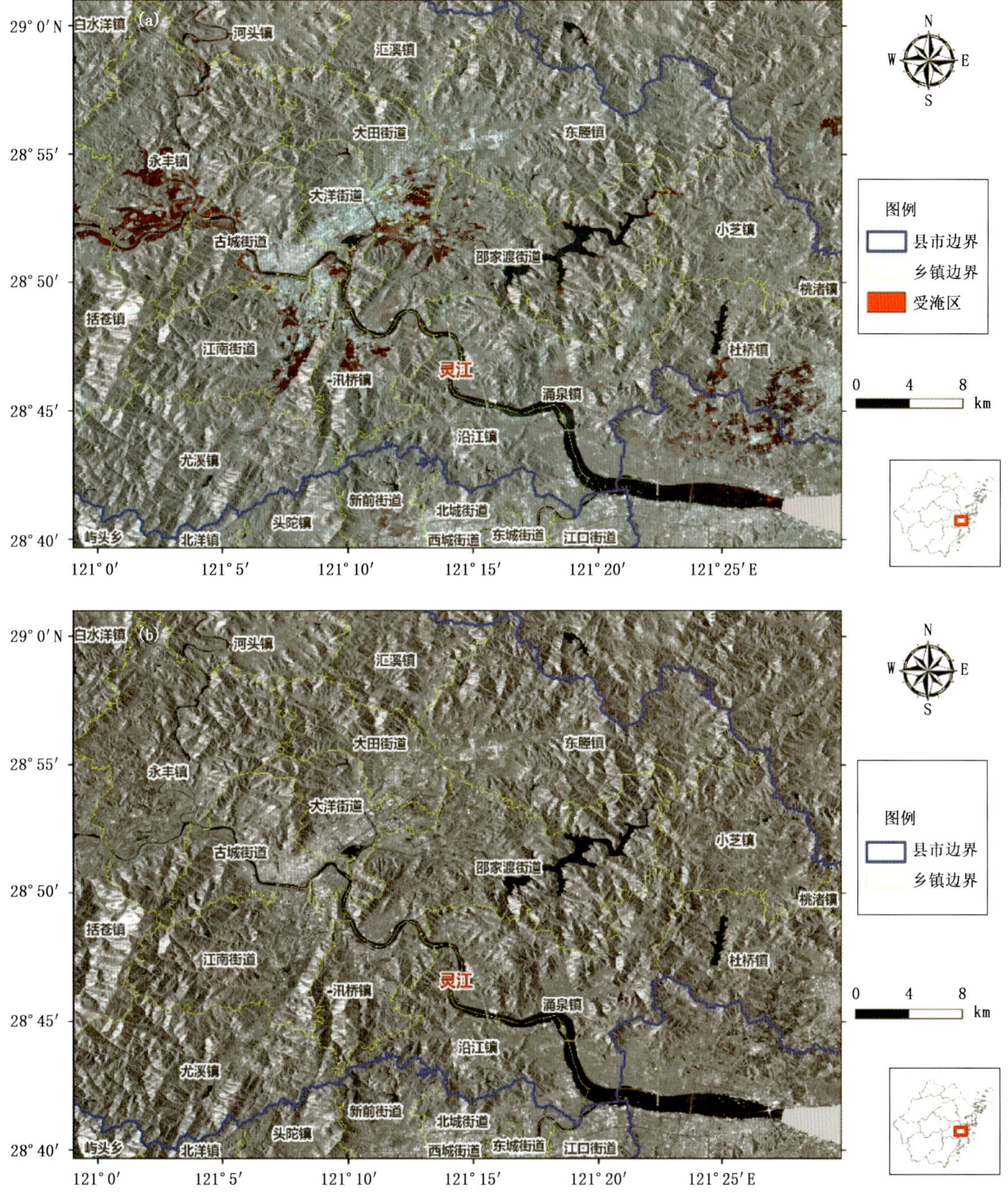

图 4.11.6　超强台风“利奇马”影响台州临海前后水体变化

(a)受淹后 2019/08/10 18:00；(b)受淹前 2019/07/29 18:00

Fig. 4.11.6　Flood in Linhai, Taizhou caused by super-typhoon Lekima

(a)2019/08/10 18:00；(b)2019/07/29 18:00

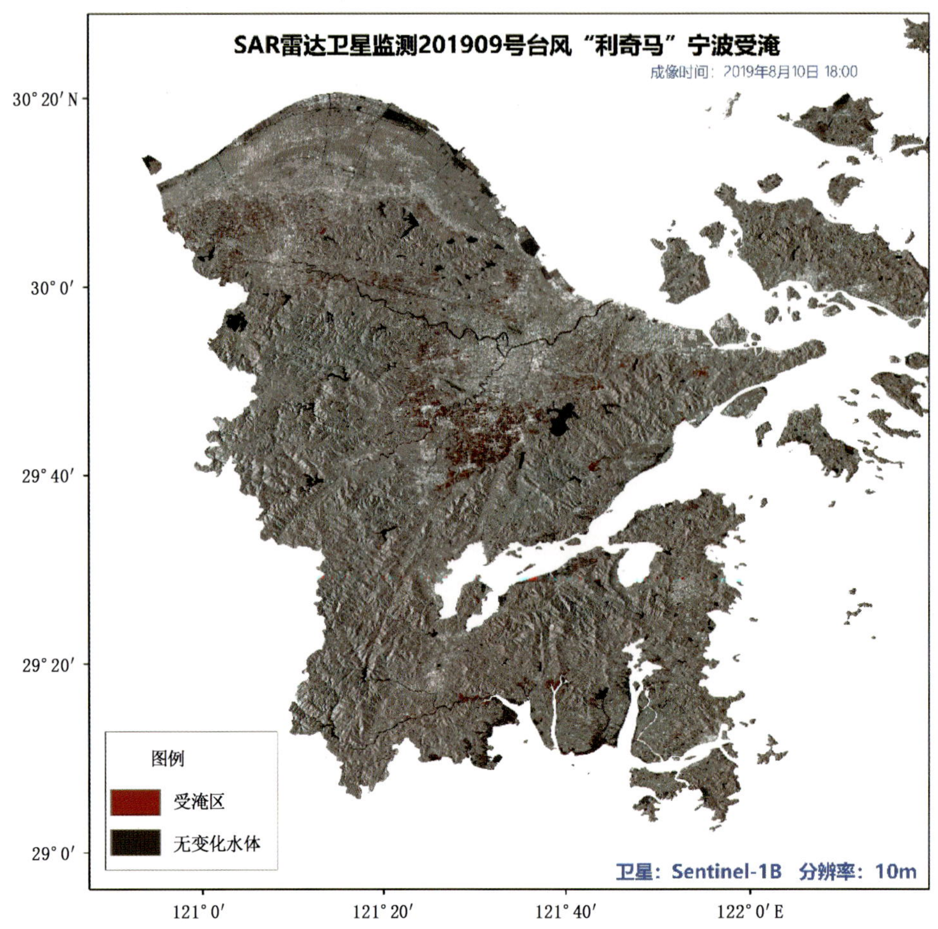

图 4.11.7 超强台风“利奇马”影响宁波前后水体变化

Fig. 4.11.7 Flood in Ningbo caused by super-typhoon Lekima captured by Sentinel-1 SAR

台风“米娜”10 月 1 日 20 时 30 分在舟山普陀区沈家门登陆，为 1949 年以来 10 月登陆浙江的第 3 个台风（另外 2 个分别为 1961 年 26 号台风和 2007 年 16 号台风罗莎），也是 1949 年以来 10 月唯一登陆舟山的台风。“米娜”影响舟山期间风雨潮三碰头，定海国家基本站 10 月 1 日 08—20 时测得雨量 279.6 毫米，破该站自 1955 年有气象记录以来最大 12 小时和 24 小时雨量纪录，其 24 小时雨量达 341.3 毫米，超百年一遇。岱山站 1 日日雨量 217.5 毫米，破该站日雨量纪录；普陀站 12 小时雨量 180.2 毫米，破该站 12 小时雨量纪录。“米娜”导致舟山全市因灾死亡 4 人，受灾人口 43.72 万；直接经济损失达 23.91 亿元，其中农业损失 6.81 亿元，工矿企业损失 2.9 亿元，基础设施损失 7.38 亿元，公益设施损失 2.09 亿元，家庭财产损失 4.59 亿元；全市共 9 间房屋倒塌，12 间房屋严重损坏，一般损坏房屋 14 间；全市农作物受灾面积 7648.2 公顷，成灾面积 4514 公顷，绝收面积 1732.5 公顷，毁坏耕地面积 70 公顷；沿海水产养殖受灾面积 1118.8 公顷。舟山定海城区受淹面积 10 平方千米以上，最大水深在 80 厘米以上；新城上游水库溢洪造成新城北部区域大面积受淹，路面最深积水约 50 厘米，受淹超过 1 平方千米。据电力部门统计，全市电网 110 千伏线路跳闸 1 条次，35 千伏线路跳闸 1 条次，10 千伏配电线路停运 24 条，其中拉停 17 条，影响 323 个台区，停电 39910 户。

4. 干旱

2019 年，浙江省干旱造成直接经济损失 0.9 亿元，农作物受灾面积 1.2 万公顷，受灾人口 2.4 万，饮水困难 0.9 万人。大范围的连续无降水主要发生在 9 月和 11 月，出现了较严重气象干旱，尤其是浙江西部地区 8 月至 12 月上旬均持续高温无自然降水，衢州开化从 9 月 4 日至 10 月 11 日连续 38 天无自然降水，嘉善从 10 月 9 日至 11 月 12 日连续 35 天无自然降水。2019 年 12 月 7 日气象干旱监测结果显示(图 4.11.8)，全省共有 1 个县特旱，8 个县(市、区)重旱，14 个县(市、区)中旱，19 个县(市、区)轻旱。中尺度监测站显示，共有 42 个乡镇特旱，177 个乡镇重旱，另有 344 个乡镇中旱、439 个乡镇轻旱。全省干旱等级为区域性较严重干旱。干旱主要集中在浙西地区、浙北大部、浙中西部、浙南西部地区，衢州地区、丽水地区干旱明显。

受持续高温少雨影响，农田土壤失墒严重，河道、水库水位明显下降，农田灌溉受到影响。浙西地区农林作物出现了不同程度的灾情，尤其是衢州地区，部分作物如玉米甚至出现绝收，水稻收割时间推迟，柑橘等水果品质明显下降，油菜和中草药减产严重，一些山地蔬菜灌(浇)水困难，果实数量减少、畸形果增多，部分田块蔬菜甚至发生植株凋萎死亡。

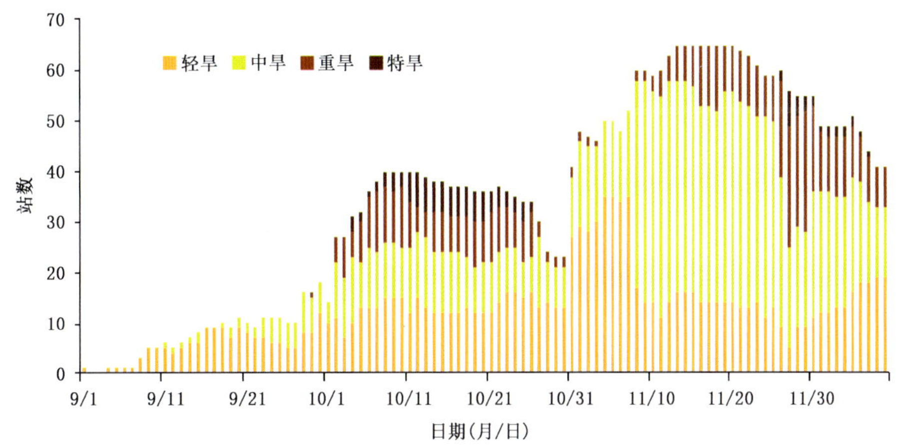

图 4.11.8　2019 年 9 月 1 日至 12 月 7 日浙江省每日不同干旱等级站点数目变化序列(常年代表站)

Fig. 4.11.8　Daily station number at four drought levels during September 1 to December 7, 2019

4.12　安徽省主要气象灾害概述

4.12.1　主要气候特点及重大气候事件

2019 年，安徽省年平均气温为 16.6℃，较常年偏高 0.8℃，与 2017 年和 2018 年持平，为 1961 年以来第三高(图 4.12.1)。冬季气温偏低 0.2℃，春、夏、秋 3 季分别偏高 1.1℃、0.5℃和 1.1℃，秋季与 2005 年并列为 1961 年以来同期第三高。

2019 年，安徽省平均年降水量 944 毫米，较常年偏少 2 成，为 2001 年以来最少(图 4.12.2)。年内降水分配不均，冬季偏多近 1 倍，为 1961 年以来最多，春、夏、秋 3 季分别偏少 2 成、2 成和 6 成，秋季为 1961 年以来第二少值。沿江江南入出梅均偏晚，梅雨期偏长，梅雨量接近常年，梅雨强度正常；江淮之间出现 1994 年以来又一次空梅。

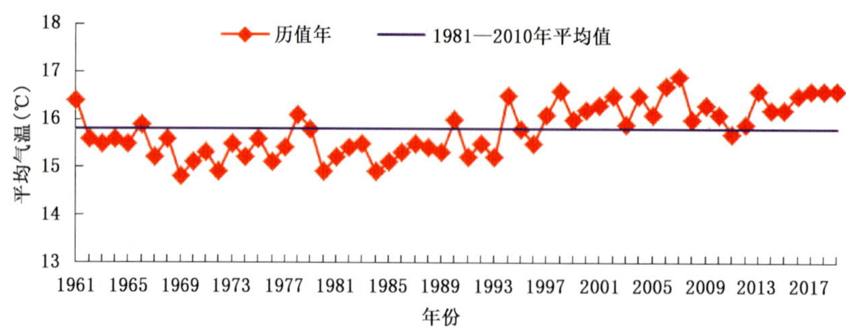

图 4.12.1 1961—2019 年安徽省年平均气温变化
Fig. 4.12.1 Annual mean temperature in Anhui during 1961—2019(unit:℃)

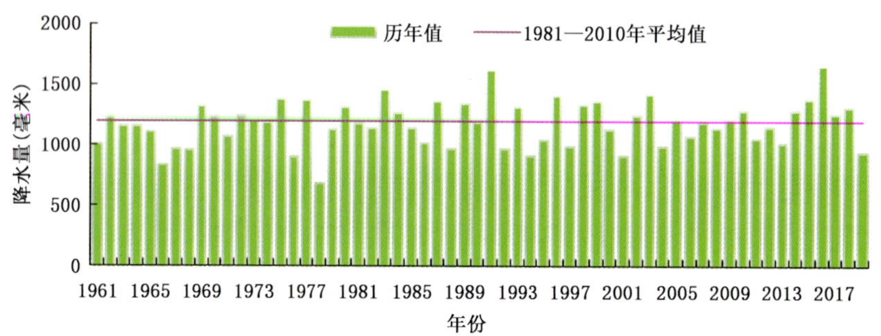

图 4.12.2 1961—2019 年安徽省平均年降水量变化
Fig. 4.12.2 Annual precipitation in Anhui during 1961—2019(unit:mm)

2019 年,安徽省遭遇伏秋连旱、连阴雨(雪)、强降水、台风、高温、强对流、大雾等天气、气候事件。全省因气象灾害造成农作物受灾面积 95.8 万公顷,绝收面积 12.4 万公顷;789.1 万人次受灾,因灾死亡 12 人;直接经济损失 85 亿元。年内干旱持续时间长、影响范围广、干旱程度重,利用气候年景等级评估,2019 年安徽省气候年景较差。

4.12.2 主要气象灾害及影响

1. 干旱

年内,安徽遭遇近 40 年最严重的伏秋连旱,过程集中在 8 月 12 日至 11 月 23 日。期间,全省平均降水量 94 毫米,较常年同期偏少近 7 成,为 1961 年以来同期最少;平均无降水日数 88 天,为同期最多;平均气温 20.7℃,显著偏高 1.3℃,为同期第三高。受高温少雨影响,8 月中旬起气象干旱迅速发生发展,11 月上中旬基本覆盖全省,中旬达最重,全省大部分地区维持重度以上气象干旱,沿淮至江南北部普遍特旱。水汽输送偏少、下沉气流偏强、冷空气偏弱是造成此次干旱的直接原因。持续干旱造成各地农田失墒、水塘干涸、水库库存低于死水位,给农业和居民用水带来严重影响。

2019 年,安徽省因干旱造成农作物受灾面积 85.7 万公顷,绝收面积 11.6 万公顷;受灾人口 688.3 万;直接经济损失 40.6 亿元,其中农业损失 39.8 亿元。

2. 连阴雨(雪)

冬季出现 4 段连阴雨(雪)天气过程,呈降水量和降水日数多、日照时数少即"两多一少"特征:全省平均降水量(262 毫米)、降水日数(46 天)分别偏多 9 成和 21 天,均为 1961 年以来最多;平均日照时数(179 小时)偏少 5 成,为 1961 年以来同期最少。淮河以南普遍出现中等以上强度连阴雨

(雪),有 32 个县(市)达最强。连阴雨(雪)导致全省大部分农田土壤过湿,田间渍害较重,病害滋生。部分地区出现电线积冰和冻雨等冰冻灾害,电力供应和设施农业受影响。

3. 台风

年内,2019 年第 9 号超强台风“利奇马”给安徽带来强风暴雨。8 月 9—12 日 920 个气象站累计降水超过 50 毫米,272 个站超过 100 毫米,江南中东部 26 站超过 250 毫米,最大宁国阳山达 395.4 毫米。局地降水强度大,宁国阳山 24 小时雨量达 309 毫米;26 个站小时雨量超过 40 毫米,最大宁国上门为 80.4 毫米。全省 12 个县(市)台风风雨指数强度等级达中等及以上,广德、宁国、九华山和黄山光明顶为最强。宣城的宁国市、广德市、绩溪县、宣州区和郎溪县 5 县(区)发生洪涝灾害。多地暴发山洪和泥石流,房屋倒损、农作物被淹、道路桥梁冲毁、供电和通讯中断、部分群众被困,以宁国受灾最重,数人死于山洪地质灾害。

2019 年因台风造成农作物受灾面积 2.4 万公顷,绝收面积 4000 公顷;受灾人口 19.5 万,因灾死亡 7 人,失踪 2 人;直接经济损失 32.9 亿元。

4. 暴雨洪涝

主汛期(5—9 月)降水量 549 毫米,为 2001 年以来最少,除江南南部略偏多外,安徽省大部分地区偏少 2～6 成。年内降水总体偏弱,以 5 月 25—26 日过程相对较强,江淮之间西南部和沿江江南大部分地区出现暴雨,672 个乡镇超过 100 毫米,84 个乡镇超过 250 毫米,安庆、黄山等地 8 个乡镇超过 400 毫米,最大安庆余冲达 471.7 毫米。过程累计 46 站次暴雨,14 站次大暴雨,最大安庆余冲达 409.8 毫米。太湖、池州和旌德 3 个县(市)日降水量破 5 月历史纪录。

2019 年,全省因暴雨洪涝造成农作物受灾面积 2.4 万公顷,绝收面积 700 公顷;受灾人口 38.8 万,因灾死亡 2 人;直接经济损失 5.6 亿元,为 1996 年以来最轻。

5. 强对流天气

春夏季雷雨大风、冰雹等强对流天气时有发生。

3 月 20—23 日淮河以南部分地区出现 8 级以上大风,马鞍山、安庆和黄山等地超过 10 级,含山陶厂最大(44.2 米/秒,14 级),马鞍山节庆广场 43.9 米/秒(风力 14 级)。7 月 6 日安徽省东部和沿江地区出现雷雨大风、短时强降水和冰雹等强对流天气,154 个站阵风超过 8 级,32 个乡镇超过 9 级,4 个乡镇超过 10 级,最大风速出现在滁州来安曹庄(高速站)(33 米/秒,12 级),淮河以北东部局地出现冰雹。7 月 30 日淮河以北和江淮北部出现雷暴大风并伴有短时强降水,54 个乡镇阵风 8 级以上,4 个乡镇风力达 10 级,怀远古城达 25.7 米/秒。

2019 年,全省因强对流天气造成农作物受灾面积 5.3 万公顷,绝收面积 2700 公顷;受灾人口 42.5 万,因灾死亡 3 人,失踪 1 人;直接经济损失 5.9 亿元,其中农业损失 2.3 亿元。

6. 大雾

年内大雾天气多发,对交通运输和人民生活造成不利影响。

2 月 24 日安徽省 61 个县(市)能见度低于 500 米(浓雾),50 个低于 200 米(强浓雾),濉溪和芜湖能见度不足 50 米(特强浓雾),全省多条高速公路全封闭。3 月 6 日合肥以北 34 个县(市)出现强浓雾,多条高速公路临时封闭,合肥机场进出港航班出现延误。10 月 3 日和 4 日早晨,全省出现分散性团雾,其中 3 日 05—08 时能见度低于 500 米的站有 67 个,低于 200 米的站有 13 个,低于 50 米的站有 5 个,霍邱冯井高速站仅有 19 米(10 月 3 日 05 时)。宁洛高速公路下行线蚌埠段相继发生 4 起交通事故,10 人死亡,7 人受伤,17 辆车不同程度受损。

4.13 福建省主要气象灾害概述

4.13.1 主要气候特点及重大气候事件

2019年，福建省年平均气温为20.4℃，比常年偏高0.9℃，并列1961年以来历史最高（图4.13.1）；四季气温皆偏高，以冬、秋季为甚。平均年降水量1657.8毫米，与常年基本持平（图4.13.2）；总体呈上半年偏多、下半年偏少的阶段分布特征；秋季降水量为近20年最少。

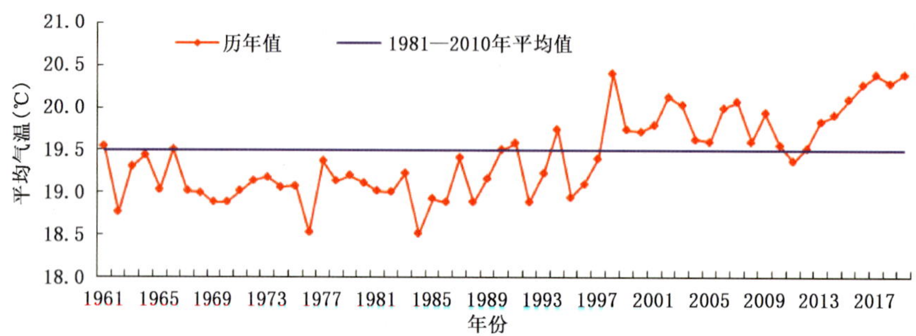

图4.13.1 1961—2019年福建省年平均气温变化

Fig. 4.13.1 Annual mean temperature in Fujian during 1961—2019(unit:℃)

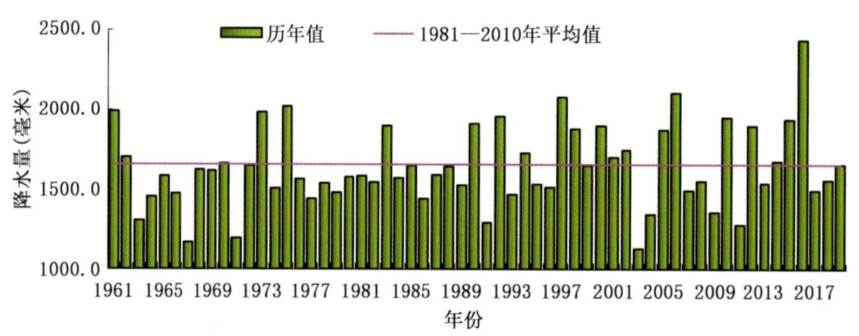

图4.13.2 1961—2019年福建省平均年降水量变化

Fig. 4.13.2 Annual precipitation in Fujian during 1961—2019(unit:mm)

2019年，福建省少冷寒、多暖热，极端天气气候事件多见；雨季雨涝和夏秋冬气象干旱皆重，台风灾害轻；气象灾害损失略少于近10年平均值，气候年景中等偏差。

4.13.2 主要气象灾害及影响

1. 暴雨洪涝

2019年，福建省共出现20场暴雨过程，以7月2—10日过程为最强。7月2—10日过程中，福建北部和西部出现暴雨到特大暴雨，统计7月2日08时至7月11日08时累计雨量，全省共有25个县（市、区）143个乡镇超过250毫米，8个县（市、区）36个乡镇超过400毫米；城区以武夷山549.3毫米为最大，乡镇以武夷山星村镇768.6毫米为最大。此次过程的出现时段、持续天数和降水强度均为历史同期罕见；松溪、邵武、建阳、建宁和浦城日降水量破7月历史同期纪录，浦城破历史极值。由于强降水集中，叠加效应明显，导致多地出现城市内涝、山洪、地质灾害（图4.13.3）。据福建省防汛抗旱指挥部办公室统计，截至7月15日，三明市、龙岩市、南平市、漳州市、泉州市和宁德市共

53.5万人受灾，紧急转移安置7.0万人；农作物受灾面积4.47万公顷；倒塌房屋1246间；直接经济损失58亿元。

图4.13.3 2019年7月5日浦城枫溪乡泥石流(a)和7月7日顺昌仁寿镇洪水(b)
(南平市气象局提供)
Fig.4.13.3 Debris flow in Fengxi town of Pucheng on July 5, 2019 (a) and flood in Renshou town of Shunchang on July 7, 2019 (b) (By Nanping Meteorological Service)

2. 台风

2019年，共有7个台风登陆或影响福建，接近常年。其中，1个登陆台风，为第11号台风“白鹿”(强热带风暴级)，登陆个数偏少；6个影响台风分别为1905号台风“丹娜丝”(热带风暴级)、1907号台风“韦帕”(热带风暴级)、1909号台风“利奇马”(超强台风级)、1913号台风“玲玲”(超强台风级)、1917号台风“塔巴”和1918号台风“米娜”。

2019年，台风对福建的影响轻。强热带风暴“白鹿”登陆东山沿海致闽南风雨；6个影响台风对福建造成的风雨影响以大风为主，程度较轻，灾害也较轻。

3. 局地强对流

2019年，福建省共经历5次强对流天气过程，分别出现在2月20日、3月21日、4月10日、4月22日和4月24—26日。其中，4月24—26日过程范围大、强度强、致灾重。此次过程中，福建省出现大范围雷雨大风、冰雹等强对流天气。据福建省应急管理部门灾情统计，三明和南平地区因冰雹灾害紧急转移安置1186人，农作物受灾7000公顷，倒塌房屋15间，直接经济损失达2.0亿元。

4. 低温冷冻害

2019年，福建省主要有4次强冷空气过程，分别出现在1月22—24日、3月22—24日、12月3—5日和12月27—29日，其中12月3—5日过程达寒潮标准。12月3—5日过程中，26个县(市)达强冷空气标准，8个县(市)达寒潮标准；4—6日，光泽、建宁、连城、仙游出现初霜和结冰，德化九仙山、石牛山出现积雪和雨、雾凇，柘荣、周宁、寿宁等地迎来降雪。

5. 高温热浪

2019年，福建省共出现10次高温过程，其中8月8—15日过程强度最强。此次过程影响范围广、持续时间长，厦门、同安、崇武和晋江4县(市)日最高气温刷新或持平当地历史纪录。

6. 气象干旱

2019年，福建省出现夏秋冬连旱。7月中旬起全省持续温高雨少，大部分地区出现较严重的夏秋冬气象干旱，逾半数县(市)连旱日数超过46天，惠安、南平和松溪3县(市)连旱日数超过100天。受

10月26—28日、12月4—6日和12月18—21日降水影响，各地气象干旱先后明显缓解。

4.14 江西省主要气象灾害概述

4.14.1 主要气候特点及重大气候事件

2019年，江西省平均气温为18.9℃，较常年偏高0.9℃（图4.14.1），和2013年、2016年、2017年并列历史第2高位（仅次于2007年的19.0℃），有8个县（市、区）创历史新高。平均年降水量1726.5毫米，较常年偏多3.1%（图4.14.2）。年内，气温偏高但起伏大，大部分月份气温偏高，秋季平均气温为同期第2高位；高温日数为第5高位；降水时空分布极不均匀，冬季至春初全省降水量显著偏多，出现持续性阴雨寡照天气，雨季开始早结束晚、雨季期长，降水量前汛期少后汛期多、北部少中南部多；雨季结束至年底，全省降水异常偏少，创历史新低；旱涝灾害重：2019年6月至7月上半月先后遭4轮强降雨袭击，全省平均洪涝指数达390.5，位居历史第6高位，7月下半月至12月底全省降水持续偏少，气温高、湿度小，据综合气象干旱指数（MCI）监测，全省重度以上气象干旱站次为1961年以来最多，多地旱情严重；春、夏季雷电活动偏强偏多，春、夏季降水对流性特征明显，雷暴天气明显偏多偏强，3—7月全省雷电总次数比近10年同期偏多24.3%。

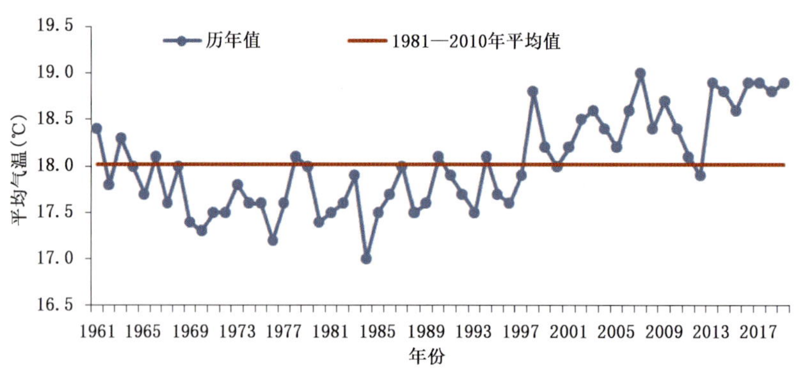

图4.14.1 1961—2019年江西省年平均气温变化

Fig. 4.14.1 Annual mean temperature in Jiangxi during 1961—2019(unit:℃)

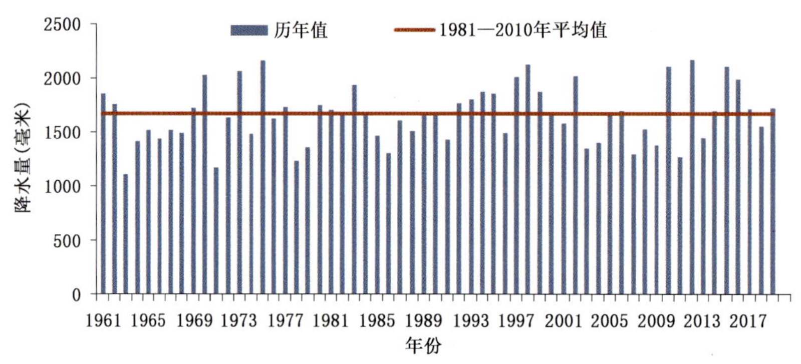

图4.14.2 1961—2019年江西省平均年降水量变化

Fig. 4.14.2 Annual precipitation in Jiangxi during 1961—2019(unit:mm)

年内全省主要气象灾害有暴雨洪涝、干旱、风雹、连阴雨等，其中洪涝灾害经济损失最大，占全年气象灾害损失的80%，其次是干旱，占总灾损的16%。据江西省民政厅统计，全年因气象灾害或由气象灾害引发的次生灾害导致全省1545.9万人次受灾，因灾死亡55人（其中雷击死亡13人），失踪1人，紧急转移安置82.8万人次；农作物受灾面积120.1万公顷；直接经济损失333.6亿元。2019年江西省气候灾害年景评估结果为差。

4.14.2 主要气象灾害及影响

1. 暴雨洪涝

2019年，全年洪涝灾害（含山体崩塌、滑坡、泥石流）共造成江西省958.6万人受灾，死亡39人，失踪1人，紧急转移安置82.2万人；农作物受灾面积67.1万公顷，绝收面积12.3万公顷；倒塌房屋1.6万间；因灾直接经济损失268.2亿元。

年内致灾的暴雨过程主要集中在后汛期，6月至7月上半月全省先后遭遇4轮暴雨过程的袭击，分别是6月6—13日、6月21—23日、7月3—10日和7月12—14日，连续暴雨过程较常年同期明显偏多，且暴雨过程间歇短、持续时间长、影响范围广、强度大，部分地区重复遭受暴雨袭击，洪涝灾害重。6月6—13日江西省出现2019年首个降水集中期，强降水持续时间长、影响范围广、降雨强度强、累计雨量大。上饶市玉山县、吉安市永新县和吉安县日雨量突破月极值，吉安市暴雨强度指数排历史同期第4高位，出现了历史罕见的洪涝灾害（图4.14.3）。

图4.14.3 2019年6月7日永新县内涝（永丰县气象局提供）
Fig. 4.14.3 Waterlogging in Yongxin On June 7, 2019
(By Yongxin Meteorological Office)

2. 干旱

2019年，雨季结束后，江西省气温持续偏高，降水少、蒸发量大，天气气候异常显著。江西省多项气象指标均创历史之最，气象干旱为有气象观测记录以来范围最广、强度最强（图4.14.4）。据统计，全年因旱导致全省近523.3万人受灾，因旱需生活救助146.5万人，其中因旱饮水困难需救助92万人；农作物受灾面积49.3万公顷，绝收面积9.2万公顷；直接经济损失52.9亿元。

3. 局地强对流

2019年，春、夏季江西省降水对流性特征明显，雷暴天气明显偏多偏强，3—7月全省雷电总次数达519777次，比近10年同期偏多24.3%。全省共出现大风213站次，较常年偏少127站次。全年共发生多起雷灾事故，导致部分人员伤亡。

图 4.14.4 2019 年 10 月 20 日鄱阳湖干旱(江西省气候中心拍摄)
Fig. 4.14.4 Drought in Poyang lake On October 20, 2019(By Jiangxi Climate Center)

3 月 19 日晚至 21 日,受强西南气流和较强冷空气影响,江西出现了大风、冰雹、强雷电、暴雨等多灾种叠加的灾害性天气过程,鹰潭、南昌、上饶、萍乡等市受灾严重。

4. 高温酷暑

2019 年,江西省平均高温日数 47 天,较常年平均多 18 天,排历史第 5 高位,铜鼓、上犹、遂川、宁都、宜春、南城、安义等地高温日数创历史新高。7 月中旬后期至 8 月底全省出现持续晴热高温天气,短暂停歇之后,9 月 5 日开始高温再次来袭,并一直持续到 9 月 15 日大范围的高温过程才得以结束,7 月 16 日至 9 月 15 日全省日最高气温平均 35.0℃,高温持续时间达 2 个月。

5. 连阴雨

2019 年 1 月至 3 月上旬,江西省出现历史罕见的阴雨寡照天气。1 月 1 日至 3 月 10 日全省平均雨日 43.7 天,较常年同期平均偏多 10.5 天,位居历史同期第 2 高位,仅次于 2012 年(44.8 天),23 个县(市、区)雨日创同期新高;全省平均阴雨日数 55.1 天,较常年同期平均偏多 12.1 天,位居历史同期第 2 高位;全省平均连续阴雨日数 24.7 天,较常年同期偏多 11.3 天,排历史同期第 1 高位,31 个县(市、区)创同期历史新高。全省阴雨总日数、无日照日数以及连续无日照日数均排 1961 年以来历史同期第 2 高位。

6. 寒潮或冷空气

2019 年,江西省共出现了 36 次冷空气过程,其中 1 次寒潮,4 次强冷空气。寒潮过程出现在 11 月 18—20 日,4 次强冷空气过程分别出现在 1 月 31 日至 2 月 2 日、3 月 21—24 日、4 月 9—11 日、11 月 25—26 日。

7. 台风

2019 年影响江西省的台风共 3 个,分别是“丹娜丝”“利奇马”和“白鹿”,影响台风较常年偏少。其中,第 11 号台风“白鹿”给江西省南部带来了较明显的风雨影响,受台风影响,赣中、赣南前期高温天气得到明显缓和,全省高温站数由 88 站降为 34 站;赣南和吉安部分地区的干旱得到阶段性缓解。

8. 大雾

江西省全年共出现区域性大雾日数73天(≥10站),较常年偏多17天,全省出现大雾2116站次,较常年偏多129.5站次。2月、8月、9月、10月、11月、12月较常年偏少,其他月份较常年偏多。春季大雾天气多发,大雾累计出现1064站次,较历史同期多545站次,创历史同期新高;全省有19站达到1961年以来同期最大值。大雾过程主要出现在3—4月,季内有8日大雾站数超过30个,以3月30日出现的72个县(市)范围最大。

4.15 山东省主要气象灾害概述

4.15.1 主要气候特点及重大气候事件

2019年,山东省年平均气温为14.6℃,较常年偏高1.2℃(图4.15.1),为1951年以来历史最高值;年平均降水量565.5毫米,较常年偏少12.3%(图4.15.2)。四季气温均偏高,降水除夏季持平其他季节均偏少;3月、11月气温分别偏高3.0℃和2.0℃,4月、8月、12月降水偏多,其他各月偏少或持平。春末至仲夏高温少雨,雨季推迟至7月23日,台风“利奇马”造成多地降水破极值,盛夏山东中西部由旱转涝;山东半岛降水异常偏少,出现持续干旱。2019年主要气象灾害有台风、干旱、风雹、洪涝、低温冷冻害等,共造成山东省受灾人口1126.6万,因灾死亡20人,失踪1人;农作物受灾面积134.1万公顷,绝收面积19.9万公顷;直接经济损失425.3亿元。总体来看,山东省气象灾情偏重,主要是台风灾害损失较重。

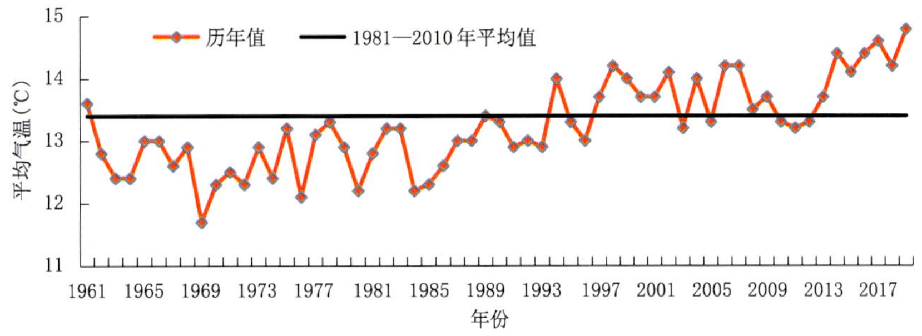

图4.15.1 1961—2019年山东省年平均气温变化
Fig. 4.15.1 Annual mean temperature in Shandong during 1961—2019(unit:℃)

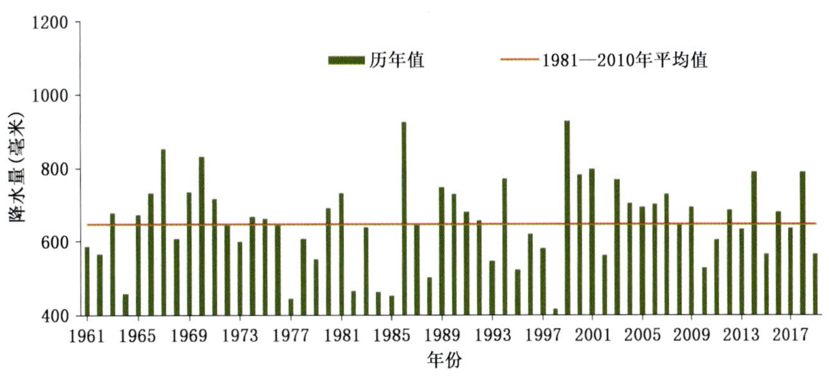

图4.15.2 1961—2019年山东省平均年降水量变化
Fig. 4.15.2 Annual precipitation in Shandong during 1961—2019(unit:mm)

4.15.2 主要气象灾害及影响

1. 台风

2019 年，山东受到"利奇马"和"玲玲"2 个台风影响，其中"利奇马"台风影响严重。8 月 10—13 日，鲁南、鲁中和鲁西北东部等地出现极端强降水，全省平均降雨量 160.1 毫米，继 2018 年"温比亚"台风之后，再次创 1951 年有气象观测记录以来全省平均过程降雨量之最。单站最大过程降水量 676.6 毫米，出现在淄博西河镇梨峪口，临朐、昌乐等 21 县(市)日降水量突破历史极值。鲁中、鲁南及鲁西北东部等地洪涝灾害严重(图 4.15.3)，造成受灾人口 502.6 万，因灾死亡 12 人，紧急转移安置 41.3 万人；农作物受灾面积 64.3 万公顷，绝收面积 5 万公顷；倒塌房屋 7000 间；直接经济损失 90.1 亿元。

图 4.15.3　2019 年 8 月 12 日受"利奇马"台风影响淄博博山孝妇河决堤(博山气象局提供)
Fig. 4.15.3　Boshan County attacked by typhoon Lekima on August 12, 2019
(By Boshan Meteorological Service)

2. 干旱

2019 年 5—7 月、8 月中旬至 10 月，山东降水持续偏少，出现 2 次阶段性干旱，部分地区出现农田干旱、群众饮水困难、河流断流、水库塘坝干涸等情况。全省因旱受灾人口 253.9 万，因旱饮水困难需救助人口 5.3 万；农作物受灾面积 28.3 万公顷，成灾面积 17.0 万公顷，绝收面积 2.0 万公顷；直接经济损失 15.7 亿元。

5 月 1 日至 7 月 31 日，全省平均降水量较常年同期偏少 45.0%，山东半岛东部偏少 6～8 成，高温少雨持续时间长，农田旱情发展迅速，主要分布在鲁西北、鲁中和山东半岛地区；7 月下旬旱情解除或缓解，干旱主要分布在烟台、青岛、威海和菏泽等地。8 月 15 日至 10 月 31 日，全省平均降水量较常年同期偏少 71.2%，再次出现不同程度的农田干旱。截至 10 月 1 日，全省农田干旱总面积约 20.5 万公顷，主要分布在青岛、菏泽、潍坊、烟台和威海等地；10 月下旬，干旱总面积减少至 6.9 万公顷，主要分布在青岛、烟台和威海等地。

3. 局地强对流

2019 年，山东省风雹过程主要集中在 4—8 月，风雹灾害造成全省受灾人口 121.9 万，紧急转移安置 147 人；农作物受灾面积 11.2 万公顷，成灾面积 6.6 万公顷，绝收面积 1.9 万公顷；倒塌房屋

43间，严重损坏房屋114间；直接经济损失11.5亿元。

6月8日，临沂、潍坊等市出现大风冰雹(图4.15.4)，冰雹持续时间20分钟左右，最大冰雹直径6厘米，最大风力8级，高密柏城极大风速达23.8米/秒。

图4.15.4 2019年6月8日，临沂沂南冰雹(沂南县气象局提供)
Fig. 4.15.4 The attacked watermelon in Yinan on June 8, 2019
(By Yinan Meteorological Office)

4. 暴雨洪涝

2019年，山东省洪涝灾害造成受灾人口247.9万；农作物受灾面积30.3万公顷，绝收面积11万公顷；倒塌房屋2万间；直接经济损失308亿元。

8月5—8日，鲁中和鲁南的部分地区出现暴雨、局部大暴雨，强降雨导致部分乡镇被淹、农田内涝，有房屋倒塌或不同程度损坏，花生、玉米、桃树、辣椒等作物受淹减产甚至绝收，部分河道受损出现洪水漫路，机井、桥涵等设施不同程度损坏，全省受灾人口4.5万，因灾死亡2人、失踪1人。

5. 低温冷冻害

2019年3月下旬泰安新泰发生低温冷冻害2次，新泰市东都镇樱桃、杏树、禹村镇葡萄等果树嫩芽受冻导致不同程度减产或绝收，岳家庄乡大面积马铃薯受冻减产。低温冷冻害造成2684人受灾，农作物受灾面积307公顷，直接经济损失224万元。

4.16 河南省主要气象灾害概述

4.16.1 主要气候特点及重大气候事件

2019年，河南省气温明显偏高，降水量明显偏少，日照时数偏少。河南省年平均气温为15.7℃，较常年偏高1.1℃，为1961年以来最高(图4.16.1)；冬季气温正常，春、夏、秋季明显偏高，春、秋季气温分别为1961年以来同期第四高和第三高。河南省年降水量512.6毫米，较常年偏少30%，为1961年以来第三少(图4.16.2)；冬季降水正常，春季明显偏多，夏、秋季偏少。1—2月出现5次大范围雨雪天气；3月下旬出现寒潮、倒春寒、晚霜冻过程，4月上旬和11月中下旬出现寒潮过程；春、夏、秋季出现不同程度气象干旱，多地伏旱严重；夏季出现多次暴雨过程，洪涝灾害受灾范围广；部分地区出现强对流天气；夏季高温日数多，影响范围广；秋季出现 2 次连阴雨过程，缓解了气象干旱，为秋种打下良好播种基础；冬季雾、霾天气多发。2019 年，河南省因气象灾害造成农作物受灾面积 97.0 万公顷，绝收面积 9.7 万公顷；1221.9 万人次受灾，因灾死亡 4 人；直接经济损失 41.9 亿元。总体来看，2019 年河南省气象灾害较常年偏轻，对农业生产较为有利。

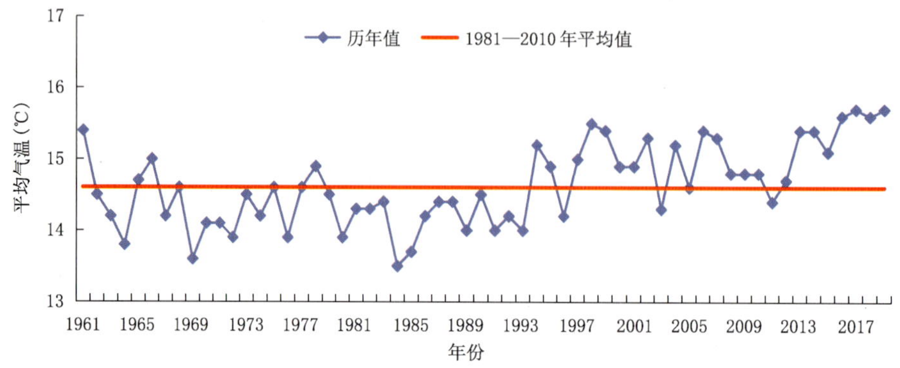

图 4.16.1 1961—2019 年河南省年平均气温变化

Fig. 4.16.1 Annual mean temperature in Henan during 1961—2019(unit: ℃)

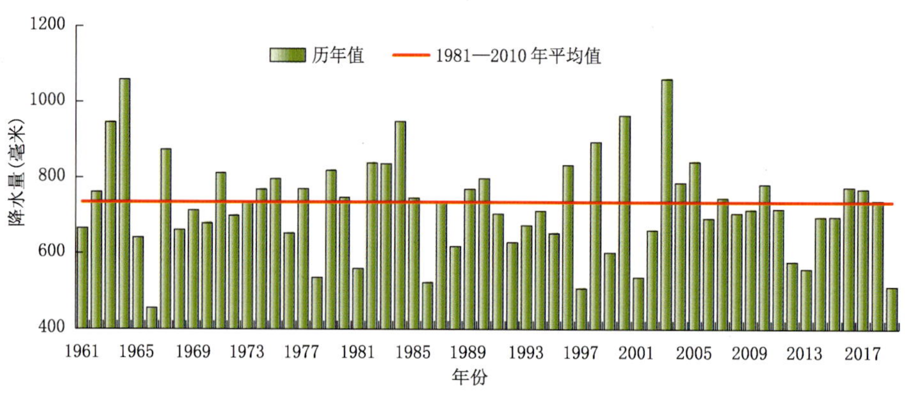

图 4.16.2 1961—2019 年河南省平均年降水量变化

Fig. 4.16.2 Annual precipitation in Henan during 1961—2019(unit: mm)

4.16.2 主要气象灾害及影响

1. 干旱

2019 年，春、夏、秋季出现了不同程度的阶段性气象干旱，干旱时段主要出现在 3 月中旬至 4 月上旬、5 月上旬至 6 月上旬、7 月上旬至 10 月中旬，其中以 7—10 月的干旱影响最重。2019 年，河南省农作物因旱受灾面积 80.7 万公顷，成灾面积 52.6 万公顷，绝收面积 9.0 万公顷；农业直接经济损失 34.9 亿元。与常年相比，干旱灾害为偏轻年份。

9 月，河南省降水仍然偏少，造成大部分地区农作物干旱严重，部分山区无法灌溉，农作物出现绝收现象。大别山区、桐柏山区、太行山区及豫西南浅山丘陵地带旱情较重，持续干旱对农作物、经济作物、果树、山茱萸、天麻等种植影响严重。部分山区无法灌溉，靠降雨保墒，部分地区农作物出现绝收现象。此次旱灾造成 16 市的 88 个县（市、区）842 个乡镇不同程度受灾，受灾人口 904.7 万，因旱需生活救助 138.8 万人，因旱饮水困难需救助 8.3 万人；农作物受灾面积 74.4 万公顷，成灾面积 48.4 万公顷，绝收面积 8.3 万公顷；农业经济损失 32.1 亿元。

2. 暴雨洪涝

2019 年夏季，河南省部分地区多次出现大到暴雨，局部特大暴雨。全年全省因暴雨洪涝造成 111.1 万人受灾；农作物受灾面积 8.7 万公顷（占气象灾害造成的农作物总受灾面积的 9.0%），成灾面积 1.2 万公顷，绝收面积 0.3 万公顷；倒塌房屋 132 户 221 间，严重损坏 105 户 301 间；直接经济损失 3.4 亿元（占气象灾害总经济损失的 8.2%），其中农业直接经济损失 2.4 亿元。与常年相比，暴雨洪涝灾害为偏轻年份。

8 月 4—6 日，焦作、洛阳、济源、南阳 4 市 5 县（区）40 个乡镇普降大到暴雨，局部大暴雨。沁阳沁北沿山一带出现暴雨，局部大暴雨，致使河水暴涨；孟津、新安局部降水量在 50 毫米以上，并伴有 6 级左右的大风，阵风风速达 12～14 米/秒；济源最大降水达 197.5 毫米，致使塌七河、五指河等河水短时间内暴涨，下游部分路段塌方（图 4.16.3）；淅川 5 个乡镇降水量超过 100 毫米，最大降水量达 164.5 毫米，导致玉米、芝麻等高秆秋作物倒伏，烟叶和辣椒等经济作物受损。灾害造成 8.1 万人受灾，农作物受灾面积 3300 公顷，成灾面积 2000 公顷，绝收面积 0.6 公顷；倒塌房屋 119 户 189 间，严重损坏房屋 58 户 168 间，一般损毁房屋 110 户 303 间；直接经济损失 1.44 亿元，其中农业损失 5111.4 万元。

图 4.16.3　2019 年 8 月 5 日河南济源市暴雨洪涝造成道路塌方（济源市气象局提供）

Fig. 4.16.3　Landslides on the roads caused by rainstorm and floods in Jiyuan of Henan on August 5, 2019 (By Jiyuan Meteorological Service)

3. 局地强对流

年内，河南省风雹灾害主要出现在 5 月中旬到 8 月。全省因大风、冰雹造成农作物受灾面积 7.6 万公顷（占农作物总受灾面积的 8%），成灾面积 2.9 万公顷，绝收面积 4300 公顷；倒塌房屋 57 间，严重损坏 340 间；因灾死亡 4 人；直接经济损失 3.6 亿元，其中农业经济损失 3.0 亿元。与常年相比，2019 年风雹灾害属偏轻年份。

8 月 1—2 日，河南省多地发生雷雨、大风等短时强对流天气，南召县局部地区风力达到 6～7 级，洛宁县局部地区最大风速 15.2 米/秒，泌阳县局部瞬时最大风速达到 21.5 米/秒（图 4.16.4），叶县龙泉乡极大风速达 13.6 米/秒。强对流天气造成玉米大面积倒伏，蔬菜不同程度受损，部分大棚倒塌。

图 4.16.4 2019 年 8 月 2 日河南省泌阳县强对流造成房屋损伤(a)、玉米倒伏(b)(泌阳县气象局提供)
Fig. 4.16.4 The building damage (a) and corn lodging (b) caused by severe convective weather in Biyang of Henan on August 2, 2019(By Biyang Meteorological Office)

4. 低温冷冻害和雪灾

1—2 月，河南省共出现 5 次大范围雨、雪天气，对交通运输有一定不利影响；3 月下旬和 4 月上旬，全省出现 2 次大范围寒潮天气，3 月下旬局部地区出现倒春寒、晚霜冻天气，农作物遭受低温冻害；11 月出现 3 次持续低温过程。

1 月 30—31 日，河南省大部分地区出现明显雨雪天气，商丘市柘城县发生雪灾，致使部分乡镇农业大棚坍塌。

4.17 湖北省主要气象灾害概述

4.17.1 主要气候特点及重大气候事件

2019 年，湖北省气温明显偏高，年平均气温为 17.1℃，较常年偏高 0.7℃，为历史同期第五位，鄂东北大部分地区居前 5 位(图 4.17.1)。年降水显著偏少，平均年降水量 906.1 毫米，比常年偏少 25.1%(图 4.17.2)，恩施、宜昌、襄阳、随州、孝感及荆州南部等地居倒数前 5 位。冬季 2 段重度连阴雨过程，历史罕见；春季 2 次强冷空气带来极端降温、区域性大风和局地冰雹；夏、秋两季出现近 60 年最严重伏秋高温连旱；鄂西局地强对流多发重发。此外，冬季雾、霾频发，秋末还出现 2 次寒潮天气。

2019 年，湖北各类气象灾害及其衍生灾害(不含火灾)造成 1281.6 万人受灾，死亡 44 人，失踪 2 人，紧急转移安置 1.9 万人次；农作物受灾 143.0 万公顷，绝收 20.2 万公顷；倒塌房屋 2000 间，损坏房屋 3.8 万间；直接经济损失 100.7 亿元。总体评价，气象灾害属中等偏轻年份。

4.17.2 主要气象灾害及影响

1. 高温干旱

2019 年，出梅(7 月 9 日)以后至 10 月 9 日，湖北出现近 60 年来最严重伏秋高温连旱。高温干旱造成 17 个地(市)74 个县(市)999 万人受灾，需生活救助 252.38 万人，饮水困难 98.1 万人；农作物受灾面积 115.3 万公顷，绝收面积 17.4 万公顷；直接经济损失 66.2 亿元。湖北省共出现 4 段高温，中东部累计高温日数 35～51 天，高温日数和平均气温为近 70 年来历史同期之最。雨日和累计雨量严重偏少，有 31 县(市)雨日居倒数第 1 位(主要分布在宜昌至孝感以东)；累计雨量平均 140.3

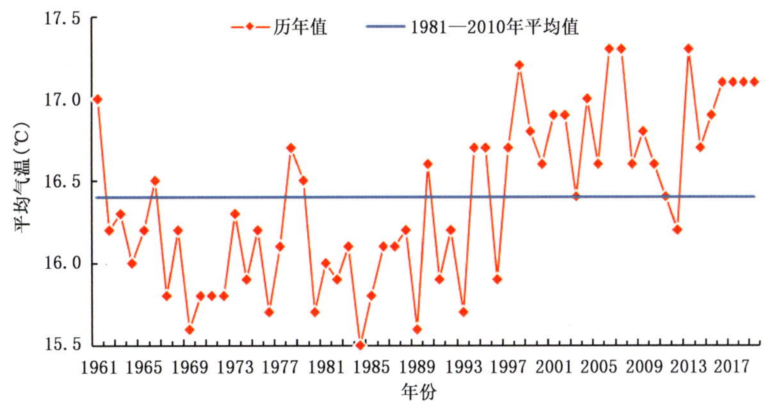

图 4.17.1　1961—2019 年湖北省年平均气温变化

Fig. 4.17.1　Annual mean temperature in Hubei during 1961—2019(unit:℃)

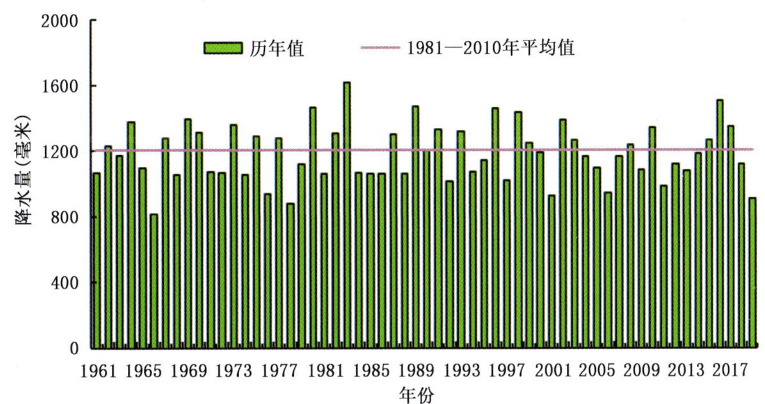

图 4.17.2　1961—2019 年湖北省平均年降水量变化

Fig. 4.17.2　Annual precipitation in Hubei during 1961—2019(unit:mm)

毫米,较历史同期偏少 56%,有 22 县(市)偏少 80%~96%(主要分布在松滋—天门—云梦以东),28 县(市)偏少 50%~80%,荆州南部、黄冈、鄂州、黄石、咸宁北部仅 11~61 毫米。累计雨量有 23 县(市)居倒数第 1 位(主要分布在荆州至武汉以东),26 县(市)居倒数 2~5 位。降雨少、持续高温、蒸发量大,湖北出现罕见干旱灾害(图 4.17.3)。

2. 暴雨洪涝及地质灾害

2019 年,湖北出现 9 场区域性暴雨过程。暴雨洪涝灾害造成全省 17 个地(市)64 个县(市)215.8 万人受灾,死亡(失踪)42 人,紧急转移安置 1.7 万人;农作物受灾面积 21.9 万公顷,绝收面积 2.3 万公顷;倒塌房屋 1000 间,损坏房屋 1 万间;直接经济损失 27.0 亿元。5 月 25—26 日中东部大暴雨过程,出现 9 站次大暴雨、41 站次暴雨,暴雨洪涝造成农业、水利、交通设施、房屋等受损。6 月 20—22 日区域性大暴雨过程,鄂西南至鄂东北东部一线出现 1 站次特大暴雨、5 站次大暴雨、23 站次暴雨,汉川日降水(259.8 毫米)为其历史次极值,武汉小时雨量达 82.1 毫米。8 月 4 日 15—16 时,鹤峰县燕子镇躲避峡上游出现短时强降水,因河道狭窄、落差大,引发躲避峡景区山洪,致 13 人遇难。8 月 6 日凌晨,十堰市郧阳区柳陂镇青龙山村特大暴雨引发山洪,13 人遇难,柳陂镇 24 小时降水量 199.1 毫米,强降雨时段出现在 02—06 时,小时雨量达 93.3 毫米(图 4.17.4)。暴雨洪涝致电力、水利与交通基础设施受损,农业严重受灾,房屋被淹或积水,局地引发地质灾害。2019 年发生地质灾害 84 起，死亡 1 人，伤 3 人，直接经济损失 1393 万元。

图 4.17.3　2019 年夏秋襄阳因旱造成玉米抽雄吐丝及生长停滞、叶片大面积枯黄（襄阳市气象局李豫强提供）
Fig. 4.17.3　In summer and autumn of 2019, drought caused maize tasseling, silking, growth stagnation and large area yellowing of leaves in Xiangyang (By Li Yuqiang of Xiangyang Meteorological Service)

图 4.17.4　2019 年湖北多地发生暴雨灾害
(a)2019 年 5 月 25 日强降雨造成荆州农田淹没(荆州气象局张伦瑾提供)
(b)2019 年 8 月 6 日凌晨郧阳强降雨造成十漫高速梁家沟隧道塌方中断(十堰市气象局提供)
Fig. 4.17.4　Rainstorm disasters in Hubei in 2019
(a)On May 25, 2019, heavy rainfall caused farmland inundation in Jingzhou (By Zhang Lunjin of Jingzhou Meteorological Service);
(b)In the early morning of August 6, 2019, heavy rainfall in Yunyang caused the collapse of Liangjiagou tunnel (By Shiyan Meteorological Service)

3. 局地强对流

2019 年，湖北省共发生局地强对流天气过程 7 次。局地强对流天气造成 15 个市(州)51 个县(市)53.2 万人受灾，死亡 3 人、失踪 1 人，紧急转移安置 2676 人；农作物受灾面积 4.6 万公顷，绝收面积 5200 公顷；倒塌房屋 1000 间，损坏房屋 2.8 万间；直接经济损失 6.7 亿元。8 月 11 日，湖北省西部出现雷暴大风天气，20 县(市)局地出现 8～11 级短时大风，西部 5 个市(州)18 个县(市)14.2 万人受灾，直接经济损失 1.82 亿元。

4. 低温冷冻害

2019 年冬季，湖北省出现 4 段低温阴雨天气。低温冷冻害造成宜昌市 5 个县(市)13.6 万人受灾；农作物受灾面积 1.2 万公顷，绝收面积 500 公顷；直接经济损失 8000 万元。2 月 8—13 日，宜昌多地出现持续性低温阴雨和冰冻天气，造成山区茶叶、蔬菜、柑橘、油菜等作物受灾，还造成部分小麦、油菜等作物生育进程推迟，病虫害加重。

5. 森林火灾

2019 年，湖北省发生森林火灾 144 起，过火面积 1198.6 公顷，受灾森林 330.8 公顷，因灾死亡 3 人(救火员)。

4.18 湖南省主要气象灾害概述

4.18.1 主要气候特点及重大气候事件

2019 年，湖南省年平均气温为 18.0℃，较常年偏高 0.6℃(图 4.18.1)；年降水量 1463.7 毫米，较常年偏多 4.3%(图 4.18.2)。四季气温均偏高，冬季偏高 1.9℃，位居 1961 年以来第 3 高位(1999 年 8.9℃，2017 年 8.8℃)；降水量秋季偏少，其余季节均偏多。年内，冬、春季出现长时间阴雨天气；5 月湘西出现强“5 月低温”事件；夏季暴雨频发，湘江流域出现大洪水；夏、秋季严重干旱。2019 年各类气象灾害共造成湖南省 14 个市(州)1173.9 万人受灾，死亡失踪 31 人，紧急转移安置 65 万人，需紧急生活救助 24.1 万人；农作物受灾面积 99.8 万公顷；倒塌房屋 7750 间，严重损坏房屋 19318 间；直接经济损失 243.1 亿元。2019 年气候年景等级为较差，干旱年景评定为大范围一般干旱年，洪涝年景评定为大范围较严重洪涝年。

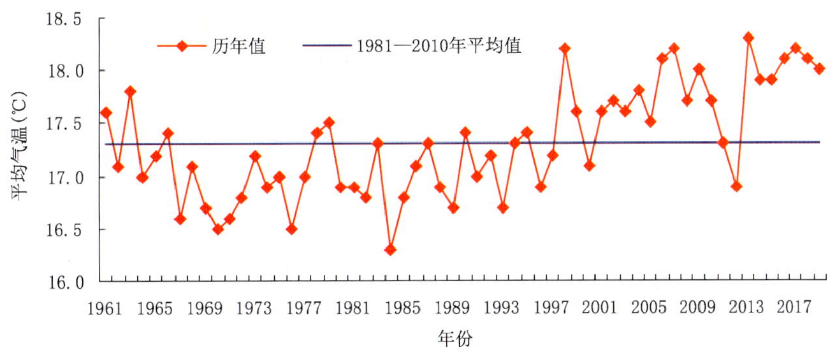

图 4.18.1 1961—2019 年湖南省年平均气温变化

Fig. 4.18.1 Annual mean temperature in Hunan during 1961—2019(unit:℃)

4.18.2 主要气象灾害及影响

1. 低温冷冻害和雪灾

2019 年初，湖南省遭遇大范围低温雨雪冰冻天气，全省共 85 县(市)出现降雪，21 县(市)出现暴雪。全年低温冰冻共造成湖南省多地不同程度受灾，受灾人口 23.4 万；农作物受灾面积 2.33 万公顷，绝收面积 8612.5 公顷；直接经济损失 2.5 亿元，其中农业损失 2.45 亿元。

2. 干旱

2019 年 7 月下半月开始，长时间温高雨少导致干旱持续发展、面积不断扩大，影响严重(图 4.18.3)。10 月 11 日干旱监测显示，湖南省 97 个县(市、区)全部出现气象干旱，68 个县(市)为重旱及以上等级，42 县(市)达到特旱，重旱、特旱面积为 14.20 万平方千米，其中特旱面积 8.7 万平方千

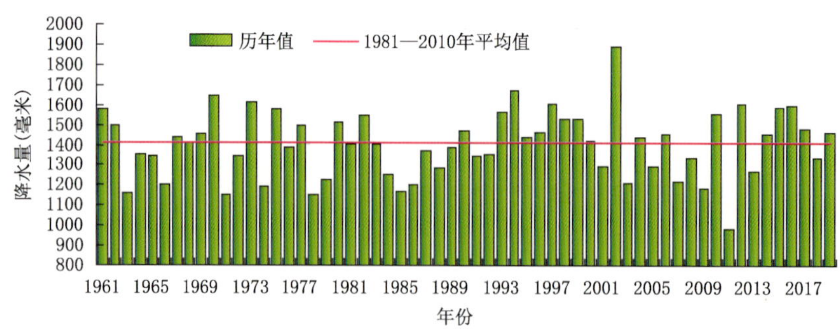

图 4.18.2 1961—2019 年湖南省平均年降水量变化

Fig. 4.18.2 Annual precipitation in Hunan during 1961—2019(unit:mm)

米。干旱共造成全省 344.4 万人受灾，因旱需生活救助人口 78.7 万，其中因旱饮水困难人口 55.1 万；农作物受灾面积 35.7 万公顷，绝收面积 4.8 万公顷；直接经济损失 22.6 亿元。

图 4.18.3 2019 年 9 月 25 日湖南省常德市柳溪水库严重缺水(湖南省气候中心提供)

Fig. 4.18.3 Liuxi reservoir in Changde City of Hunan is suffering from severe water shortage on sept 25, 2019 (By Hunan Climate Center)

3. 暴雨洪涝

2019 年，湖南省夏季暴雨频发，多地出现强对流天气。6 月 1 日至 7 月 15 日出现暴雨及暴雨以上共 247 县(市)次，位居历史同期第 1 高位。多县(市)降水量达到极端事件标准，并出现洪涝(图 4.18.4)。2019 年暴雨洪涝灾害共造成湖南省 14 个市(州)786.6 万余人受灾，因灾死亡(失踪)25 人，紧急转移安置人口 64.9 万，集中安置人口 5.3 万，紧急生活救助人口 24.1 万；农作物受灾面积 60.7 万公顷，成灾面积 36.1 万公顷，绝收面积 12.2 万公顷；直接经济损失 216.1 亿元。

4. 台风

2019 年，湖南省郴州、永州地区受到台风影响，共造成 1.9 万人受灾；农作物受灾面积 484 公顷，绝收面积 100 公顷；直接经济损失 2498.4 万元。

5. 局地强对流

2019 年湖南省风雹灾害共造成 17.6 万人受灾，因灾死亡 6 人，紧急转移安置 614 人；农作物受灾面积 1.1 万公顷，绝收面积 1520 公顷；直接经济损失 1.7 亿元。

图 4.18.4　2019 年 7 月 13 日湖南省桃江县强降水造成严重内涝(湖南益阳市气象局提供)
Fig. 4.18.4　Water logging by strong rainfall in Taojiang of Hunan on July 13, 2019
(By Yiyang Meteorological Service)

4.19　广东省主要气象灾害概述

4.19.1　主要气候特点及重大气候事件

2019 年,广东省年平均气温为 22.8℃,较常年显著偏高 0.9℃,为 1951 年有气象记录以来最高(图 4.19.1);平均年降水量 1918.8 毫米,较常年偏多 7%(图 4.19.2)。年高温日数 29.4 天,仅次于 2014 年,为历史次多。3 月 9 日开汛,较常年偏早近 1 个月;"龙舟水"期间全省平均降水量 383.8 毫米,为 2009 年以来最多;5 月底强降水致多地内涝,"6·10"暴雨致河源、梅州局地洪涝;有 2 个台风登陆或严重影响广东;初台"韦帕"于 8 月 1 日登陆湛江;秋、冬季由于温高雨少,森林火险等级高,气象干旱明显。全省灰霾日数 22 天,创近 35 年新低。雷电灾害首次零死亡。据统计,2019 年全省因气象灾害死亡 51 人,失踪 2 人;直接经济损失 55.7 亿元。2019 年属一般气候年景。

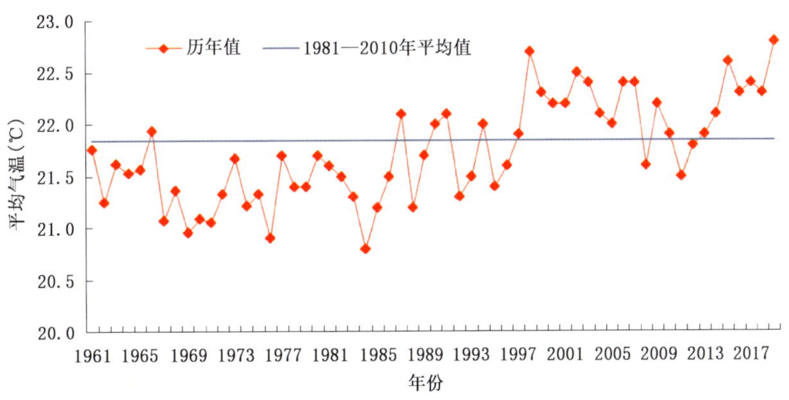

图 4.19.1　1961—2019 年广东省年平均气温变化
Fig. 4.19.1　Annual mean temperature in Guangdong during 1961—2019(unit:℃)

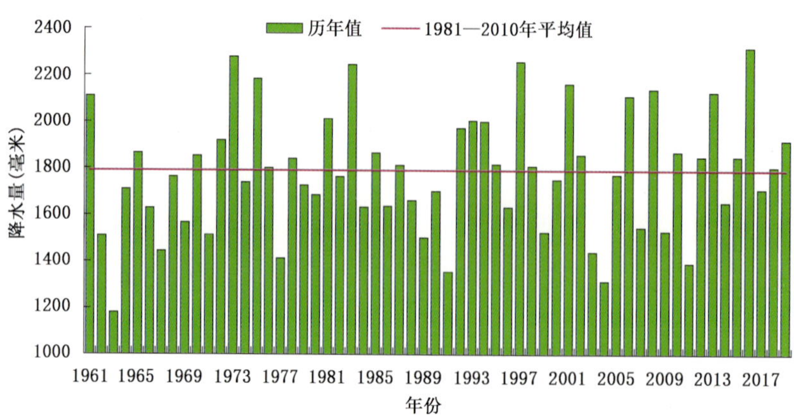

图 4.19.2 1961—2019 年广东省平均年降水量变化

Fig. 4.19.2 Annual precipitation in Guangdong during 1961—2019(unit:mm)

4.19.2 主要气象灾害及影响

1. 热带气旋

2019 年,有 2 个台风("韦帕"和"白鹿")登陆或严重影响广东,较常年(5.3 个)偏少 3.3 个。据统计,2019 年台风共造成全省 19.8 万人受灾,农作物受灾 5.9 万公顷,直接经济损失 2.9 亿元。

2019 年第 7 号台风"韦帕"于 8 月 1 日 17 时 40 分在湛江市坡头区沿海登陆,登陆时中心附近最大风力 9 级(23 米/秒),中心最低气压 985 百帕,是 2019 年登陆广东的初台,较常年初台平均时间(6 月 25 日)偏晚 37 天。受其影响,8 月 1—3 日,广东南部出现了大雨到暴雨,阳江、江门、雷州半岛的部分地区出现特大暴雨。据统计,广东 7 市 17 县(市、区)101 乡镇 13.2 万人受灾,紧急转移安置 1.4 万人;农作物受灾面积 5.7 万公顷;直接经济损失 1.3 亿元。2019 年第 11 号台风"白鹿"于 8 月 25 日在福建登陆后移入粤东,广东出现了大范围暴雨到大暴雨、局地特大暴雨。受其影响,茂名、河源、肇庆、潮州、云浮、清远共 6 市 23 县(市、区)105 个乡镇 6.6 万人受灾,倒塌房屋 169 间,农作物受灾面积 2100 公顷,直接经济损失 1.6 亿元。

2. 暴雨洪涝

2019 年广东省共出现暴雨 696 站日,与常年(642.7 站日)相比偏多 8%。全年暴雨洪涝导致广东 83.4 万人受灾,因灾死亡 48 人;农作物受灾面积 8.4 万公顷;直接经济损失 52.4 亿元。

汛期共出现 22 次大范围强降水过程。5 月 23—31 日,广东多地出现了暴雨以上级别降水,珠海、阳江、江门等 8 市出现了特大暴雨。阳江 24—27 日连续 4 天记录到大暴雨级的降水,累计雨量高达 661.2 毫米,是有气象观测记录以来的首次。6 月 10—13 日,广东出现了大范围持续性强降水过程,大部分县(市)先后出现了暴雨到大暴雨,河源、广州、韶关、惠州等地出现了特大暴雨,受强降水影响,河源、梅州出现严重洪涝灾害。此次暴雨过程造成河源、梅州、韶关、肇庆等 9 市 32 县 302 乡镇 51.3 万人受灾,17 人死亡;农作物受灾面积 6.9 万公顷;倒塌房屋 5096 间;直接经济损失 44.7 亿元。

3. 高温

2019 年,广东省平均高温日数(日最高气温≥35℃)29.4 天,较常年偏多 11.9 天,仅次于 2014 年(31.5 天),为历史次多。始兴、仁化、四会、阳山等 8 个县(市)高温日数为有气象记录以来最多。2019 年全省共出现 11 次大范围的持续高温过程,高温天气主要出现在 8 月之后。8 月 24 日,受台风"白鹿"外围下沉气流影响,全省出现了 2019 年范围最广、极值最高的高温天气,有 82 个县(市)出现高温天气,仁化在 24 日 15 时出现 8 月全省极端最高气温(40.0℃),这也是仁化 2003 年 8 月 3 日出现 40.6℃的高温以后，时隔 16 年再现 40℃以上的高温。

4. 干旱

2019 年降水阶段性变化大，9 月以前降水偏多，9 月后降水持续偏少。特别是 10 月中旬以后，广东省有 37 个县(市)累计雨量不到 5 毫米，从化、龙川等 29 个县(市)降水破有气象记录以来历史最少纪录。11 月广东全省平均降水仅 0.5 毫米，为有气象记录以来 11 月最少。9 月中旬之后广东省持续温高雨少，气象干旱开始露头，到 12 月 28 日发展到最重，其中重度气象干旱县(市)有 23 个，特旱 42 个。

4.20 广西壮族自治区主要气象灾害概述

4.20.1 主要气候特点及重大气候事件

2019 年，广西年平均气温为 21.1℃，比常年偏高 0.4℃(图 4.20.1)，广西平均年降水量 1609.3 毫米，接近常年(图 4.20.2)。2019 年，广西共出现 8 次区域性暴雨和 10 次强对流天气过程，大部分地区遭受洪涝灾害；全年有 3 个台风影响广西，影响个数偏少；共出现 10 次大范围高温天气过程，高温日数偏多；春播期低温阴雨总日数偏少，结束期偏早；大部分地区寒露风开始偏晚，总日数偏少；部分地区出现秋、冬季连旱。暴雨洪涝影响偏重，台风、干旱、低温冷冻害等影响偏轻。

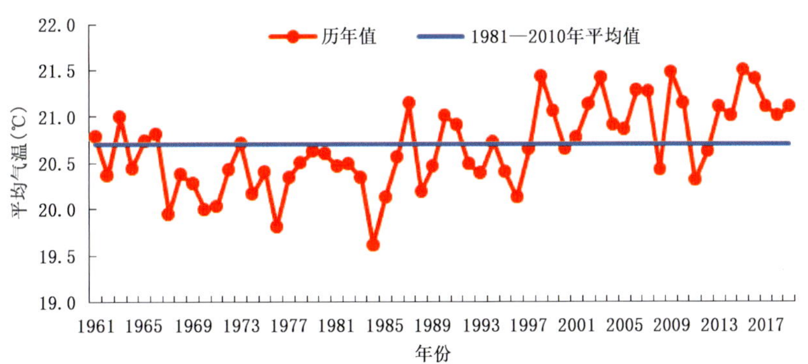

图 4.20.1 1961—2019 年广西年平均气温变化

Fig. 4.20.1 Annual mean temperature in Guangxi during 1961—2019(unit:℃)

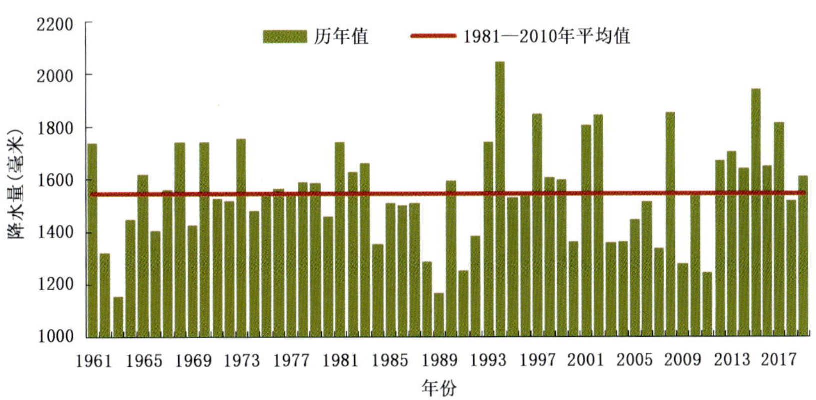

图 4.20.2 1961—2019 年广西平均年降水量变化

Fig. 4.20.2 Annual precipitation in Guangxi during 1961—2019(unit:mm)

全年因气象灾害共造成农作物受灾面积 24.8 万公顷，绝收面积 2.5 万公顷；受灾人口 354.4 万，死亡 86 人，失踪 8 人；直接经济损失 99.3 亿元。与 2018 年相比，农作物受灾面积增多 9.8 万公顷，受灾人口增多 129.8 万，直接经济损失增多 84.8 亿元。

4.20.2 主要气象灾害及影响

1. 暴雨洪涝

2019 年，广西平均暴雨日数 6 天，与常年持平。暴雨出现在 2—11 月，其中 4—9 月的暴雨总日数占全年的 89%，以 6 月 5—13 日的暴雨过程所引发的洪涝及地质灾害造成的经济损失最大、人员伤亡最多。

受高空槽和低涡切变线的共同影响，6 月 5—13 日，广西出现持续时间长、影响范围广、降雨强度强、累计雨量大、灾情最重的暴雨过程。过程持续达 8 天之久，累计雨量超过 300 毫米的乡镇有 79 个，桂林市的 6 个乡镇超过 500 毫米；小时雨量超过 80 毫米的有 21 站次；6 小时雨量大于 200 毫米的有 8 站次，最大为河池市南丹县城关镇鸳鸯桥村，达 293.1 毫米。受暴雨影响，桂林、来宾、柳州、南宁、河池、百色、梧州、贺州、防城港等 9 市 49 个县(区)出现洪涝灾害，局地出现滑坡或泥石流灾害，共造成 75.79 万人受灾，因灾死亡 38 人、失踪 6 人；农作物受灾面积 4.96 万公顷；直接经济损失 44.02 亿元，其中农业损失 17.65 亿元。

全年暴雨洪涝共造成农作物受灾面积 19.1 万公顷，绝收面积 2.2 万公顷；293.1 万人受灾，死亡、失踪 91 人；倒塌房屋 6000 间，损坏房屋 5.3 万间；直接经济损失 94.1 亿元，占广西全年气象灾害总损失的 94.8%。

2. 热带气旋

2019 年 7—8 月，第 4 号台风“木恩”、第 7 号台风“韦帕”和第 11 号台风“白鹿”影响广西，热带气旋所造成的损失偏轻。

全年热带气旋灾害共造成 29.5 万人受灾；倒塌房屋 1000 间；农作物受灾面积 2.7 万公顷；绝收面积 1200 公顷；直接经济损失 3.3 亿元。

3. 干旱

2019 年 9—12 月，广西平均气温比常年偏高 0.5℃，平均降水量比常年同期偏少 3 成；各地降水时、空分布不均，大部分地区偏少 1～8 成。降水量持续偏少致使部分地区出现秋、冬季连旱，南宁、柳州、桂林、梧州、防城港、河池等 6 市 25 县(市、区)共有受灾人口 27.1 万，2.3 万人出现饮水困难；农作物受灾面积 2.6 万公顷，绝收面积 1700 公顷；直接经济损失 1.0 亿元，其中农业损失 0.85 亿元。

4.21 海南省主要气象灾害概述

4.21.1 主要气候特点及重大气候事件

2019 年，海南省年平均气温为 25.7℃，比常年偏高 1.2℃(图 4.21.1)，位居历史第一高位；全省平均年降水量 1629.5 毫米，较常年偏少 9.6%(图 4.21.2)，位居历史第 19 低位；全省平均年日照时数为 1986.6 小时，较常年偏少 67.0 小时，位居历史第 17 位低值。年内遭受了台风、暴雨、高温、龙卷、大雾等气象灾害，全年因气象灾害造成 12.9 万人次受灾，8 人死亡；农作物受灾面积 3600 公顷，绝收面积 500 公顷；直接经济损失 1.7 亿元。总体而言，2019 年气象灾害偏轻，气候对各行业影响利大于弊，气候年景属较好。

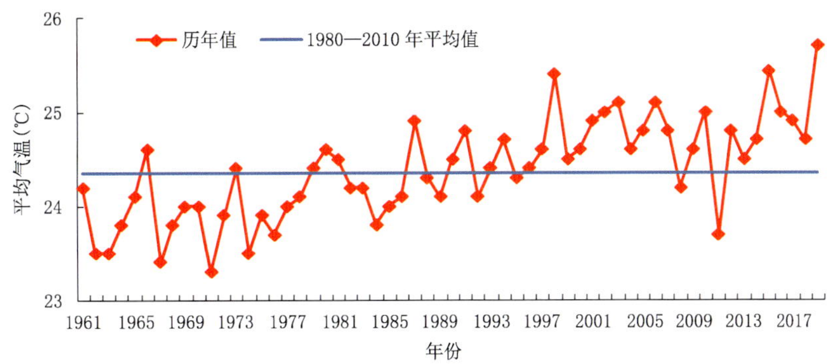

图 4.21.1 1961—2019 年海南省年平均气温变化

Fig. 4.21.1 Annual mean temperature in Hainan during 1961—2019(unit:℃)

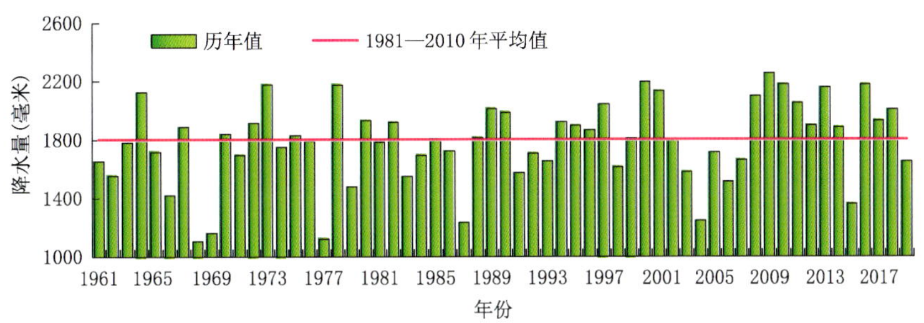

图 4.21.2 1961—2019 年海南省平均年降水量变化

Fig. 4.21.2 Annual precipitation in Hainan during 1961—2019(unit:mm)

4.21.2 主要气象灾害及影响

1. 高温

2019 年,海南省年平均高温日数 42 天,高温日数比常年偏多 22 天,为历史第二多。年内海南省出现了多次大范围高温天气过程,以 4 月中旬至下旬和 5 月中旬至下旬的 2 次过程最为严重。4 月 8—14 日和 17—30 日,海南省出现 2 次大范围高温天气过程(日最高气温≥35℃),其中 17—30 日的高温过程持续时间长,期间 20 日临高极端最高气温达 41℃,突破当地历史同期极值。4 月有 10 个市(县)高温总日数为 4～20 天,海口、澄迈、临高、儋州、屯昌、白沙和昌江高温总日数达到或突破当地历史同期极值。

5 月全省共有 15 个市(县)出现了 1～16 天的高温(日最高气温≥35℃)天气。13—28 日,乐东、琼海、琼中、保亭、海口、定安、临高、屯昌、白沙、昌江、儋州和澄迈等 12 个市(县)连续出现 3～9 天高温天气过程,19 日海口日最高气温 38.9℃,突破当地历史同期极值。

2. 台风

海南 2019 年先后受 2 个台风影响,无台风登陆,且影响较小。

3. 暴雨洪涝

2019 年,海南省区域性暴雨过程次数 9 次,比常年偏少 1 次,其中 3 次重度、4 次中度、2 次轻度,强度总体偏强。5 月下旬的局地暴雨造成一定的直接经济损失。

受西南低压槽影响,5 月 25 日 14—17 时,海口市出现大范围雷雨天气,局地暴雨到大暴雨,个别地区伴有 7～9 级大风。海口假日海滩部分区域遭到破坏,骑楼老街一处危楼倒塌,造成直接经济损失约 20 万元。

4. 局地强对流

4 月 19 日 16 时前后在海口市南部有超级单体生成发展并向定安县北部移动，造成定城地区 16 时 15—35 分出现冰雹，最大冰雹直径 3～4 厘米，并伴有 8 级大风，未收到灾情报告。16 时 50 分在定安县富文镇圆岭水库生成龙卷，经现场调查分析，龙卷强度为 EF1 级(风力 13～15 级)。据县应急办综合管理部门统计，总计 250 人受灾，安置转移 2 人；61 间瓦房屋顶瓦片不同程度受损，其中相对严重的有 4 间瓦房；受灾作物主要是水稻、橡胶、槟榔、芋头、经济林，受灾面积 3.0 公顷，损失粮食约 3.0 吨；直接经济损失 32.3 万元，未造成人员伤亡。

7 月 20 日，受西南气流影响，18 时前后在桥头镇出现雷雨大风天气，18—19 时累计雨量 32.6 毫米，测得极大风速 16.4 米/秒(7 级)，出现在桥头镇红山农场，局地可能有 8 级以上大风，过程持续约 15 分钟。据统计，受灾作物主要是香蕉树，受灾面积约 67 公顷，直接经济损失约 20.0 万元，未造成人员伤亡。

8 月 29 日凌晨，受龙卷影响，儋州那大镇海拓香洲工地及相邻工地工人宿舍(板房工棚)发生倒塌(图 4.21.3)，造成 8 人死亡、2 人受伤，7300 余株树木倒伏、115 间房屋受损、若干电线杆断倒、路灯倾倒。经认定此次龙卷灾害强度为三级(EF2 级)。

图 4.21.3　2019 年 8 月 29 日，那大镇受龙卷影响，房屋倒塌、景观树折断(海南省气象台提供)
Fig. 4.21.3　On August 29, 2019, houses collapsed and trees broke affected by tornado in Nada Town (By Hainan Meteorological Station)

4.22 重庆市主要气象灾害概述

4.22.1 主要气候特点及重大气候事件

2019 年，重庆市年平均气温为 17.6℃，接近常年(图 4.22.1)，各月波动较大；平均年降水量 1124.7 毫米，接近常年(图 4.22.2)。年内共出现 6 段区域高温天气过程，高温强度总体接近常年，较 2018 年显著偏弱；暴雨过程偏多，但强度偏弱，出现 13 场区域暴雨天气过程；气象干旱强度总体偏轻，但东北部局部地区较重；共出现 5 段区域连阴雨过程，强度较常年偏轻；华西秋雨开始早、结束迟、持续时间长，强度较常年偏强；出现 4 次区域强降温过程，总体强度较常年略偏重；年内低温和霜冻偏轻。

2019 年，重庆市气象灾害有暴雨洪涝、干旱、大风冰雹、雷电、连阴雨等，暴雨洪涝最为突出，但总体灾情属较轻。4—10 月，暴雨、强对流天气频繁，多地发生了暴雨洪涝、大风冰雹等灾害；盛夏有 6 段阶段性高温天气，局地出现干旱。全年气象灾害造成 145.9 万人受灾，死亡 27 人(含失踪 2 人)；农作物受灾面积 7.8 万公顷，绝收面积 1.3 公顷；直接经济损失 19.6 亿元。

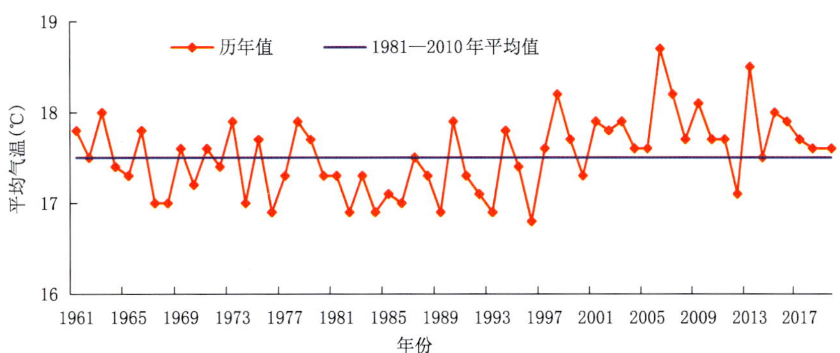

图 4.22.1　1961—2019 年重庆市年平均气温变化

Fig. 4.22.1　Annual mean temperature in Chongqing during 1961—2019(unit:℃)

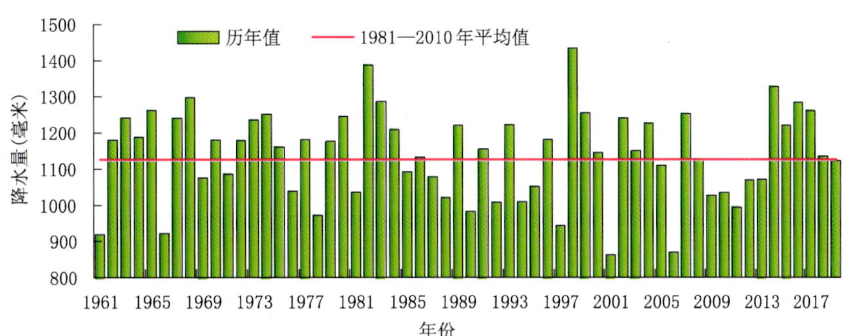

图 4.22.2　1961—2019 年重庆市平均年降水量变化

Fig. 4.22.2　Annual precipitation in Chongqing during 1961—2019(unit:mm)

4.22.2　主要气象灾害及影响

1. 暴雨洪涝(滑坡、泥石流)

2019 年，重庆市先后出现了 13 次区域暴雨天气过程，32 个县(区)发生了 90 站次暴雨。暴雨洪涝灾害直接经济损失占全年气象灾害损失的 7 成以上，但灾情总体属于较轻，共造成 70.7 万人受灾，死亡 27 人(含失踪 2 人)；农作物受灾面积 3.1 万公顷，绝收面积 4800 公顷；倒塌房屋 3000 间，损坏房屋 1.4 万间；直接经济损失 14 亿元。

6 月 20 日夜间至 22 日白天，重庆市出现了年内直接经济损失最严重的一次区域暴雨天气过程，开州、云阳、巫溪、奉节、石柱、万盛、巴南、南川、长寿、涪陵、武隆、黔江、綦江、秀山等 14 个县(区)暴雨(图 4.22.3)，累计雨量最大为 243.7 毫米(涪陵百胜)，最大小时雨量 81.0 毫米(黔江杉岭，22 日 01 时)。此次暴雨造成重庆 10 万余人受灾，农作物受灾严重，多处房屋损坏和倒塌，部分路段被冲毁，多地出现滑坡。

图 4.22.3　2019 年 6 月 20 日石柱暴雨造成农作物受灾(石柱县气象局提供)
Fig. 4.22.3　Crop disaster caused by rainstorm in Shizhu County on June 20 2019
(By Shizhu Meteorological Office)

2. 干旱

8 月,黔江、万州及垫江等地出现干旱灾情,造成 69.2 万人受灾;农作物受灾面积 4.3 万公顷,绝收面积 7200 公顷;直接经济损失 5 亿元。

3. 大风、冰雹及雷电

2019 年重庆市大风、冰雹及雷电天气(图 4.22.4),共造成巫溪、云阳、丰都等地 6 万人受灾;农作物受灾面积 4400 公顷,绝收面积 700 公顷;损坏房屋 2000 间;直接经济损失 6000 万元。

图 4.22.4　2019 年 6 月 5 日丰都县出现大风(丰都县气象局提供)
Fig. 4.22.4　Strong wind happend in Fengdu County on June 5 2019
(By Fengdu Meteorological Office)

4.23 四川省主要气象灾害概述

4.23.1 主要气候特点及重大气候事件

2019 年，四川省平均气温为 15.4℃，较常年同期偏高 0.5℃（图 4.23.1），位列历史同期第 9 高位。全省四季平均气温都较常年偏高，冬季偏高 0.3℃，春季偏高 0.7℃，夏季偏高 0.5℃，秋季偏高 0.4℃。全省平均年降水量 1034.4 毫米，较常年同期偏多 77.6 毫米，偏多 8%（图 4.23.2），位列历史第 16 多位。夏季降水量与常年基本持平，其他 3 个季节降水量都偏多，冬季偏多 5%，春季偏多 13%，秋季偏多 31%。

年内四川省暴雨、大暴雨天气多，区域性暴雨多，总体属暴雨偏多年。全省气象干旱总体为一般旱年，春旱和夏旱局地偏重，伏旱偏轻。四川省高温天气总体为一般年，攀西局地偏强。盐边、米易、攀枝花、德昌、普格、得荣、木里 7 站高温日数破历史纪录。年内大风冰雹较常年偏少偏轻。全省平均雾日数偏多。2019 年气象灾害共造成全省 444.2 万人次不同程度受灾，因灾死亡 77 人、失踪 35 人；农作物受灾面积 32.4 万公顷，绝收面积 3.3 万公顷；直接经济损失 276.5 亿元。综合评价，2019 年四川省气候为正常年景。

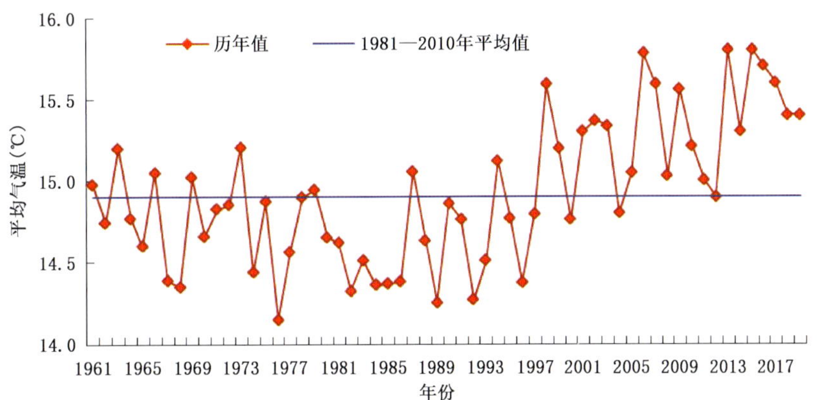

图 4.23.1 1961—2019 年四川省年平均气温变化

Fig. 4.23.1 Annual mean temperature in Sichuan during 1961—2019(unit:℃)

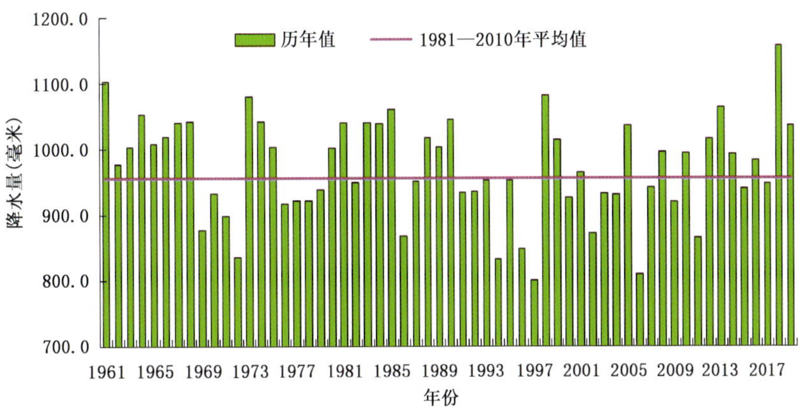

图 4.23.2 1961—2019 年四川省平均年降水量变化

Fig. 4.23.2 Annual precipitation in Sichuan during 1961—2019(unit:mm)

4.23.2 主要气象灾害及影响

1. 暴雨洪涝

2019 年四川省出现暴雨 457 站次，比常年多 50 站次，暴雨站次数列历史第 10 多位，其中大暴雨 79 站次，比常年多 16 站次。峨眉山市 8 月 3 日日降水量 211.5 毫米，为 2019 年全省最大日降水量，通江 10 月 3—11 日的过程降雨量 332.8 毫米，为 2019 年全省最大过程降雨量。全省共出现 6 次区域性暴雨天气过程，分别是 6 月 4—5 日、7 月 21—23 日、8 月 2—3 日、8 月 5—6 日、9 月 7—8 日、9 月 12—15 日。2019 年暴雨及其引发的江河洪水山洪造成 399.6 万人受灾，死亡失踪人口 112 人；农作物受灾面积 23.8 万公顷，绝收面积 3.1 万公顷；损坏房屋 7 万间，倒塌房屋 9000 间；直接经济损失 272 亿元。

7 月 19—23 日资阳市出现了暴雨天气过程，据雁江区民政局统计，受灾人口 5.7 万，转移分散安置 1064 人，无人员伤亡；房屋倒塌 2 户 6 间，严重损坏 1 户 2 间，一般损坏 31 户 43 间；农作物受灾面积 3807.4 公顷（图 4.23.3）；直接经济损失 5613.1 万元。

图 4.23.3 7 月 21—23 日，雁江区保和镇沿河岸玉米地被暴雨冲刷（资阳市气象局农业气象中心提供）

Fig. 4.23.3 The corn fields were washed away by the heavy rain in Baohe Town during July 21—23 (By Ziyang Agricultural Meteorological Center)

2. 干旱

2019 年，四川省气象干旱总体为一般，春旱和夏旱局地偏重，伏旱偏轻。全省因旱 35 万人受灾，8.6 万人饮水困难；农作物受灾面积 7.9 万公顷，绝收面积 1300 公顷；直接经济损失 2.8 亿元。

2019 年全省共有 76 县（四川盆地 47 县）发生了春旱，旱区主要分布在攀西地区南部、甘孜州西南部和四川盆地西北部。与常年相比，2019 年春旱范围接近常年，部分地方旱情较重。

3. 局地强对流

2019 年，四川省大风冰雹天气较常年偏少且轻。全省有 9.3 万人次受灾；农作物受灾面积 6900 公顷，绝收面积 1400 公顷；直接经济损失 1.4 亿元。

4 月 27 日，凉山州雷波县出现一次雷阵雨天气过程，并伴有冰雹、大风等灾害，最大冰雹直径为 8 毫米。造成 11541 人受灾；农作物受灾面积 699.8 公顷；成灾面积 528.5 公顷，绝收面积 127.4 公顷；直接经济损失约 2601.5 万元。

4. 低温冷冻害和雪灾

2019 年，因低温冷冻害和雪灾四川省有 3000 人次受灾，农作物受灾面积 200 公顷，直接经济损失 3000 万元。

3 月 23 日 08 时至 24 日 08 时，康定市境内普降大雪。康定市 26 个行政村受灾，受灾 575 户，受灾人数 2185 人；羊肚菌受灾面积 152 公顷，成灾面积 137.4 公顷；经济损失 2575.7 万元。

5. 大雾

2019 年，四川省平均雾日数为 31.8 天，比常年偏多 1.5 天。除 1—2 月、11—12 月雾日数较常年偏少外，其余各月雾日数均多于常年。

1 月 23 日，四川盆地出现大雾天气，局地能见度不足 500 米。受大雾天气影响，省内多条高速公路交通管制。

4.24 贵州省主要气象灾害概述

4.24.1 主要气候特点及重大气候事件

2019 年，贵州省年平均气温为 16.1℃，较常年高 0.5℃（图 4.24.1）；平均年降水量 1292.3 毫米，较常年多 9.8%（图 4.24.2）；年日照时数 1167.5 小时，较常年少 1.3%。贵州气象灾害年景为正常年景，西部大部分地区、遵义市大部分地区、铜仁市中部和黔东南州北部地区为较重—重气象灾害年景等级，其余地区为中—轻气象灾害年景等级。

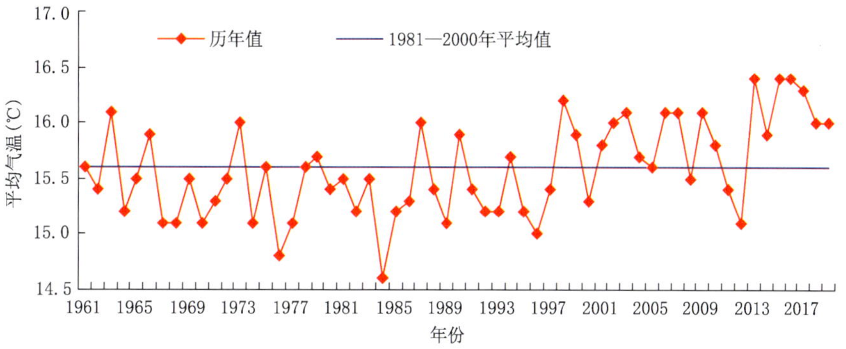

图 4.24.1　1961—2019 年贵州省年平均气温变化

Fig. 4.24.1　Annual mean temperature in Guizhou during 1961—2019(unit:℃)

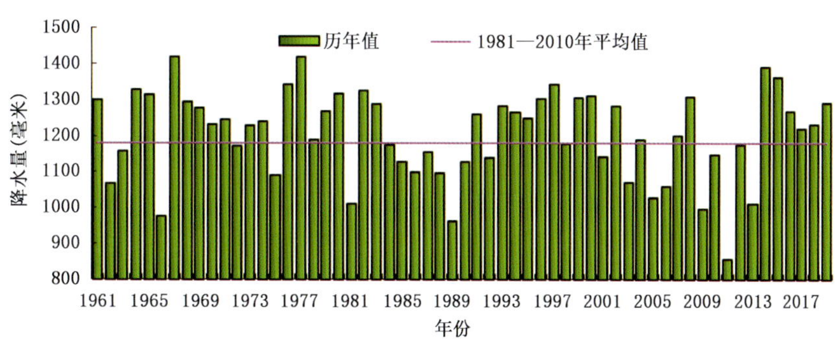

图 4.24.2　1961—2019 年贵州省平均年降水量变化

Fig. 4.24.2　Annual precipitation in Guizhou during 1961—2019(unit:mm)

2019 年，贵州省气象灾害呈现雪凝天气多，冰雹出现早，汛期暴雨过程多、影响范围广，夏季高温日数多等特点。各地遭受的低温雨雪凝冻、暴雨洪涝、风雹等气象灾害及其诱发的次生地质灾害，给经济社会发展和人民生活生产造成不利影响，部分地区受灾严重。全年气象灾害共造成贵州省85个县(市、区)1025个乡(镇)270.7万人次不同程度受灾，因灾死亡(失踪)76人，紧急转移安置11.1万人次；农作物受灾面积14.1万公顷，绝收面积2.4万公顷；倒塌房屋1112户3426间，不同程度损坏房屋2.5万户5.0万间；直接经济损失47.0亿元。

4.24.2 主要气象灾害及影响

1. 暴雨洪涝(滑坡)

2019年，贵州省共出现13次区域性暴雨过程，区域性暴雨日19天，较常年偏多3.7天；81县(市、区)出现暴雨323站次，大暴雨42站次，特大暴雨1站(清镇)，望谟出现9个暴雨日，为暴雨日数最多；最大日降雨量为9月9日镇宁县本寨镇炳云村的368.8毫米，最大1小时降雨量为6月25日17时盘州市西冲镇的148.8毫米。13次区域性暴雨过程中最强的一次出现在9月8—10日，暴雨以上33站次，大暴雨以上8站次，部分地区受灾严重。2019年全省因暴雨洪涝造成84个县(市、区)944个乡镇249.5万人不同程度受灾，因灾死亡(含失踪)74人，紧急转移安置人口8.2万；农作物受灾12.6万公顷，成灾面积7.6万公顷，绝收面积2.1万公顷；倒塌房屋1081间，损坏房屋3.5万间；直接经济损失45.3亿元。

7月23日21时20分，水城县鸡场镇坪地村岔沟组发生特大山体滑坡灾害(图4.23.3)，滑坡体量大约200多万立方米，因灾死亡43人、失踪9人，滑坡体淹埋房屋21栋，直接经济损失1.93亿元。强降雨是滑坡形成的主要诱发因素，灾害发生前1个星期，鸡场镇降雨量达287.1毫米，滑坡前一天降雨量更是达98毫米，接近大暴雨，导致坡体上的岩土体处于充分饱和状态，土体的强度降低、下滑力增大，削弱了坡体稳定度。

图4.24.3 2019年7月23日贵州省水城县滑坡灾害(贵州省气象局提供)
Fig. 4.24.3 The Landslide disaster by heavy rain in Shuicheng County on July 23, 2019(By Guizhou Meteorological Service)

2. 低温雨雪冰冻

2019年，贵州省出现了4次区域性雪凝天气过程，贵州中部一线和东南部等地有64个县出现168站次降雪天气；1月16日降雪范围最广，有57个县出现降雪。贵州中部一线有52个县234站次出现凝冻，2月8—23日铜仁市万山区凝冻天气持续16天，对交通、电力、通讯、农业、人民生活等产生较大影响。2018年12月28日至2019年1月2日，贵州省出现低温凝冻天气，全省85个县(市、区)累计出现226站次降雪、239站次雨凇。

3. 局地强对流

2019年，贵州省有31天(76县次)出现冰雹、60天(211县次)出现大风。约有90%的灾情出现在春季(3—5月)，主要出现在中部以西地区。灾害造成全省21.0万人不同程度受灾，因灾死亡2

人，紧急转移安置 314 人；农作物受灾 1.5 万公顷，绝收 3000 公顷；倒塌房屋 22 户 54 间，损坏房屋 6393 间；直接经济损失 1.6 亿元。

2 月 17 日，11 个县出现降雹过程，是 2019 年出现时间最早、影响范围最广的冰雹过程。

4 月 21 日，清镇、乌当、修文等地降冰雹，对当地猕猴桃等经济作物造成严重影响。

4.25 云南省主要气象灾害概述

4.25.1 主要气候特点及重大气候事件

2019 年，云南省大部分地区降水偏少、气温偏高、日照偏多。年平均气温较常年偏高 1.2℃（图 4.25.1），创历史新高，春末夏初极端高温明显，35℃及以上高温站次为历史同期的 3.4 倍，出现范围及强度均破历史纪录。平均年降水量较常年偏少 18.2%（图 4.25.2），为历史第三少年，冬季特多，春季特少，夏、秋季偏少。年平均日照时数较常年偏多 6%，为近 5 年最多，春季偏多，其他季节基本正常。

年内主要气象灾害为冬季暴雨洪涝、春季至初夏严重干旱、春夏季强对流天气成灾、汛期局地洪涝和地质灾害、年末低温冻害及春、夏季生物灾害。

灾害共造成 944.4 万人受灾，死亡 61 人、失踪 8 人；农作物受灾面积 156.9 万公顷，绝收面积 12.3 万公顷；直接经济损失 100.9 亿元。总体上，2019 年气象灾害造成的直接经济损失低于近 10 年的平均，死亡失踪人数为近 10 年的最少年份。气候属于中等偏下年景。

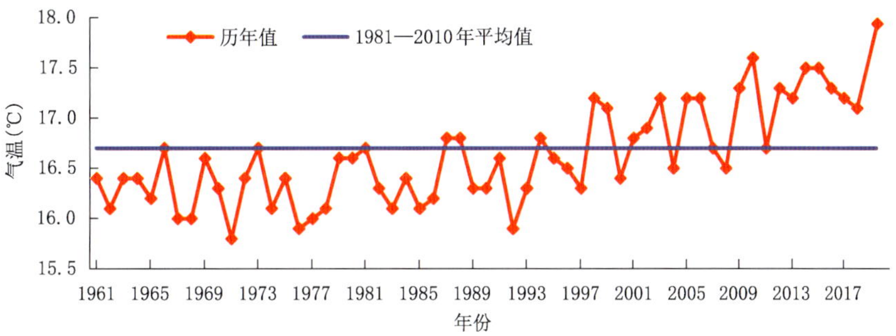

图 4.25.1 1961—2019 年云南省年平均气温变化

Fig. 4.25.1 Annual mean temperature in Yunnan during 1961—2019(unit:℃)

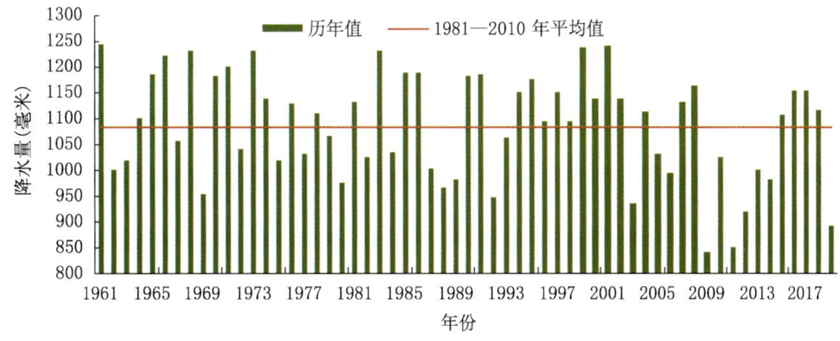

图 4.25.2 1961—2019 年云南省平均年降水量变化

Fig. 4.25.2 Annual precipitation amounts in Yunnan during 1961—2019(unit:mm)

4.25.2 主要气象灾害及影响

1. 干旱

春季至初夏发生严重干旱灾害，干旱强度及范围仅次于2009—2010年特大干旱，列21世纪以来第二位，滇中及以西以南等地旱情较重。3月至6月上旬全省降水量比常年少53%，3月下旬开始出现气象干旱，进入5月气象干旱加速发展，5月下旬后云南中东部气象干旱得到明显缓解或解除，但滇中以西及滇西南气象干旱仍持续至6月下旬。

秋、冬季滇中南部、滇南等地区域性气象干旱明显。10月下旬至12月中旬，全省平均降水量较常年偏少61%。12月下旬全省9成以上的气象站点出现气象干旱，其中重旱以上站点超过3成，重旱区与前期严重干旱叠加。

干旱灾害共造成758.9万人次受灾、130.6万人饮水困难；农作物受灾面积143.29万公顷，绝收10.23万公顷；直接经济损失72亿元。

2. 森林火灾

冬、春季滇西、滇中及以东地区森林火险气象等级偏高，昆明、大理、丽江等地先后发生森林火灾。据云南省护林防火指挥部办公室统计，全省共发生森林火灾102起，受害森林面积720.6公顷，与近10年同期平均相比，森林火灾次数下降49.5%，受害森林面积下降56.5%。

3. 暴雨洪涝和滑坡、泥石流

冬季滇中以南地区出现局地洪涝灾害，夏初滇中及以东以南旱涝急转，汛期局地洪涝、地质灾害突出，秋初局地山洪、地质灾害导致人员伤亡。

1月7日夜间至9日凌晨，滇中及以南地区出现大到暴雨、局部地区大暴雨天气，8日全省有32个测站日雨量突破1月历史极值，造成局地洪涝灾害。6月下旬至7月滇中以东以南、滇西边缘地区降水集中，引发局地洪涝、地质灾害。9月，局地强降水造成滇西北、滇东北发生山洪、地质灾害。

6月24日，金平县金水河镇发生山洪灾害(图4.25.3)，造成1647人受灾、4人死亡、7人伤病，紧急转移安置543人。9月4日，巧家县山堡站出现大暴雨(191.2毫米)，引发山洪、滑坡灾害，造成

图4.25.3　金平县6月24日山洪灾害(金平县气象局提供)
Fig. 4.25.3　Flood happened in Jinping County on Jun 24, 2019 (By Jinping Meteorological Office)

9 人死亡。9 月 29 日，盐津县艾田站出现大暴雨(214.1 毫米)，最大小时雨量 93.6 毫米，山洪、泥石流灾害导致 9 人死亡、1 人失踪。

洪涝和地质灾害造成 113.3 万人受灾、56 人死亡、8 人失踪；受损房屋 1.2 万间，倒塌房屋 1000 间；农作物受灾面积 8.03 万公顷，绝收面积 1.22 万公顷；直接经济损失 20.1 亿元。

4. 局地强对流

2019 年，云南省共发生冰雹、大风、雷电灾害 149 次。1—2 月，滇西、滇中及以东地区瞬时大风出现频率高；3 月滇东北、滇东南等地大风、冰雹成灾重；4 月大风、冰雹灾主要发生在滇东北、滇南地区，7 月中旬至 8 月滇中及以东以南大风、冰雹成灾重。

3 月 19 日早晨，红河州的金平、河口、屏边等地出现冰雹天气(图 4.25.4)，最大冰雹直径 30 毫米，最大积雹厚度 28 厘米。金平县因灾 1 人死亡，直接经济损失 1789.7 万元。

冰雹、大风、雷电灾害共造成云南省 47.8 万人受灾、5 人死亡(其中雷电灾害 2 人)；受损房屋 2.4 万间；农作物受灾面积 3.81 万公顷，绝收面积 5000 公顷；直接经济损失 6.3 亿元。

图 4.25.4 金平县 3 月 19 日冰雹灾害(金平县气象局提供)

Fig. 4.25.4 Hails happened in Jinping County on Mar 19, 2019 (By Jinping Meteorological Office)

5. 低温冻害

1—11 月影响云南的冷空气不活跃，低温冻害总体较轻。11 月 30 日至 12 月 5 日，滇中及以东大部分地区自北向南出现强降温天气，有 25 站达到寒潮天气标准。6—7 日清晨受晴空辐射降温影响，滇中及以西以南地区出现霜冻灾害。

低温冻害造成全省 24.4 万人受灾；农作物受灾面积 1.76 万公顷，绝收面积 3200 公顷；直接经济损失 2.5 亿元。

6. 生物灾害

春、夏季，昆明、保山、大理、德宏、临沧、普洱、西双版纳、文山等州(市)发生作物病虫害，其中草地贪夜蛾虫害偏重发生。

生物灾害造成 74.9 万人受灾；农作物受灾面积 8.1 万公顷，绝收面积 2000 公顷；直接经济损失 1.8 亿元。

4.26 西藏自治区主要气象灾害概述

4.26.1 主要气候特点及重大气候事件

2019 年，西藏年平均气温为 5.2℃，较常年偏高 0.5℃（图 4.26.1）；全区平均年降水量为 468.4 毫米，接近常年（460.2 毫米，图 4.26.2）；全区年平均日照时数为 2514 小时，较常年偏少 202 小时，为近 39 年最少的一年。年内多地气温、降水、日照突破历史同期极值。不同区域出现了洪涝、雪灾、局地强对流、低温冷冻、泥石流、滑坡等气象灾害以及次生灾害。

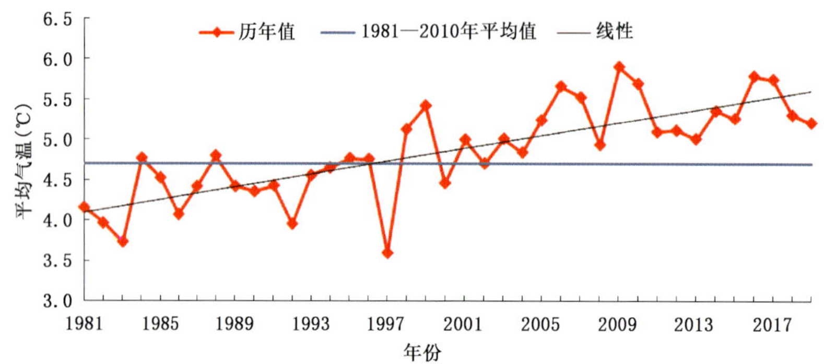

图 4.26.1　1981—2019 年西藏自治区年平均气温变化

Fig. 4.26.1　Annual mean temperature in Tibet during 1981—2019(unit:℃)

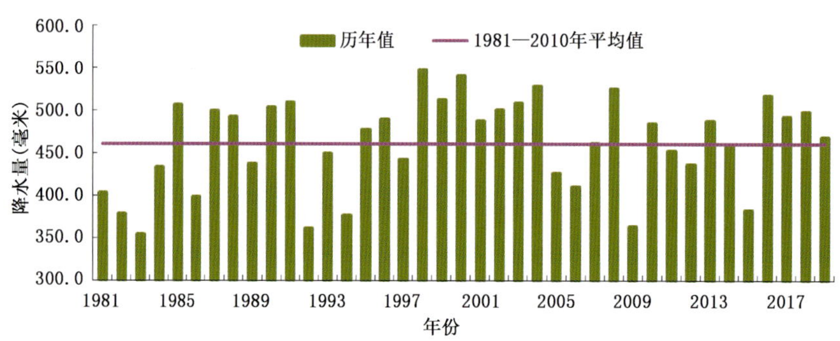

图 4.26.2　1981—2019 年西藏自治区平均年降水量变化

Fig. 4.26.2　Annual precipitation in Tibet during 1981—2019(unit:mm)

2019 年，西藏气象灾害以及气象因素引发的次生灾害共造成 11.3 万人受灾，因灾死亡 7 人，紧急转移安置 0.2 万人；房屋不同程度受损 0.2 万户 0.4 万间；农作物受灾面积 5500 公顷，绝收面积 400 公顷；草场受灾面积 1.7 万公顷，因灾死亡牲畜 2.4 万头（只、匹）。同时，各类自然灾害还造成部分地区交通、水利、通信、学校等基础设施不同程度受损，直接经济损失 1.7 亿元。总体评价，气象灾害属于一般年景。

4.26.2 主要气象灾害及影响

1. 雪灾及低温冷冻

2019 年，雪灾、低温冷冻害造成西藏 2.6 万人受灾、因灾死亡 4 人，紧急转移安置 1000 人；农作物受灾面积 4.2 公顷；房屋不同程度受损 24 户 80 间（图 4.26.3）；直接经济损失 4000 万元。

图 4.26.3　2019 年 2 月 9 日，聂拉木气象局观测值班室屋顶积雪（聂拉木县气象局提供）
Fig. 4.26.3　Snow cover on the roof of observation room of Nyalam Meteorological Office on February 9,2019 (Provided by Nyalam Meteorological Office)

2. 洪涝

2019 年，洪涝灾害造成西藏 6 万人受灾，紧急转移安置 445 人；房屋不同程度受损 1945 户 2972 间；农作物受灾面积 3000 公顷，绝收面积 300 公顷；草场受灾面积 1.7 万公顷，因灾死亡牲畜 153 头（只、匹）。同时，灾害还造成交通、水利、通讯、电力、市政等基础设施不同程度受损，直接经济损失 1 亿元。

3. 局地强对流

2019 年，风雹灾害造成西藏 2.3 万人受灾，因灾死亡 3 人；房屋不同程度受损 85 户 166 间；农作物受灾面积 2500 公顷，绝收面积 131 公顷；草场受灾面积 16.3 公顷，因灾死亡牲畜 45 头（只、匹）；直接经济损失 2000 万元。

4. 泥石流、滑坡、山体崩塌

2019 年泥石流、滑坡、山体崩塌灾害造成西藏 4000 人受灾，紧急转移安置 349 人；房屋不同程度受损 14 户 38 间，农作物受灾面积 15.0 公顷，绝收面积 5.9 公顷；直接经济损失 756.7 万元。

5. 旱灾

2019 年，干旱灾害造成昌都市江达县 14 人受灾，直接经济损失 3000 元。

6. 其他

2019 年，其他灾害造成西藏 111 人受灾，房屋不同程度受损 22 户 31 间，直接经济损失 62.7 万元。

4.27　陕西省主要气象灾害概述

4.27.1　主要气候特点及重大气候事件

2019 年，陕西省平均气温为 12.8℃，较常年偏高 0.7℃，属正常略偏高年份（图 4.27.1）。春季气温 15.2℃，是 1961 年以来同期第一高。全省平均年降水量 699.4 毫米，较常年偏多 11%，属正常略偏多年份（图 4.27.2）。秋季降水量 255.3 毫米，为 2000 年以来第四偏多年份。

2018/2019 年冬季降雪范围广、积雪深、影响严重；春季寒潮降温强，气象干旱持续发展，林火灾害影响严重，关中、陕南春季首场透墒雨偏晚、范围广、雨量大；夏季暴雨多、强度大，8 月 2—4 日大暴雨灾害重；秋季连阴雨持续时间长、雨量大、强度强。

2019 年，陕西省发生干旱、洪涝、风雹、生物灾害等 8 类自然灾害 318 次，10 个市 96 个县(区、市)的 458.8 万人次受灾，47 人因灾死亡或失踪；农作物受灾面积 64.5 万公顷，绝收面积 10.9 万公顷；直接经济损失 58.8 亿元。气象灾害属偏轻年景。

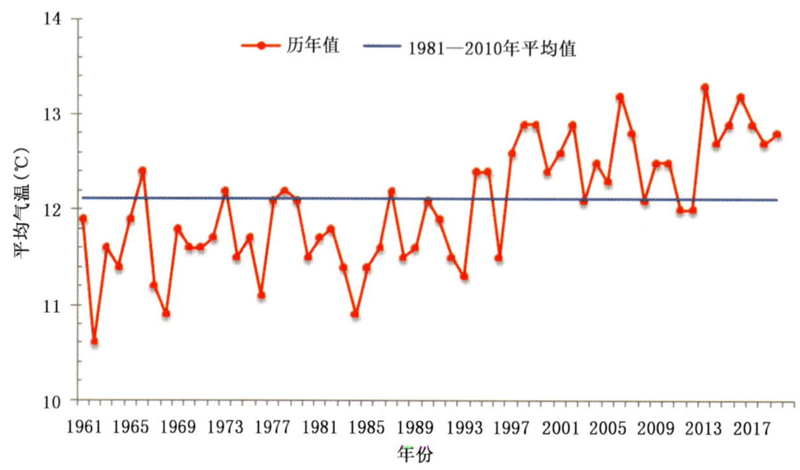

图 4.27.1　1961—2019 年陕西省年平均气温变化

Fig. 4.27.1　Annual mean temperature in Shaanxi during 1961—2019(unit:℃)

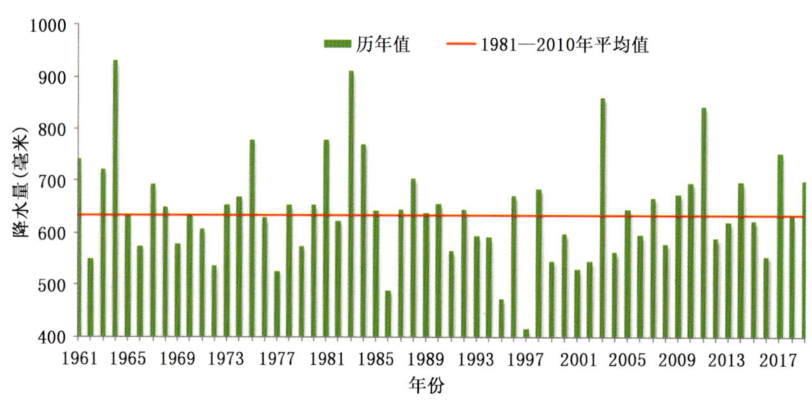

图 4.27.2　1961—2019 年陕西省平均年降水量变化

Fig. 4.27.2　Annual precipitation in Shaanxi during 1961—2019(unit:mm)

4.27.2　主要气象灾害及影响

1. 低温冷冻害和雪灾

2019 年，低温冷冻害和雪灾致陕西省 19.2 万人受灾；农作物受灾面积 4.5 万公顷，绝收面积 1.2 万公顷；直接经济损失 2.9 亿元。

2019 年 2 月陕西省共出现 4 次大范围雨雪天气过程，部分地区大雪，局地暴雪。2 月 9—11 日、16—18 日、20—22 日的雨雪冰冻天气正值春运期间，受雨雪和道路结冰影响，陕西境内 20 条高速公路被迫封闭，西安咸阳机场多架次航班延误，雨雪冰冻天气给交通、电力、供热、供水、农产品供应和群众生活产生不利影响。

2. 干旱

2019 年 3—4 月陕西持续的温高雨少导致全省大部分地区气象干旱发展。陕北、关中中东部和陕南东部出现中到重度气象干旱。干旱对农作物和经济林果产生不利影响(图 4.27.3),使得陕西省大部分地区森林火险等级持续四级以上,部分地区长时间维持在五级极度危险状态,商洛、西安、渭南、宝鸡、铜川等多地发生森林火灾,商州、蓝田、韩城、富平、蒲城以及耀州等地林火灾害较重,影响较大。

4 月 16 日,商洛市商州区大荆镇突发森林火灾,导致 2 名人员伤亡。据估过火面积约 8.7 公顷。

3. 暴雨洪涝

夏季陕西省共出现 8 次暴雨过程,其中 7 月 21—23 日和 8 月 2—4 日的暴雨过程范围广、强度大。2019 年,暴雨洪涝使全省 10 个市 84 个县(区)受灾,造成 157.9 万人受灾,因灾死亡 47 人;农作物受灾面积 12.7 万公顷,绝收面积 2.4 万公顷;因灾倒塌房屋 3000 间,损坏房屋 2.2 万间。

图 4.27.3 2019 年 4 月 3 日商州(a)和 4 月 9 日蒲城(b)受旱小麦(陕西省遥感与经济作物中心提供)
Fig. 4.27.3 Drought wheat in Shangzhou(a) on April 3 and Pucheng(b) on April 9, 2019
(By Shaanxi Remote Sensing and Cash Crop Center)

4.28 甘肃省主要气象灾害概述

4.28.1 主要气候特点及重大气候事件

2019 年,甘肃省年平均气温为 8.9℃,比常年偏高 0.7℃(图 4.28.1)。各月平均气温与常年同期相比,1 月、5 月、7 月分别偏低 0.4℃、0.8℃、0.2℃,4 月偏高 3.2℃,其余各月偏高 0.3~1.6℃。平均年降水量 491.1 毫米,比常年偏多 22.4%(图 4.28.2)。各月平均降水量与常年同期相比,3 月、12 月偏少 5 成,2 月偏多 1 倍,5 月、6 月、9 月偏多 3~4 成,其余各月偏多 2 成左右。年内暴雨日数较常年偏多,强降水过程多、强度大,共有 9 站(11 站次)出现极端日降水事件,较常年偏多。6 月 19 日,酒泉市肃州区日降雨量 79.6 毫米,几乎达到常年年降水量(88.4 毫米),打破了当地最大单日降水量纪录(44.2 毫米)。共出现 4 次区域性暴雨过程,引发了部分地区的山洪、泥石流和山体滑坡等气象次生地质灾害及城乡渍涝,造成人员伤亡和财产损失。冰雹次数较常年偏少,但局地灾害影响大。干旱对农业影响轻,未出现区域性干旱。连阴雨次数偏多,共出现 12 次区域性连阴雨天气过程。大风、沙尘暴、扬沙和浮尘日数均偏少,利于生态环境改善和空气质量改善。高温日数偏少。霜冻日数偏少;寒潮和强降温次数偏少。2019 年因气象灾害共造成 221.8 万人次受灾,死亡 18 人,失踪 2 人,受伤 20 人,转移安置 794 人;农作物受灾面积 17.4 万公顷,成灾面积 3.6 万公顷,绝收面积 8300 公顷;损坏房屋 1.2 万间,倒塌房屋 2000 间;直接经济损失 29.8 亿元。总体评价,2019 年属气候条件较好的年景。

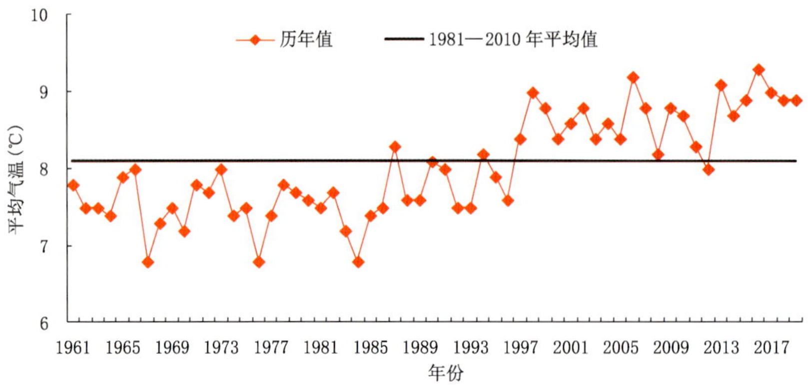

图 4.28.1　1961—2019 年甘肃省年平均气温变化

Fig. 4.28.1　Annual mean temperature in Gansu during 1961—2019(unit:℃)

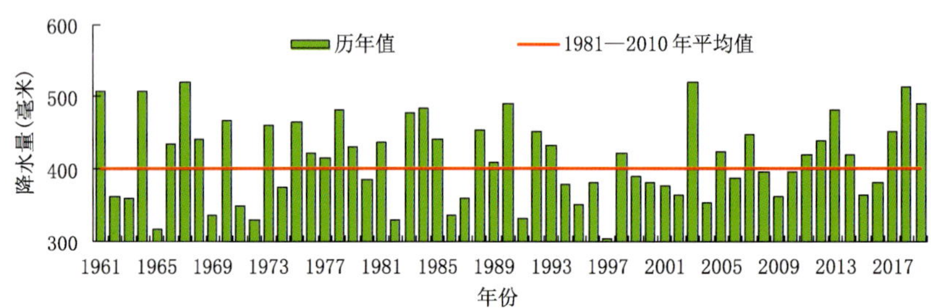

图 4.28.2　1961—2019 年甘肃省平均年降水量变化

Fig. 4.28.2　Annual precipitation in Gansu during 1961—2019(unit:mm)

4.28.2　主要气象灾害及影响

1. 干旱

2019 年甘肃省因干旱造成 5 万人次受灾;农作物受灾面积 2500 公顷,绝收面积 7.1 公顷;直接经济损失 478.1 万元。

7 月至 8 月中旬,天水市武山县降水量偏少近 7 成,特别是 8 月平均气温持续偏高,累计 12 天最高气温超过 30℃,发生严重干旱,造成咀头乡、城关镇、鸳鸯镇、滩歌镇、桦林镇、榆盘镇、温泉镇、马力镇 8 个乡镇 115 个行政村 11389 户 50233 人受灾。部分农作物出现萎蔫、卷叶、干叶或枯死现象,玉米叶茎枯黄或干死;马铃薯叶子自下而上逐渐变黄枯干,块茎小而发软;中药材根茎生长缓慢或停止生长;架豆、大豆、辣椒、果树等作物也不同程度受灾。造成农业直接经济损失约 478.1 万元,其中粮食作物 137 万元、经济作物 104.1 万元、其他作物 237 万元。

2. 暴雨洪涝(滑坡、泥石流)

2019 年,因暴雨洪涝灾害造成甘肃省 160.9 万人次受灾,死亡 18 人,失踪 2 人,受伤 4 人,转移安置 794 人;农作物受灾面积 9.2 万公顷,绝收面积 2800 公顷;损坏房屋 1.2 万间,倒塌房屋 2000 间;直接经济损失 16.5 亿元。

7 月 28 日 08 时至 29 日 08 时,甘肃省武威以东普降大雨,兰州、临夏、甘南、定西、陇南、庆阳等市(州)有 55 个区域站点出现暴雨,最大降水出现在临夏回族自治州积石山县居集,达 96.1 毫米。强降水天气过程致兰州、甘南、临夏等市(州)部分地区出现洪涝和山体滑坡(图 4.28.3),共造成 6.6 万人受灾,4 人死亡,2 人失踪,转移安置 180 人;直接经济损失 3.1 亿元,其中农业损失 4000 万元。

图 4.28.3　2019 年 7 月 28 日甘南州迭部县洪水毁坏房屋(迭部县气象局提供)

Fig. 4.28.3　The houses damaged by flood in Diebu County on July 28, 2019(By Diebu Meteorological Office)

3. 大风、冰雹、雷电

2019 年因大风、冰雹等强对流天气共造成甘肃省 42.7 万人次受灾,受伤 16 人;农作物受灾面积 6.2 万公顷,成灾 4.6 万公顷,绝收 5300 公顷;损坏房屋 20 间,倒塌房屋 246 间;直接经济损失 12.2 亿元。

4 月 26 日傍晚至夜间,甘肃省白银、兰州、临夏等市(州)的 11 个县(区)出现强对流(雷雨)天气过程,局地出现短时强降水,并伴有雷暴、冰雹、阵性大风等。最大冰雹直径 4 厘米,出现在临夏州永靖县。花卉和经济林果等遭受严重损害,共造成 7.8 万人受灾;直接经济损失 4.5 亿元,其中农业经济损失 3.1 亿元。

4. 低温冷冻害和雪灾

2019 年,因低温冷冻害(霜冻)造成甘肃省 13.2 万人次受灾;农作物受灾面积 1.7 万公顷,绝收面积 249 公顷;直接经济损失 1.1 亿元。

5 月 19 日,甘肃省张掖市高台县、临泽县、山丹县、甘州区等地出现低温冻害,致使 21 个乡镇的 5.9 万人受灾;造成部分农作物不同程度受损,农作物受灾面积 8000 公顷,成灾面积 5000 公顷;直接经济损失约 6000 万元,其中农业损失 4000 万元。

4.29　青海省主要气象灾害概述

4.29.1　主要气候特点及重大气候事件

2019 年,青海省年平均气温为 3.1℃,较常年偏高 0.8℃(图 4.29.1),各季平均气温除夏季接近常年外,其余 3 季均偏高,秋季创 1961 年以来同期第二高。年降水量 439.2 毫米,较常年偏多 2 成(图 4.29.2),各季降水量均偏多,秋季较常年偏多 34.3%,列 1961 年以来第三多。

2019 年,青海省发生的气象灾害有暴雨洪涝、冰雹、雷电、雪灾,年内气象灾害造成 9 人死亡,经济损失约 7.6 亿元。农业区遭受暴雨洪涝灾害 16 起,农业经济损失约 14380 万元,冰雹 29 起,农业损失约 4685 万元,农作物遭受了一定损失,对农业生产造成了不利影响,农业区气候生产潜力与近 5 年平均相比增加 3%,较 2018 年减少 15.6%,农业气候年景综合评定为“平年”。牧草生长季气温偏高、降水量偏大,水分和光照适宜度均较高,虽牧草生长期受到暴雨洪涝、雪灾的影响,使牧业生产遭受了一定损失,但 2019 年青海省牧草产量大部分地区与近 10 年平均值持平,牧草气候年景综合评定为“平偏丰年”。

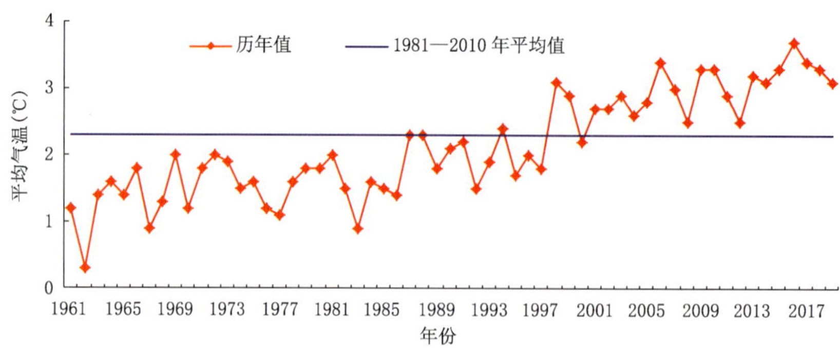

图 4.29.1　1961—2019 年青海省年平均气温变化

Fig. 4.29.1　Annual mean temperature in Qinghai during 1961—2019(unit:℃)

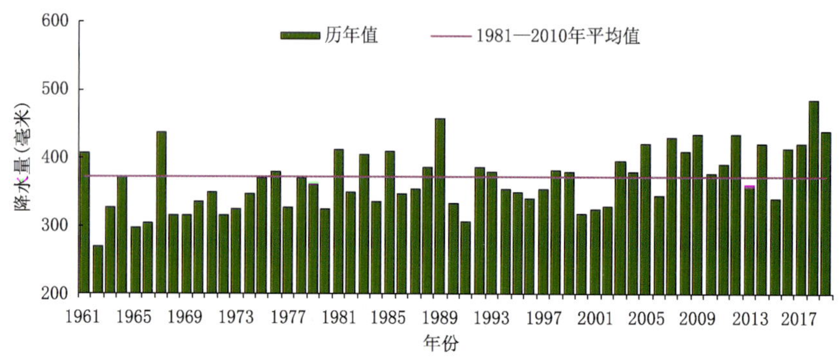

图 4.29.2　1961—2019 年青海省平均年降水量变化

Fig. 4.29.2　Annual precipitation in Qinghai during 1961—2019(unit:mm)

4.29.2　主要气象灾害及影响

1. 暴雨洪涝(山体滑坡、泥石流)

2019 年,青海省共出现 27 起暴雨洪涝灾害,受灾人口约 27.0 万,经济损失约 3.3 亿元。6—9 月,共发生 21 起暴雨洪涝灾害、1 起地质灾害,造成 3 人死亡。5 月 1—7 日,玉树市下拉秀地区降水量较大,达 34 毫米,长时段降水偏多致使下拉秀野吉尼玛村于 7 日出现山体滑坡,造成 3 人死亡;6 月灾害损失最重,治多、互助、贵德、祁连、久治等地 6 月共出现 8 起暴雨洪涝灾害,造成直接经济损失 4694 万元;7 月,达日、班玛、同仁、化隆共发生 4 起暴雨洪涝灾害,造成 137.8 公顷农作物受灾,房屋损坏 58 间,基础设施不同程度受损,直接经济损失 336.5 万元;8 月受强降水天气过程的影响,月内青海省共出现暴雨洪涝灾害 6 起,大通、互助、湟中、久治、贵南等地均遭到不同程度的暴雨洪涝灾害,部分地区还出现山体滑坡、泥石流等次生灾害,导致河道堵塞,河堤、道路遭受不同程度破坏,农田、农房、水利设施等受到严重损害,直接经济损失约 3126.5 万元;9 月出现 3 起暴雨洪涝灾害,直接经济损失达 6019.8 万元。

2. 冰雹

2019 年,青海共出现 29 起冰雹灾害,灾害造成小麦、油菜等约 3.8 万公顷农作物受灾,经济损失约 1.7 亿元。夏季冰雹致使湟中、互助等地农作物受灾严重,造成经济损失约 3278.0 万元;秋季共出现 9 起冰雹灾害,灾害损失共计约 3013.0 万元。

3. 雪灾

2018 年入冬以后青海省青南牧区大部及海西东部发生特大雪灾,共有 22 站次达到雪灾标准,玛多、甘德、杂多、称多清水河、德令哈、都兰达到特重度雪灾标准,特重度雪灾总站数为 1961 年以来最多，玛多积雪持续时间长达143天、最大积雪厚度达22厘米。截至2019年3月底，玉树州1市5县32个乡镇125个村的超15万人受灾，119.2万头(只)牲畜觅食困难，3.5万余头(只)牲畜死亡，直接经济损失约1.2亿元。此外，有219头(只)野生动物死亡；果洛州约1.7万余头(只)牲畜因灾死亡，灾害损失约6591.6万元。

4. 雷电

5—9月，青南牧区(囊谦、治多、达日、班玛)发生5起雷击事件，造成人员4死5伤。5月22日囊谦县白扎乡出现雷击事件，造成巴麦村虫草采挖人员1死4伤。

4.30 宁夏回族自治区主要气象灾害概述

4.30.1 主要气候特点及重大气候事件

2019年，宁夏平均气温为9.4℃，较常年偏高0.9℃，是1997年以来连续第23个偏高年(图4.30.1)。气温具有阶段性变化特征，入春早、气温波动大，4月平均气温创1961年以来同期新高，5月跌至近17年来最低；出现了近15年少见的“凉爽”夏季，中北部平均高温日数仅有3天。平均年降水量为341.7毫米，比常年偏多27%(图4.30.2)。南部山区连续8个月多雨(雪)，中雨以上日数创1961年以来新高，泾源年降水量达1019.8毫米，为宁夏有气象记录以来首次单站年降水量破

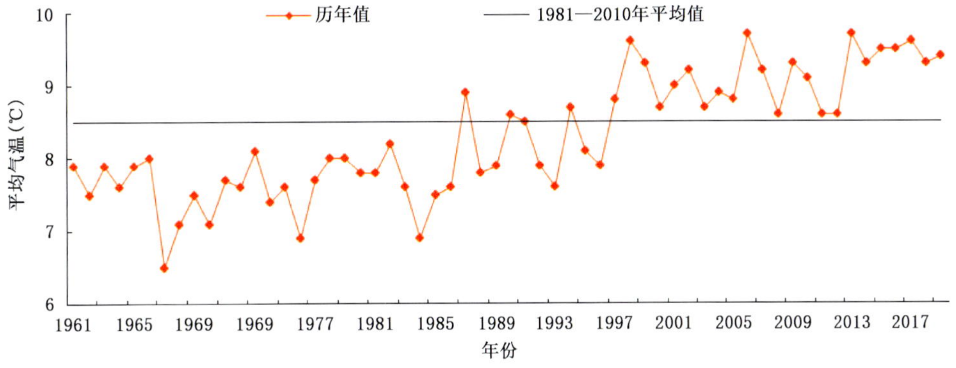

图4.30.1 1961—2019年宁夏年平均气温变化

Fig. 4.30.1 Annual mean temperature in Ningxia during 1961—2019(unit:℃)

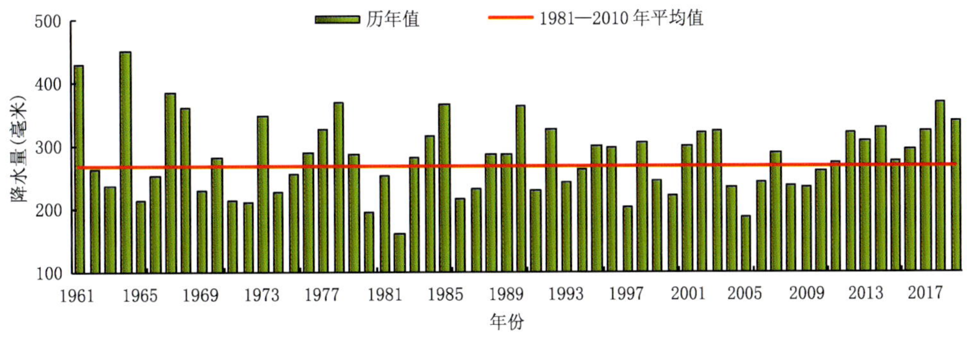

图4.30.2 1961—2019年宁夏平均年降水量变化

Fig. 4.30.2 Annual precipitation in Ningxia during 1961—2019(unit:mm)

"千";灌区6月降水量占夏季降水量比例创新高;6月中下旬连阴雨过程持续时间之长、范围之广创同期记录;各地初雪日期偏早。暴雨洪涝、风雹、低温冷冻等灾害共造成3人死亡,14.6万人受灾;农作物受灾面积2.9万公顷,绝收面积3600公顷;直接经济损失2.9亿元,明显少于2018年(7.3亿元)。总的来看,2019年属气象灾害偏轻年景。

4.30.2 主要气象灾害及影响

1. 暴雨洪涝(滑坡、泥石流)

2019年,宁夏出现18次暴雨洪涝灾害天气过程,主要出现在石嘴山市、吴忠市、中卫市、固原市及所辖县(区)。全年暴雨洪涝灾害共造成3人死亡,3.7万人受灾,紧急转移安置160人次;倒塌房屋58间,损坏房屋75间;农作物受灾面积3600公顷,绝收面积1400公顷;直接经济损失7000万元。6月22日大到暴雨以及24—25日、26—27日的降雨天气造成石嘴山惠农区农业受灾面积共计1636.1公顷(图4.30.3),其中小麦倒伏568.1公顷,油葵倒伏117.7公顷,农田积水944.2公顷,枸杞裂果5.8公顷,菠菜倒伏0.3公顷。8月2日08时至3日08时,固原市西吉县出现降水天气过程,最大累计降水量出现在什字乡,为56.4毫米;最大小时降水量出现在田坪乡燕李村,为13.5毫米。暴雨造成偏城乡7432人受灾,受灾作物主要有玉米、马铃薯、蔬菜、杂粮,直接经济损失达1521.1万元。

图4.30.3 2019年6月28日惠农区暴雨洪涝灾害(惠农区气象局提供)
Fig. 4.30.3 Rainstorm and flood disaster in Huinong District on June 28, 2019(By Huinong Meteorological Office)

2. 局地强对流(大风、冰雹)

2019年,宁夏出现21次大风、冰雹及雷电灾害天气过程,主要出现在吴忠市、中卫市、固原市及所辖县(区)。全年风雹灾害造成8.3万人受灾;倒损房屋130间,损坏房屋640间;农作物受灾面积1.6万公顷,绝收面积2000公顷;直接经济损失约1.3亿元。6月12日16时28分前后,海原县三河镇遭受暴雨、冰雹袭击,历时4分钟,冰雹直径约10毫米。灾害造成三河镇6个行政村1369户5915人受灾,农作物受灾面积达987.7公顷,直接经济损失870万元。

3. 低温冷冻害和雪灾

2019年,宁夏共遭受低温冻害和雪灾2次,主要出现在吴忠市及所辖县(区)。全年低温冻害造成1.6万人受灾;农作物受灾面积3400公顷,绝收面积200公顷;直接经济损失约8000万元。5月13日清晨,青铜峡市出现霜冻天气(图4.30.4),最低气温出现在叶盛镇,为−0.4℃。霜冻天气造成全市8个镇场1657公顷覆膜瓜果蔬菜、林果、经济作物遭受较严重的冻害,9159人受灾,直接经济损失约1841.0万元。

图 4.30.4 2019 年 5 月 13 日青铜峡市霜冻灾害(青铜峡市气象局提供)

Fig. 4.30.4 Frost disaster in Qingtongxia on May 13, 2019(By Qingtongxia Meteorological Service)

4. 干旱

2019 年,宁夏遭受干旱灾害,主要出现在吴忠市及所辖县(区)。全年干旱灾害造成 1.0 万人受灾,农作物受灾面积 6000 公顷,直接经济损失约 1000 万元。7 月宁夏中部干旱带各地降水差异较大,部分地区出现了阶段性干旱。同心南部、盐池东部等部分地区降水持续偏少,尤其是下旬环香山地区、红寺堡中部、同心东部及盐池东部 0～50 厘米土壤相对湿度低于 50%,局地达中到重旱。

4.31 新疆维吾尔自治区主要气象灾害概述

4.31.1 主要气候特点及重大气候事件

2019 年,新疆区域平均气温为 9.1℃,较常年偏高 0.9℃(图 4.31.1);全疆冬季平均气温偏低,春、夏、秋季持续偏高;北疆夏季平均气温 23.5℃,居历史排名第二高位。年降水量为 170.0 毫米,与常年持平(图 4.31.2);冬、夏季降水略偏少,春、秋季略偏多。全疆大部分地区开春期、入冬期以及终霜期较常年偏早,初霜期较常年偏晚;冬季北疆大部、和田及巴州南部最大积雪深度较常年偏厚。2019 年,全疆农牧业气象年景一般,比 2018 年差。

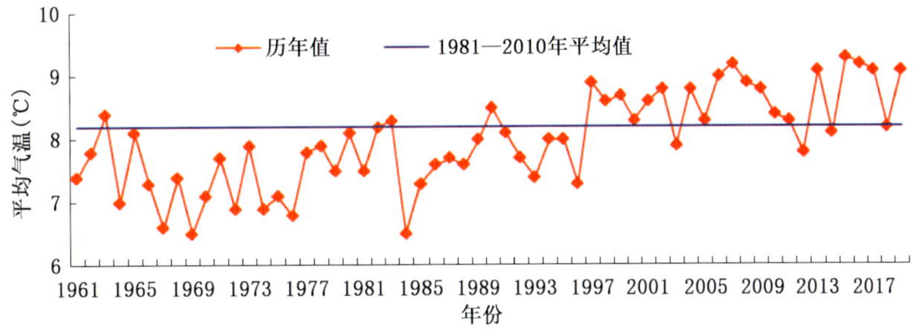

图 4.31.1 1961—2019 年新疆年平均气温变化

Fig. 4.31.1 Annual mean temperature in Xinjiang during 1961—2019(unit:℃)

2019 年,春末低温阴雨,盛夏高温,夏秋季塔里木盆地边缘频现极端降雨,年末北疆沿天山一带持续大雾,冷空气活动较常年偏弱。年内主要气象灾害有大风、暴雨洪涝及其衍生的地质灾害、冰雹、沙尘暴、冻害和雪灾等,给新疆农牧业及林果业生产、交通运输、人民生命及财产安全等造成了危害。2019 年各类气象灾害造成直接经济损失约 41.8 亿元,属于气象灾害中度偏重年份;年内最主要的气象灾害是风沙,占全年总灾损的 61%,其次是冰雹和暴雨洪涝。

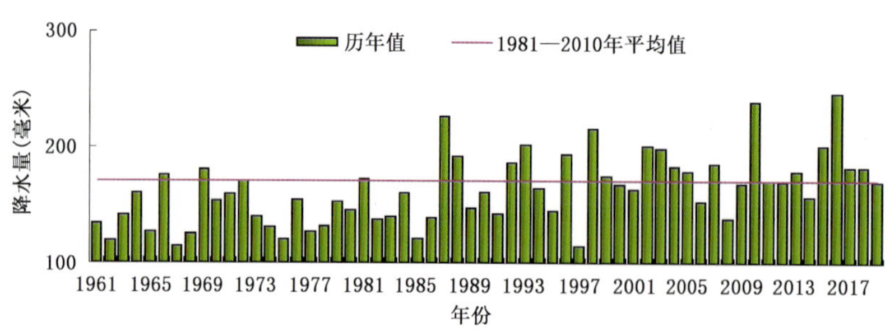

图 4.31.2　1961—2019 年新疆平均年降水量变化

Fig. 4.31.2　Annual precipitation in Xinjiang during 1961—2019(unit:mm)

4.31.2　主要气象灾害及影响

1. 大风沙尘

2019 年,新疆风沙灾害偏重发生,具有发生频次多、强度大、4—6 月最多的特点。年内全疆 10 地(州、市)共 52 县次出现大风沙尘灾害,造成直接经济损失近 18 亿元,农作物受灾严重,阿克苏地区和巴州地区受灾最为严重,直接经济损失共计 15.9 亿元。7 月 25 日午后到夜间,受强冷空气影响库尔勒市香梨遭遇 10 小时左右 8 级大风袭击,导致正处于果实成熟期的香梨大面积落果,受灾面积 1.9 万公顷;8 月 15—16 日,阿克苏地区 6 县(市)遭遇 8～12 级大风,造成果实膨大期的红枣、核桃、苹果等特色林果约 2.3 万公顷受灾。

2. 冰雹

2019 年,新疆冰雹灾害偏轻发生。全疆 8 地(州、市)共 41 县次出现冰雹灾害,农作物受灾严重,直接经济损失近 9 亿元,阿克苏地区发生次数最多,达到 20 县次,直接经济损失最大,农作物受灾最严重,其次是博尔塔拉州,达到 6 县次。5 月 3—8 日阿克苏多地出现强对流天气,局地强降水、冰雹天气造成乌什、温宿、阿瓦提、阿克苏、库车、沙雅、新和等地的棉花、林果等经济作物受灾受损严重。10 月 10 日、13 日,沙雅县出现强对流天气,伴随出现大风、冰雹灾害(图 4.31.3),此次天气农林作物以及水利、交通设施等受灾严重,经济损失巨大,是 2019 年造成损失最重的一次冰雹灾害。

3. 暴雨洪涝

2019 年,新疆局地暴雨洪涝及其衍生的地质灾害偏轻发生,主要发生在 5 月和 7 月。年内全疆 8 地(州、市)共计 55 县次出现暴雨洪涝灾害,造成直接经济损失近 3 亿元,农作物受灾严重。5 月 6—7 日阿克苏地区沙雅县境内出现暴雨天气,造成棉花、玉米、小麦、蔬菜受灾面积达 30480.0 公顷,直接经济损失近 2 亿元;7 月 24—27 日阿勒泰地区福海县出现短时强降水天气,造成 14 个村(队、场)遭暴雨、冰雹、洪水灾害,使得农作物受灾、道路受损。

4. 大雾

2019 年,新疆大雾灾害偏轻发生。全年共出现 3 次大雾灾害,且均在乌鲁木齐市(图 4.31.4)。12 月 17 日乌鲁木齐国际机场受大雾影响,延误 91 架次航班,滞留旅客 4879 人。

5. 低温冷冻害和寒潮

2019 年,新疆低温冷冻害和寒潮偏轻发生。全疆 3 地(州、市)共 7 县次出现低温冷冻害和寒潮,造成直接经济损失约 2000 万元。阿勒泰地区发生次数最多,达到 5 县次。5 月 15—18 日阿勒泰地区青河县出现降雪降温天气,造成玉米、葫芦瓜、打瓜、马铃薯、葵花、青贮等农作物受灾,直接经济损失近 1400 万元,是 2019 年损失最大的一次冻害。

图 4.31.3　2019 年 10 月 10 日阿克苏地区沙雅县因冰雹受灾的棉花(沙雅县气象局提供)
Fig. 4.31.3　Cotton destroyed by hailstorms in Shaya County on October 10,2019(By Shaya Meteorological Service)

图 4.31.4　2019 年 12 月 10 日乌鲁木齐市出现大雾天气(乌鲁木齐市气象局提供)
Fig. 4.31.4　Heavy fog appears in Urumqi on December 10,2019(By Urumqi Meteorological Service)

第5章 全球重大气象灾害概述

5.1 基本情况

2019年，全球平均温度比工业化前基线(1850—1900年)高1.1(±0.1)℃，低于受超强厄尔尼诺影响的2016年，为有气象记录以来第2暖年。过去5年是有记录以来最暖的5年，2015—2019年和2010—2019年的平均气温均为有记录以来最高。

2019年3月13日，北极海冰面积达到了年度最大值1478万平方千米，位列历史第7低值；9月18日达到最低值415万平方千米，与2007年和2016年并列为有记录以来的第2低，9月平均面积为有记录以来第3低。南极海冰面积在2月28日出现年度最低值247万平方千米，位列历史排位第7低；最大值出现在9月30日，为1840万平方千米。近年来，南极海冰面积变异性很高，长期的增长趋势被2016年底的大幅下降所抵消，海冰面积自那以后一直保持在低位，2019年的一些月份(5—7月)出现了创纪录的低位。

海洋热含量是气候变化的基本指标，主要用于衡量地球系统中的热量积累。2019年，0～700米及0～2000米的全球平均海洋热容量继续保持增加，超过或接近历史记录。在2010年代的最后几年，与1960年以来的历史情况相比，全球海洋上层(0～700米)吸收的热量在增加，且热量被隔离在更深的海洋层(0～2000米)。2019年，全球平均海洋热浪日数达55天，41%的海域归入“强”等级(日数距平是90%百分位数与常年值之差的2倍以上)，东北太平洋大片海域达到了“严重”的级别(3倍以上)。在海洋热膨胀和冰川融化的共同作用下，2019年全球平均海平面继续保持上升，达到有高精度测高记录以来的最高点。27年来，海平面上升的平均速率为3.24±0.3毫米/年，且在这段时期内，速率处于不断增加的状态。

2019年，全球各地发生了许多重大天气气候事件，例如：中国、日本、莫桑比克遭遇极端热带气旋袭击；印度、美国、巴西、莫桑比克等国遭受严重洪涝及地质灾害；澳大利亚以及亚洲和欧洲多国受干旱影响；法国、德国、澳大利亚等地遭遇异常高温热浪天气，雨少温高导致澳大利亚出现严重森林火灾；北美和欧洲遭受寒流和暴风雪袭击。此外，年内美国经历了2011年以来最活跃的龙卷季节，尤其是在5月，共计观测到556次龙卷，为有记录以来单月第二多。

5.2 全球重大气象灾害分述

5.2.1 寒流和暴雪

1月27日至2月1日，受到寒流“极地涡旋”的影响，美国中西部遭遇了罕见的极寒天气。全美有22个州出现−18℃以下低温，明尼苏达州和南北达科塔州等部分地区最低气温达到−45℃，芝加哥1月30日出现−30℃的极低气温，创下该市近25年来最低气温记录。有超过1.4亿人受到寒流影响，至少造成 21 人死亡。3 月 3 日，严寒天气横扫美国，加利福尼亚州内华达山脉到东北部的新英格兰降下大雪，蒙大拿州的莫斯比出现最低－42℃的低温。10 月中旬，加拿大马尼托巴省出现强降雪天气，降雪量高达 74 厘米，造成大面积停电和交通阻塞。

1 月 6—13 日，强暴风雪在欧洲多国引发事故，造成 21 人死亡。10 日，瑞士 3 人受伤；11 日，德国 5 个地区进入紧急状态，法兰克福机场当天大约有 120 个架次的航班被迫取消，慕尼黑机场 90 个架次的航班停飞，1 人死亡；奥地利部分地区地面积雪达到 3 米，多地交通严重受阻，数千户家庭停止供电，3 人死亡。

在亚洲，1 月 24 日日本北海道等北部地区遭遇暴风雪天气，几十架次航班取消，部分铁路全天停运。2 月 5—6 日，哈萨克斯坦遭遇数年来最冷冬天，极寒天气造成 2 人死亡，173 人受伤。2 月 9 日，寒潮侵袭日本，造成 16 人受伤，100 多个航班取消。5 月 11 日，暴风雪席卷蒙古国南部和中部地区，造成 4 人死亡，多地交通瘫痪，牧民的生产生活受到严重影响。12 月 10 日，寒潮席卷泰国，造成至少 6 人死亡。

5.2.2 高温热浪

在欧洲，6 月下旬至 7 月下旬遭遇 2 次高温热浪天气过程。6 月 28 日法国南部加拉尔盖莱蒙蒂厄市，测得该国前所未见的 46.0℃的高温，比之前历史纪录还要偏高 1.9℃，与此同时，西欧多地受到高温天气影响。第二次高温热浪过程影响更加严重，德国、荷兰、比利时和卢森堡分别测得 42.6℃、40.7℃、41.8℃和 40.8℃，并突破这些国家的历史纪录。高温热浪还影响到了北欧一些国家，特别是赫尔辛基在 7 月 28 日测得该地最高气温纪录(33.2℃)；同时在一些有较长观测记录的站点，测得的气温超过历史极值 2℃或以上，如巴黎蒙苏里气象站和布鲁塞尔附近的于克勒，分别超历史纪录 2.2℃和 3.1℃。

在南半球，澳大利亚 2018/2019 年夏季平均气温是有记录以来的最高，全国大部分地区都受到高温影响，高温持续时间长且极端性强，最极端异常地区位于新南威尔士州。1 月 24 日阿德莱德市气温高达 46.6℃，突破当地历史记录。12 月，澳大利亚极端高温热浪天气更加明显，12 月 18 日，区域平均气温高达 41.9℃；19 日，纳拉伯客栈(Nullarbor Roadhouse)观测到 49.9℃高温，为 1998 年以来澳大利亚最高。总之，澳大利亚有记录以来排名前 10 的最热的天气有 9 个出现在 2019 年。另外，新西兰以及南美地区的智利、阿根廷也遭受了夏季高温热浪天气，新西兰南岛北部受高温天气影响出现明显林火。

5.2.3 干旱

澳大利亚东部内陆许多地区 2017—2018 年处于长期干旱状况，这一趋势在 2019 年进一步扩大和加剧，特别是在下半年，澳大利亚出现有记录以来最干燥的春季(11 月和 12 月)。2019 年，该国大部分地区的降水量远低于平均水平，新南威尔士州的北半部和昆士兰邻近的边境地区年降雨量比常年偏低 70%～80%，普遍是有记录以来最低。干旱导致穆雷—达令盆地北部的河流严重缺水，农业损失严重，一些城镇需要用卡车运送生活用水。

在亚洲，6 月上旬印度多地遭遇季风前干旱，多个城市面临湖泊及河流干涸，引发部分地区水资源危机，钦奈地区多个水库水位创 70 年以来新低，蓄水量仅为水库总库容的 1.3%。7 月 19 日以后，泰国遭遇近 10 年来最严重干旱，泰国北部、东北部和中部平原等多个粮食作物产地因受降水量减少影响，灌溉用水紧张。4—6 月，中国云南高温少雨导致其大部分区域发生严重干旱，造成部分河道断流、水库干涸，逾 30 万人饮水困难，春耕生产和人民生活受到影响。在中国和老挝边境附近，4—9 月降水量比常年偏低 50%以上；泰国北部部分地区也异常干燥，清莱 1—9 月的降雨量比正常水平低 42%。

在欧洲，2019 年夏季法国温高雨少，造成 80 多个省出现大规模干旱，巴黎从 8 月 19 日至 9 月 21 日连续 34 天无有效降水，追平了有记录以来第二长的干旱期。初秋，多瑙河低水位给塞尔维亚的河流运输造成了影响，同时波兰的威斯拉河在 9 月下旬也达到了有记录以来的最低水位。西班牙 1—8 月的降雨量比常年偏低 23%；摩洛哥大部分地区的冬季降水量不到常年降水量的一半。春末夏初，冰岛南部和西部特别干燥，从 5 月 21 日到 6 月 26 日，斯蒂基斯霍米尔连续 37 天没有有效降水，这是自 1856 年以来持续时间最长的干旱。

5.2.4 暴雨洪涝

在亚洲，2019 年夏季风期间(6—9 月)印度地区总降水量比 1961—2010 年平均值偏多 10%，为 2013 年以来首次高于平均值的年份，也是 1994 年以来最湿的年份。据报道，在印度、尼泊尔、孟加拉国和缅甸发生的各种洪灾事件中，超过 2200 人丧生。与此同时，6 月的季风洪水还影响了中国南方部分地区，造成 83 人死亡，经济损失超过 25 亿美元。

在大洋洲，1 月底和 2 月初热带低压给澳大利亚昆士兰北部带来了极端降水，并引发洪水；汤斯维尔沿海地区 10 天内的总降水量超过 2000 毫米，昆士兰西北部内陆地区 7 天内总降雨量超过 600 毫米；洪水以及异常凉爽天气导致牲畜损失达 20 亿美元左右。3 月下旬，在热带暖湿气流的影响下，新西兰南岛西海岸出现极端降水，克罗普河 48 小时累计降水量达 1086 毫米，超过全国历史最高纪录。

在北美洲，2018 年末和 2019 年上半年持续强降水导致密西西比河流域洪水频发，特别是从 1 月 6 日到 8 月 4 日，路易斯安那州巴吞鲁日的河流在近 7 个月时间内一直处于洪水水位以上。受频繁暴雨洪涝灾害影响，美国 2019 年因灾损失达 200 亿美元。4 月和 5 月初，受暴雨及积雪迅速融化影响，加拿大东部部分地区出现严重洪灾，导致渥太华地区有 6000 多所住宅被淹。

在南美洲，1 月南美部分地区受到非常潮湿的天气影响。阿根廷北部、乌拉圭和巴西南部发生大洪水，阿根廷和乌拉圭的损失估计为 25 亿美元。3 月 11 日，巴西米纳斯吉拉斯州遭受暴雨侵袭，引起矿坝溃坝，造成至少 200 人死亡，108 人失踪。

在非洲，3 月 13 日莫桑比克遭暴雨洪水侵袭，造成至少 417 人死亡，超过 14 万人受灾。7 月至 8 月下旬，苏丹遭受暴雨和洪涝灾害，造成 62 人死亡，近百人受伤，上万户民宅受损，交通受阻。另外，尼日利亚、津巴布韦、喀麦隆等国都遭受了不同程度的暴雨洪涝影响。

5.2.5 热带气旋

2019 年，北半球共有 72 个热带气旋生成，高于常年平均(59 个)，累计气旋能量指数(ACE)比常年平均值偏高 4%。2018/2019 年热带气旋季，南半球有 27 个热带气旋生成，高于常年，为 2008/2009 年以来最多。

在西北太平洋，超强台风“利奇马”(Lekima)于 8 月 10 日在中国浙江省温岭市沿海登陆，具有登陆强度强、陆上滞留时间长、风雨强度大、影响范围广、灾情重的特点，造成 70 人死亡失踪，直接经济损失 515.3 亿元。台风“海贝思”(Hagibis)于 10 月 12 日在东京以西登陆，登陆时中心气压为 955 百帕，“海贝思”带来了极端强降水，东京以西的许多地区日降水量超过 400 毫米，富士山附近箱根日降水量达 922.5 毫米，为日本有记录的最高日降水量。“海贝思”至少导致 96 人死亡。

在北印度洋，有 3 个热带气旋中心强度在 100 节(1 节＝1.852 千米/时，下同)及以上，这是有记录以来首次在单个热带气旋季内出现这种极端情况，ACE 达到有记录以来的最高值。“法尼”(Fani)是自 2013 年以来影响印度最严重的热带气旋，5 月 3 日在东部奥迪萨海岸登陆，登陆强度为 100 节，生命史中最大强度达 135 节。受影响的沿海地区进行了大规模疏散，大大减少了热带气旋对人类的影响，但“法尼”最终还是造成了严重的破坏和生命财产损失。10 月，“基亚尔”(Kyarr)是阿拉伯海有记录以来最强的热带气旋之一，虽然没有登陆，但是其引起的高浪涌及风暴潮影响了一些沿海地区。

南印度洋海域热带气旋活动相对活跃，共生成18个热带气旋，其中13个达到飓风强度，追平了有记录以来的最大数量。热带气旋"伊代"(Idai)于3月15日在莫桑比克贝拉附近登陆，其中心强度达到105千米/时，是在非洲东海岸登陆的最强热带气旋之一。"伊代"登陆后席卷邻国津巴布韦和马拉维，19日再次袭击莫桑比克并持续到21日。"伊代"带来的风和风暴潮在莫桑比克沿海造成了严重影响，严重的洪水蔓延到莫桑比克内陆地区和津巴布韦的部分地区，最终导致东非近300万人受灾，超过900人死亡，经济损失超过10亿美元，为南半球过去100年来死亡人数最多的热带气旋。

在西大西洋，2019年最强热带气旋之一是"多里安"(Dorian)，8月底达到5级强度，并于9月1日登陆巴哈马，登陆强度为165节，追平了北大西洋登陆强度的最高纪录。"多里安"移动速度慢，以5级强度在巴哈马群岛上空保持了大约24小时的近静止状态。持续强风和风暴潮导致巴哈马群岛的一些岛屿几乎全部受损，至少有60人死亡，经济损失估计超过30亿美元。随后，"多里安"向东北方向移动，给美国东海岸部分地区以及加拿大新斯科舍省造成了严重的破坏。热带气旋"伊梅尔达"(Imelda)给德克萨斯州东部边境带来了极端降雨，局地累计降雨量超过1000毫米，损失约为50亿美元。

5.2.6 强对流天气

2019年，美国经历了2011年以来最活跃的龙卷季节，尤其是5月，共计观测到556次龙卷，为有记录以来单月第二多。尽管如此，全年只有一个龙卷强度达到EF4级，死亡人数低于历史长期平均。3月3日，美国亚拉巴马州以及佐治亚州遭龙卷袭击，死亡22人。5月下旬，美国中部遭遇龙卷、大风、冰雹和短时强降水天气，猛烈龙卷23日横扫密苏里州，造成至少3人死亡；27日，龙卷侵袭俄亥俄州，导致1人死亡，12人受伤，多处房屋被毁坏、电力中断，超500万人受影响。6月9日，美国得克萨斯州达拉斯出现强风、大雨和冰雹等恶劣天气，强风达112千米/时，导致1人死亡，6人受伤。

1月28日，古巴哈瓦那遭遇龙卷天气，导致至少4人死亡，超过195人受伤。6月15日，法国东南部地区遭遇暴风雨和冰雹天气，造成2人死亡，10人受伤，超过2000户家庭断电，当地房屋建筑和果园林地损失严重。7月10日，意大利亚平宁半岛遭遇雷雨、冰雹侵袭，导致18人受伤送医，房屋、汽车及农作物受损严重。7月28日，意大利遭遇暴风雨袭击，龙卷侵袭了意大利中部和北部的大部分地区，局部地区暴发山洪，造成3人死亡。8月12日，荷兰、卢森堡和法国等多国发生龙卷灾害，卢森堡灾情最重，160间房屋损毁，19人受伤，其中2人重伤。11月12日，一场突如其来的特大龙卷袭击了南非重要省份夸祖鲁·纳塔尔省部分地区，并引发严重自然灾害，导致2人死亡，20人受伤。

在亚洲，4月中旬巴基斯坦以及印度北部和西部出现大范围的强雷暴天气，并伴随有沙尘暴，4月16—17日，恶劣天气造成印度至少50人死亡，巴基斯坦至少39人死亡。6月上半月，印度北部雷暴天气频发，共造成60人死亡。7月22日，印度北方邦有33人因雷击死亡，13人被雷电灼伤，约20间民房被损毁。

5.2.7 森林大火

2019年8月，亚马孙流域森林大火多发且持续燃烧，过火面积超过100万公顷；大火持续时间长，燃烧面积大，给当地的生态环境造成严重破坏。9—11月，澳大利亚大部分地区高温少雨，导致森林火灾频发，造成33人死亡，过火面积超过700万公顷；森林大火产生的烟雾让新南威尔士州遭遇史上最严重的空气污染。另外，在印度尼西亚及周边国家由于严重干旱，出现了2015年以来最严重的火灾。

2019年全球重大灾害性天气气候事件示意图
Global major meteorological and climate events in 2019

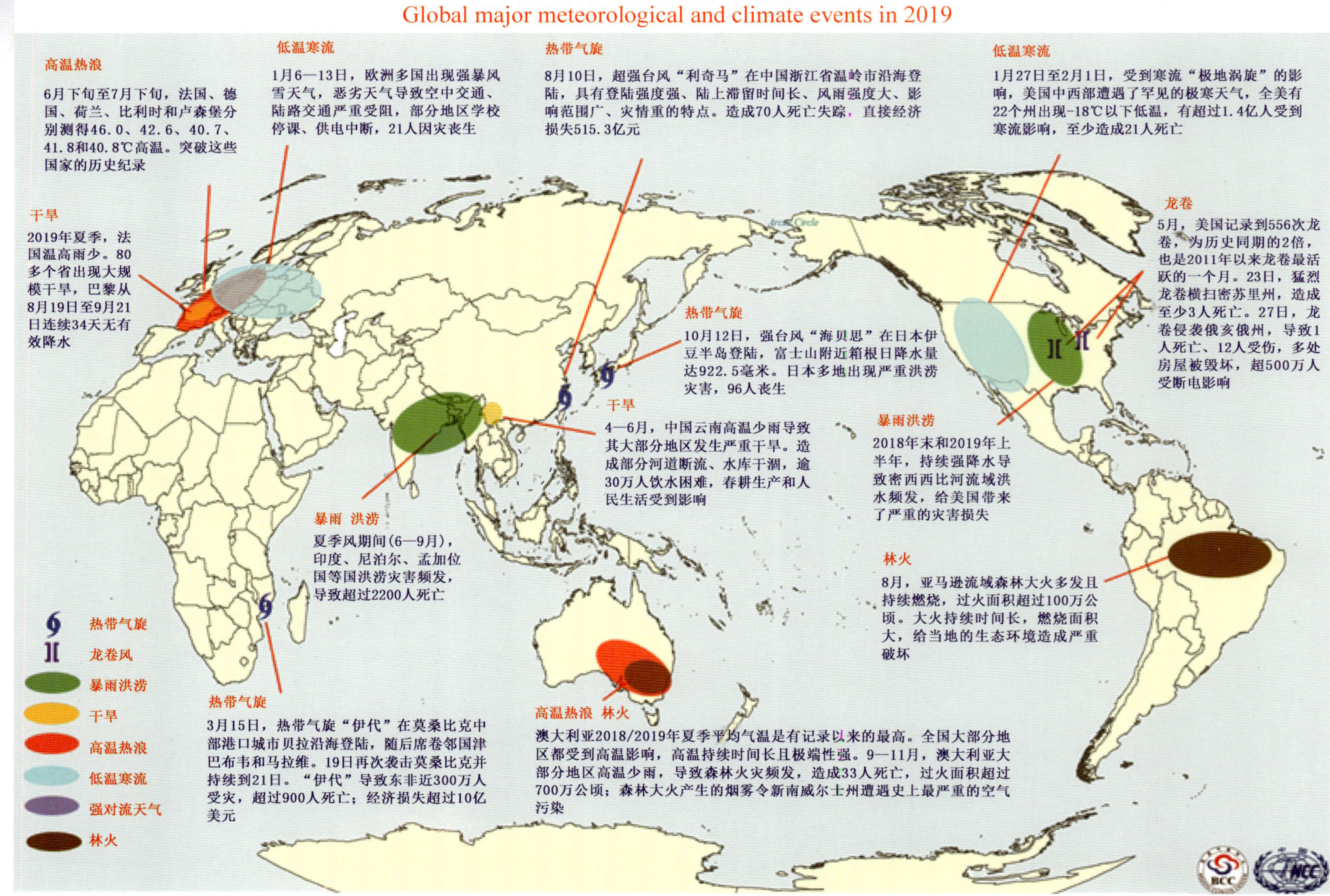

第 6 章 防灾减灾重大气象服务事件

2019 年，总体来看气象灾害相对较轻，以暴雨洪涝、台风为主。全年共出现 37 次大范围强降雨过程，雨量空间分布不均，南方强降雨集中；台风生成多，登陆少，“利奇马”影响重；夏季高温日数多、范围广，多地突破历史极值；强对流天气极端性强；区域性和阶段性干旱明显；雾、霾天气阶段性出现等。针对上述关键性、灾害性天气过程以及“春运”“两会”“一带一路”北京峰会、“北京世界园艺博览会”“新中国成立 70 周年庆祝活动”等重大活动和“贵州六盘水市和毕节市山体滑坡”“辽宁开原龙卷”“四川凉山州木里县森林火灾”等重大突发公共事件的气象保障，在党中央、国务院的领导下，各级气象部门认真贯彻习近平总书记重要指示精神和李克强、胡春华等中央领导同志批示要求，切实落实各项工作部署，及时提供准确的预报预警信息，主动做好防灾减灾气象服务工作，取得显著的社会、经济效益。

6.1 7 月上、中旬南方强降雨过程气象服务

2019 年主汛期，南方强降雨过程集中，其中 7 月 6 日夜间至 9 日、12—14 日连续出现 2 次强降雨过程，落区均主要位于华南西部至江南中北部一带，湖南、江西、广西等地多站的日降水量突破历史极值。受强降雨过程及叠加效应影响，江南、华南及贵州、重庆等地遭受洪涝、风雹、滑坡、泥石流等灾害。

6.1.1 应急响应启动及时

两次强降雨过程影响期间，中国气象局启动重大气象灾害（暴雨）Ⅳ级应急响应 2 次；中央气象台共发布预警 38 期，其中暴雨黄色预警 15 期，蓝色预警 6 期，山洪、地质灾害、渍涝和中小河流洪水气象风险预警总计 17 期。福建、湖南、贵州、广东、浙江等地气象部门也及时启动重大气象灾害（暴雨）Ⅱ～Ⅳ级应急响应。

6.1.2 暴雨预报科学准确

预报检验表明，中央气象台对 2 次强降雨过程均把握较好。第一次过程，暴雨和大暴雨预报 TS 准确率分别为 0.27 和 0.10，相对于最先进的数值模式分别提高 6％和 45％。第二次过程，11 日至 13 日 08 时起报的 24 小时暴雨预报 TS 准确率达 0.36，相对于最先进的数值模式提高了 16.1％。

6.1.3 部门联动形成合力

针对 2 次强降雨过程，中央气象台充分发挥气象防灾减灾“第一道防线”的重要作用，加强与应急管理部、水利部等相关部门的会商研判、信息共享、应急联动，共同做好暴雨及其次生灾害的防御工作。

6.1.4 决策信息滚动报送

第一次过程，中央气象台在 7 月 2 日的中期预报中指出，9 日前后华南西部和江南等地将有强

降雨过程，5日制作《重大气象信息专报》将此次强降雨过程报送中共中央办公厅、国务院办公厅和有关部委。降雨期间，制作中共中央办公厅约稿、国办约稿、《气象灾害预警服务快报》等决策材料5份，滚动提供最新的实况与预报、预警信息。

第二次过程，中央气象台于5日的中期预报指出了该次强降雨过程，提前2天于10日制作《重大气象信息专报》对前期降雨情况进行总结分析，指出"6月以来湘赣浙闽桂区域平均降水量为历年同期最多"，并着重强调12日以后降雨过程与上一次过程的叠加致灾影响。降雨期间，逐日滚动制作《气象灾害预警服务快报》4期。

6.2 超强台风"利奇马"气象服务

2019年，西北太平洋和中国南海共生成29个台风，6个登陆我国，登陆台风总体强度偏弱，但超强台风"利奇马"影响严重。台风"利奇马"于8月10日和11日分别在浙江温岭市沿海(超强台风级)和山东青岛黄岛区沿海(热带风暴级)2次登陆。受其影响，福建、浙江、安徽、江苏、上海、山东、河北、辽宁、吉林等地出现不同程度的城乡积涝、中小河流洪水、山洪和滑坡等灾害，70余人死亡失踪，直接经济损失515.3亿元。

6.2.1 及时启动气象灾害应急响应

从"利奇马"开始编号起，中国气象局就高度重视，提前部署台风预报预警服务相关工作，先后4次召开全国视频部署会议，逐级落实工作责任。8月8日08时30分中国气象局启动重大气象灾害(台风)Ⅲ级应急响应，9日08时30分提升为Ⅱ级应急响应，并于11日08时30分再次启动重大气象灾害(暴雨)Ⅲ级应急响应。福建、浙江、上海、江苏、安徽、山东、河北、天津、北京、辽宁、吉林、黑龙江等地气象部门也启动了相应级别的台风或暴雨应急响应，其中浙江启动重大气象灾害(台风)Ⅰ级应急响应，辽宁启动重大气象灾害(暴雨)Ⅰ级应急响应。

6.2.2 精准预报台风路径和风雨影响

预报检验表明，中央气象台24、48和72小时台风路径预报误差分别为61.4、117.0和161.4千米，均优于日本和美国路径预报；降雨最强时段(9—11日)的24小时暴雨和大暴雨预报准确率分别为0.51和0.28，相对于最优数值预报模式分别提高了13%和17%。中央气象台共发布台风预警17期(红色预警3期、橙色预警3期)，暴雨预警18期(橙色预警5期)。此外，中国气象局加强与自然资源部以及水利部门联合会商，发布山洪灾害预警6期(红色预警1期)、地质灾害预警7期(红色预警2期)、渍涝预警5期(红色预警1期)、中小河流洪水预警4期。

6.2.3 及时发布和传播气象灾害预警信息

7日18时至13日15时，全国各级气象部门利用国家突发事件预警信息发布系统共发布台风预警信息1224条，其中国家级发布预警17条、省级40条。10—11日，台风登陆前后台风影响地区43个预警新媒体账号共发布台风预警1171条，总浏览量近千万，总推送数达到1.8亿人次。中国天气网全站单日浏览量连续3天破亿。中宣部"学习强国"平台加急推出"每日预警信息提醒"栏目；"人民日报"手机客户端通过弹窗推送中央气象台台风红色预警信息至1.5亿人，阅读量385643人次。

6.2.4 强化部门联动和决策气象服务

针对"利奇马"的路径和风雨影响，中国气象局每日与应急管理部门开展视频会商，及时提供最新实况监测和预报预警等信息；派出专家参加国家防汛抗旱总指挥部工作组，组织专家赴交通运输部进行现场气象保障服务，与应急管理部首次联合在中央电视台发布防御提示信息。强化对中共中央办公厅、国务院办公厅及应急管理部等相关部委的决策气象服务信息报送，加大报送频次，共报送决策气象服务材料50余期，其中《重大气象信息专报》2期、《气象灾害预警服务快报》11期、《两办刊物信息》16期。另外，各级气象部门也加强向防汛防台指挥各成员单位汇报工作。

6.2.5 广泛开展气象宣传和科普

“利奇马”影响期间，中央气象台和受影响的浙江、福建、山东、辽宁等地气象部门形成气象宣传联盟，召开媒体通气会，滚动发布31篇新闻通稿，协调12家媒体采访，实现与中央主流媒体、地方重要媒体和社会媒体的无缝隙对接。在微博和抖音平台策划运维“台风利奇马”等6个话题，阅读量均破亿，累计阅读量达40.3亿，“山东全省55个暴雨红色预警”和“台风利奇马”话题分别位列微博和抖音热搜榜首。

6.3 7月下旬中东部高温过程气象服务

2019年夏季，南方地区7月20日至8月29日出现持续41天的特强高温天气，7月21日至8月1日中东部地区27个省(区、市)出现2019年最大范围的持续性强高温天气过程。受高温少雨天气影响，湖北、湖南、安徽、江西等地气象干旱发展。

6.3.1 强化预警信息发布

针对此次高温天气过程，中央气象台共发布高温黄色预警15期，橙色预警4期。河北、河南、山东、安徽、江苏、浙江、上海、江西、湖北、湖南等地各级气象部门共发布高温、干旱预警信息6039条。

6.3.2 滚动提供气象服务

加强决策和公众气象服务，滚动更新高温天气实况和预报信息。中央气象台在7月22日《气象灾害预警服务快报》中指出了7月下旬中东部多高温天气。26日《重大气象信息专报》中明确指出，“中东部高温天气将持续至8月初，建议做好防暑降温、水电供应、食品安全和卫生防疫等工作”。高温天气影响期间，滚动制作重大气象信息专报、气象灾害预警服务快报、两办刊物信息等决策材料11份。另外，及时向公众发布高温实况和预警信息，引导主流媒体正确宣传高温天气，中央气象台发布高温实况预报及相关科普微博90条，微信1篇。

6.4 长江中下游地区伏秋连旱气象服务

2019年7月下旬至11月中旬，长江中下游地区由于长时间高温少雨，发生严重伏秋连旱。干旱导致部分农作物受灾，江河库湖水位明显下降，森林火险等级偏高。11月下旬，旱区出现明显降雨，旱情有所缓和。

6.4.1 全面做好干旱监测和调查

此次旱情露头伊始，中国气象局每日监测干旱实况，及时了解和掌握旱情发展变化趋势。另外，还组织农业气象和决策服务专家赴安徽、江西旱区实地调查干旱对水稻、柑橘、茶叶等作物的影响。

6.4.2 全力做好决策服务工作

中国气象局加强为党中央、国务院的决策气象服务，多次及时上报旱区干旱监测、旱情未来发展趋势、旱区降水实况和预报、气象干旱和转折性天气对农业生产的影响等决策服务信息，并进一步加强与农业农村部、水利部等相关部委的沟通与协调。旱情影响期间，共上报《专题材料》2 期、《气象预警服务快报》1 期、《两办刊物信息》5 期、《重要气候信息》4 期、《长江中下游地区旱情分析及未来天气趋势展望》38 期，为国务院及有关部门抗旱决策提供重要参考。

6.4.3 积极开展人工增雨作业

为缓解旱情，中国气象局密切关注天气变化，尤其是转折性天气即将来临之际，对人工影响天气作业条件进行会商和分析，为各省人工影响天气作业提供准确的增雨气象条件预报，提前做好人工增雨作业的各项准备。

6.5 "7・23"贵州毕节和六盘水特大山体滑坡气象服务

2019 年 7 月 23 日 16 时许和 21 时许，贵州省毕节市赫章县野马川乡和六盘水市水城县鸡场镇平地村分别发生特大山体滑坡，造成重大人员伤亡。

6.5.1 国家级决策服务超前展开

19 日，中国气象局制作的《重大气象信息专报》中指出，"7 月下旬北方和西南地区将进入多雨时期，需加强防汛防地质灾害工作"。23 日上午制作的《气象灾害预警服务快报》中又明确提出，"23—24 日，贵州西部和南部将有大雨或暴雨，上述地区地质条件脆弱，且前期已出现较强降雨，需加强防范局地短时强降雨可能引发的地质灾害"。另外，灾害发生后，密切关注滑坡点天气情况，当晚立即制作《两办刊物信息》，提醒"赫章县和水城县 24 日有中到大雨，25—26 日有雷阵雨，需做好救灾人员和受灾群众的防雨措施，注意防范局地短时强降雨导致受灾点发生二次滑坡"，保障救援工作顺利进行。

6.5.2 各级气象部门精准预警

21 日，贵州省气象局向贵州省委、省政府呈送的《气象信息报告》中指出，"22—23 日省的中部以西、以北地区阴天间多云有阵雨或雷雨，雨量中到大雨，局地有暴雨，部分乡镇有大暴雨"。22 日和 23 日的暴雨预报也精准预报出毕节市、六盘水地区将有较强降雨过程。同时，贵州省气象局与贵州省自然资源厅 22 日、23 日连续两天联合发布地质灾害气象风险橙色预警，指出六盘水市、毕节市等地地质灾害气象风险高。六盘水市、毕节市和水城县气象部门联合自然资源等部门也及时发布暴雨、地质灾害预报预警信息。

6.5.3 气象应急保障积极部署

山体滑坡发生后，中国气象局立即部署气象应急保障工作。贵州省气象局启动重大气象保障Ⅱ级应急响应；贵州省气象台也加强对滑坡点的天气监测，及时与现场气象应急服务组保持联系，并指导市、县气象台做好跟踪预报服务工作；省、市、县三级气象台开展联动会商，为现场抢救指挥部和地方领导提供滚动未来 3 小时逐小时预报；气象部门主要领导在第一时间赶到灾害现场指挥气象保障服务工作。

6.6 "7・3"辽宁开原龙卷气象服务

2019 年 7 月 3 日 17 时 30 分前后，辽宁省铁岭市开原市区遭龙卷袭击，造成 6 人死亡、191 人受伤，房屋、电力、通信设施等不同程度受损。

6.6.1 提早发布预报预警信息

龙卷时空尺度小，破坏力强。目前，龙卷的监测预警在国际上依然是一个世界级难题。针对此次东北地区强对流天气过程，中央气象台提前 8 小时给出辽宁北部雷暴大风和冰雹的高概率潜势预报；辽宁省气象局、铁岭市气象台也分别于 16 时 42 分和 17 时 25 分发布雷电黄色、冰雹橙色预警信号，指导公众防灾避险。

6.6.2 第一时间开展气象服务

龙卷灾害发生后，中央气象台 3 日晚联合多部门专家，积极组织实地灾情调研和过程技术分析总结，以及继续做好后续预报服务工作。4 日晨制作的《气象灾害预警服务快报》指出，"东北地区、华北及黄淮等地将有短时强降雨以及 8～10 级雷暴大风或冰雹等强对流天气"，并提醒"强对流天气具有破坏力大、致灾危险性高等特点，同时发生地点局地性强、发生时间不确定性大，增大了防范难度，需加强预防，做好应急避险、灾害救助等工作。"

6.7 四川凉山州木里县火场气象服务

2019 年 3 月下旬至 4 月，森林火灾频繁发生。3 月 30 日 18 时许，四川省凉山州木里县雅砻江镇立尔村发生森林火灾，引起全国极大关注。

中央气象台立即与四川等地气象部门会商天气，加密对火场地区的气象监测和预警服务工作。4 月 1 日，中国气象局及时传达习近平总书记、李克强总理的批示精神，启动森林火灾气象服务保障Ⅳ级应急响应，四川省气象局启动Ⅰ级应急响应，北京、宁夏、湖北等地启动Ⅳ级应急响应；四川当地气象部门及时开展专项气象保障工作，并派人赴现场指挥部进行气象服务。

期间，中央气象台制作了多期森林火险决策服务材料报送相关部门。3 月 31 日制作《重大气象信息专报》，提供未来一周的天气趋势和森林草原火险等级预报。4 月 1 日起，每日 4 次制作专项保障服务产品，提供四川凉山木里以及山西沁源、云南布朗山—大勐龙等地火场天气实况和预报信息。

6.8 四川宜宾长宁县和珙县震区气象服务

2019 年 6 月 17 日 22 时 55 分和 23 时 36 分，四川省宜宾市长宁县和珙县相继发生 6.0 级和 5.1 级地震，且余震不断，造成多人死伤，部分房屋、道路、电力、通讯等设施受损；重庆、成都、绵阳等地震感明显。

地震发生后，中央气象台立即开展气象服务工作。17 日 23 时 50 分制作《两办刊物信息》，提供震区天气实况和预报信息；18—24 日，每日制作一期《四川震区气象服务专报》，提供震区天气实况和未来三天预报，并提醒防范局地强降雨等天气可能引发的滑坡、泥石流等次生灾害，做好灾区安置点和救灾人员的防雨和防雷电工作，以及防范降雨对交通运输和救灾工作的不利影响。27 日，又制作一期《两办刊物信息》，提醒"四川宜宾震区 27 日夜间将有明显降雨，需防范地质灾害"。

附 录

附录 A　气象灾害统计年表

表 A.1　2019 年气象灾害总受灾情况

Table A.1　Summary of total meteorological disaster in China in 2019

地区	农作物受灾情况		人口受灾情况			直接经济损失（亿元）
	受灾面积（万公顷）	绝收面积（万公顷）	受灾人口（万人次）	死亡人口（人）	失踪人口（人）	
北　京	0.25	0.01	6.4	1	0	5.2
天　津	0	0	0	0	0	0
河　北	31.47	5.16	289.2	3	0	23.2
山　西	147.37	31.42	953.0	32	0	124.0
内蒙古	145.35	11.08	220.7	7	0	46.8
辽　宁	32.47	3.51	171.4	6	0	47.5
吉　林	53.62	6.43	177.1	0	0	51.2
黑龙江	354.07	73.75	397.6	2	0	221.4
上　海	0.87	0.01	18.9	0	0	1.9
江　苏	22.42	1.81	145.9	9	0	15.6
浙　江	35.38	4.57	896.0	62	2	552.6
安　徽	95.8	12.37	789.1	12	3	85.0
福　建	12.31	2.16	139.8	6	0	117.7
江　西	120.07	21.68	1545.9	55	1	333.6
山　东	134.07	19.87	1126.6	20	1	425.3
河　南	96.98	9.74	1221.9	4	0	41.9
湖　北	142.98	20.20	1281.6	44	2	100.7
湖　南	99.78	17.95	1173.9	28	3	243.1
广　东	14.47	0.45	103.5	51	2	55.7
广　西	24.78	2.49	354.4	86	8	99.3
海　南	0.36	0.05	12.9	8	0	1.7
重　庆	7.83	1.27	145.9	25	2	19.6
四　川	32.38	3.32	444.2	77	35	276.5
贵　州	14.10	2.39	270.7	61	15	46.9
云　南	156.89	12.27	944.4	61	8	100.9
西　藏	0.55	0.04	11.3	7	0	1.7
陕　西	64.51	10.90	458.8	38	9	58.8
甘　肃	17.36	0.83	221.8	18	2	29.8
青　海	7.03	0.59	86.3	9	0	7.6
宁　夏	2.91	0.36	14.6	3	0	2.9
新疆（含兵团）	57.26	3.52	74.3	0	0	41.8
全国总计	1925.69	280.20	13698.1	735	93	3179.9

表 A.2 2019 年干旱灾害情况统计

Table A.2 Summary of drought disaster in China in 2019

地区	农作物受灾情况		人员受灾情况		直接经济损失（亿元）
	受灾面积（万公顷）	绝收面积（万公顷）	受灾人口（万人）	饮水困难人口（万人）	
北京	0	0	0	0	0
天津	0	0	0	0	0
河北	13.05	3.09	126.0	0.4	9.0
山西	128.45	29.45	837.7	30.8	99.1
内蒙古	37.97	5.88	49.0	3.0	12.9
辽宁	1.37	0.30	4.9	0	0.9
吉林	0	0	0	0	0
黑龙江	0	0	0	0	0
上海	0	0	0	0	0
江苏	0	0	0	0	0
浙江	1.16	0.08	2.4	0.9	0.9
安徽	85.71	11.63	688.3	100.7	40.6
福建	2.16	0.17	14.4	0.3	2.3
江西	49.26	9.22	523.3	92.0	52.9
山东	28.25	2.01	253.9	5.3	15.7
河南	80.71	9.00	1021.1	11.5	34.9
湖北	115.34	17.36	999.0	98.1	66.2
湖南	35.66	4.78	344.4	55.1	22.6
广东	0	0	0	0	0
广西	2.63	0.17	27.1	2.3	1.0
海南	0	0	0	0	0
重庆	4.29	0.72	69.2	19.5	5.0
四川	7.90	0.13	35.0	8.6	2.8
贵州	0	0	0.2	0	0
云南	143.29	10.23	758.9	130.6	72.0
西藏	0	0	0	0	0
陕西	45.75	7.14	269.4	1.1	18.5
甘肃	0.25	0	5.0	0	0
青海	0	0	0	0	0
宁夏	0.60	0	1.0	0	0.1
新疆（含兵团）	0	0	0	0	0
全国总计	783.80	111.36	6030.2	560.2	457.4

表 A.3　2019 年暴雨洪涝(滑坡、泥石流)灾害情况统计

Table A.3　Summary of rainstorm induced flood (landslide and mud-rock flow) disaster in China in 2019

地区	农作物受灾情况		人员受灾情况		房屋倒损情况		直接经济损失（亿元）
	受灾面积（万公顷）	绝收面积（万公顷）	受灾人口（万人）	死亡失踪人口（人）	倒塌房屋（万间）	损坏房屋（万间）	
北　京	0.02	0	1.9	1	0	0	1.4
天　津	0	0	0	0	0	0	0
河　北	4.15	0.43	37.7	1	0	0.1	3.1
山　西	7.15	0.61	43.0	31	0.2	0.6	12.9
内蒙古	22.28	2.23	39.7	0	0	0.1	8.8
辽　宁	25.73	3.04	114.1	0	0	0.8	32.7
吉　林	28.61	4.63	107.2	0	0.1	1.4	40.8
黑龙江	274.48	66.93	290.6	2	0.3	5.5	187.3
上　海	0.08	0	3.4	0	0	0	0.8
江　苏	0	1.32	27.1	0	0	0.1	5.9
浙　江	3.89	0.40	52.6	10	0.2	1.1	129.9
安　徽	2.40	0.07	38.8	2	0	0.1	5.6
福　建	9.36	1.85	114.2	6	0.8	1.8	113.1
江　西	67.10	12.27	958.6	40	1.6	9.1	268.2
山　东	30.31	11.04	247.9	9	2.0	5.7	308.0
河　南	8.69	0.31	111.1	0	0	0.1	3.4
湖　北	21.90	2.27	215.8	42	0.1	1.0	27.0
湖　南	60.68	12.15	786.6	25	1.8	9.2	216.1
广　东	8.35	0.30	83.4	48	0.6	0.8	52.4
广　西	19.06	2.18	293.1	91	0.6	5.3	94.1
海　南	0	0	2.4	0	0	0	0
重　庆	3.10	0.48	70.7	27	0.3	1.4	14.0
四　川	23.77	3.05	399.6	112	0.9	7.0	272.0
贵　州	12.58	2.09	249.5	74	0.1	3.5	45.3
云　南	8.03	1.22	113.3	64	0.1	1.2	20.1
西　藏	0.30	0.03	6.4	0	0.1	0.2	1.1
陕　西	12.69	2.39	157.9	47	0.3	2.2	34.7
甘　肃	9.24	0.28	160.9	20	0.2	1.2	16.5
青　海	2.10	0.24	27.0	3	0	0.4	3.3
宁　夏	0.36	0.14	3.7	3	0	0	0.7
新疆(含兵团)	1.63	0.20	8.4	0	0	0.8	3.5
全国总计	668.04	132.15	4766.6	658	10.3	60.7	1922.7

表 A.4 2019 年大风、冰雹及雷电灾害情况统计

Table A.4 Summary of gale, hail and lightning disaster in China in 2019

地区	农作物受灾情况		人员受灾情况		房屋倒损情况		直接经济损失（亿元）
	受灾面积（万公顷）	绝收面积（万公顷）	受灾人口（万人次）	死亡失踪人口（人）	倒塌房屋（万间）	损坏房屋（万间）	
北 京	0.23	0.01	4.5	0	0	0.1	3.8
天 津	0	0	0	0	0	0	0
河 北	11.59	1.17	103.7	2	0	1.2	9.7
山 西	7.34	0.94	46.7	1	0	0.2	8.6
内蒙古	49.81	2.73	82.0	7	0	0.5	17.5
辽 宁	2.85	0.11	15.9	6	0	1.6	13.1
吉 林	12.54	1.37	30.2	0	0	0.7	5.0
黑龙江	22.36	1.36	31.6	0	0	0.3	9.1
上 海	0	0	0	0	0	0	0
江 苏	6.86	0.32	65.2	8	0	2.9	4.9
浙 江	0.05	0.01	0.2	2	0	0.1	0.2
安 徽	5.25	0.27	42.5	4	0	0.6	5.9
福 建	0.79	0.14	4.6	0	0	0.5	2.2
江 西	3.70	0.19	63.9	16	0.1	1.7	12.5
山 东	11.18	1.87	121.9	0	0	0.9	11.5
河 南	7.58	0.43	89.7	4	0	0.1	3.6
湖 北	4.58	0.52	53.2	4	0.1	2.8	6.7
湖 南	1.06	0.15	17.6	6	0.1	1.2	1.7
广 东	0.16	0.02	0.3	5	0	0	0.2
广 西	0.14	0.02	1.9	3	0	0.1	0.3
海 南	0.01	0	0.4	8	0	0	1.0
重 庆	0.44	0.07	6.0	0	0	0.2	0.6
四 川	0.69	0.14	9.3	0	0	0	1.4
贵 州	1.52	0.30	21.0	2	0	0.6	1.6
云 南	3.81	0.50	47.8	5	0	2.4	6.3
西 藏	0.25	0.01	2.3	3	0	0	0.2
陕 西	1.55	0.17	12.3	0	0	0.1	2.7
甘 肃	6.15	0.53	42.7	0	0	0	12.2
青 海	3.82	0.34	36.2	6	0	0.1	1.7
宁 夏	1.61	0.20	8.3	0	0	0	1.3
新疆（含兵团）	54.92	3.25	65.4	0	0	0.1	37.9
全国总计	222.84	17.14	1027.3	92	0.3	19	183.4

表 A.5 2019 年台风灾害情况统计

Table A.5 Summary of typhoon disaster in China in 2019

地区	农作物受灾情况		人口受灾情况			倒塌房屋（万间）	直接经济损失（亿元）
	受灾面积（万公顷）	绝收面积（万公顷）	受灾人口（万人次）	死亡失踪人口（人）	紧急转移安置人口（万人次）		
北 京	0	0	0	0	0	0	0
天 津	0	0	0	0	0	0	0
河 北	1.66	0.06	15.0	0	0	0	0.8
山 西	0	0	0	0	0	0	0
内蒙古	0	0	0	0	0	0	0
辽 宁	2.52	0.06	36.5	0	13.0	0	0.8
吉 林	12.47	0.43	39.7	0	0.3	0	5.4
黑龙江	53.49	5.46	68.3	0	0.1	0	24.1
上 海	0.79	0.01	15.5	0	15.1	0	1.1
江 苏	15.54	0.17	53.3	1	1.1	0	4.7
浙 江	30.28	4.08	840.8	52	163.5	0.6	421.6
安 徽	2.44	0.40	19.5	9	2.3	0.2	32.9
福 建	0	0	6.6	0	6.1	0	0.1
江 西	0.01	0	0.1	0	0	0	0
山 东	64.30	4.95	502.6	12	41.3	0.7	90.1
河 南	0	0	0	0	0	0	0
湖 北	0	0	0	0	0	0	0
湖 南	0.05	0.01	1.9	0	0	0	0.2
广 东	5.89	0.13	19.8	0	1.6	0	2.9
广 西	2.65	0.12	29.5	0	0.7	0.1	3.3
海 南	0.35	0.05	10.1	0	1.8	0	0.7
重 庆	0	0	0	0	0	0	0
四 川	0	0	0	0	0	0	0
贵 州	0	0	0	0	0	0	0
云 南	0	0	0	0	0	0	0
西 藏	0	0	0	0	0	0	0
陕 西	0	0	0	0	0	0	0
甘 肃	0	0	0	0	0	0	0
青 海	0	0	0	0	0	0	0
宁 夏	0	0	0	0	0	0	0
新疆（含兵团）	0	0	0	0	0	0	0
全国总计	192.44	15.93	1659.2	74	246.9	1.6	588.7

表 A.6　2019 年雪灾和低温冷冻灾害情况统计

Table A.6　Summary of low-temperature and frost disaster in China in 2019

地区	农作物受灾情况		人员受灾情况		房屋倒损情况		直接经济损失（亿元）
	受灾面积（万公顷）	绝收面积（万公顷）	受灾人口（万人次）	死亡失踪人口（人）	倒塌房屋（万间）	损坏房屋（万间）	
北　京	0	0	0	0	0	0	0
天　津	0	0	0	0	0	0	0
河　北	1.02	0.41	6.8	0	0	0	0.6
山　西	4.43	0.42	25.6	0	0	0	3.4
内蒙古	35.29	0.24	50	0	0	0	7.6
辽　宁	0	0	0	0	0	0	0
吉　林	0	0	0	0	0	0	0
黑龙江	3.74	0	7.1	0	0	0	0.9
上　海	0	0	0	0	0	0	0
江　苏	0.02	0	0.3	0	0	0	0.1
浙　江	0	0	0	0	0	0	0
安　徽	0	0	0	0	0	0	0
福　建	0	0	0	0	0	0	0
江　西	0	0	0	0	0	0	0
山　东	0.03	0	0.3	0	0	0	0
河　南	0	0	0	0	0	0	0
湖　北	1.16	0.05	13.6	0	0	0	0.8
湖　南	2.33	0.86	23.4	0	0	0	2.5
广　东	0.07	0	0	0	0	0	0.2
广　西	0.30	0	2.8	0	0	0	0.6
海　南	0	0	0	0	0	0	0
重　庆	0	0	0	0	0	0	0
四　川	0.02	0	0.3	0	0	0	0.3
贵　州	0	0	0	0	0	0	0
云　南	1.76	0.32	24.4	0	0	0	2.5
西　藏	0	0	2.6	4	0	0	0.4
陕　西	4.52	1.20	19.2	0	0	0	2.9
甘　肃	1.72	0.02	13.2	0	0	0	1.1
青　海	1.11	0.01	23.1	0	0	0	2.6
宁　夏	0.34	0.02	1.6	0	0	0	0.8
新疆(含兵团)	0.71	0.07	0.5	0	0	0	0.4
全国总计	58.57	3.62	214.8	4	0	0	27.7

附录 B　主要气象灾害分布图

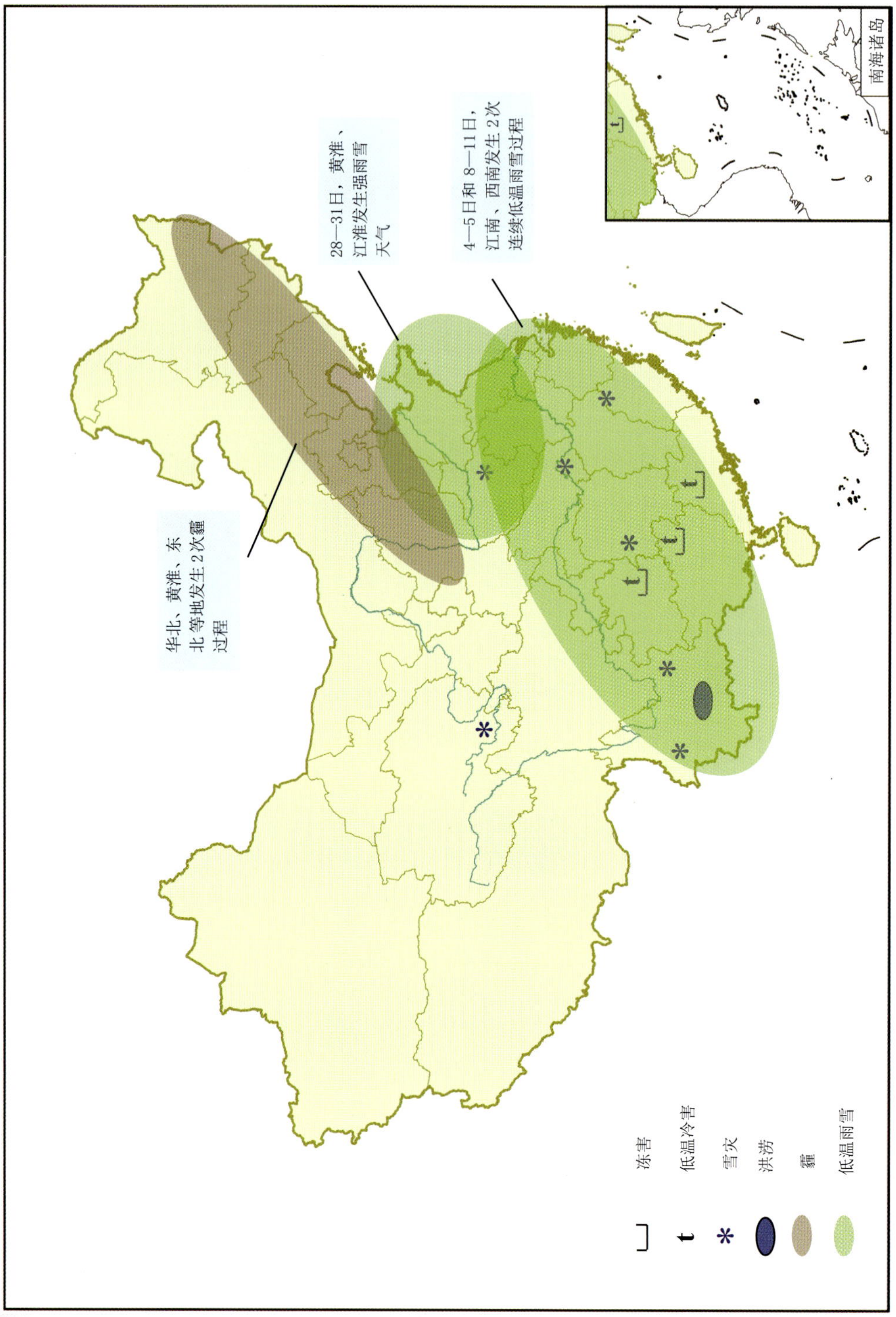

28—31日，黄淮、江淮发生强雨雪天气

4—5日和8—11日，江南、西南发生2次连续低温雨雪过程

华北、黄淮、东北等地发生2次霾过程

南海诸岛

冻害

低温冷害

雪灾

洪涝

霾

低温雨雪

图 B.1　2019年1月全国主要气象灾害分布

Fig. B.1　The distribution of major meteorological disasters over China in January 2019

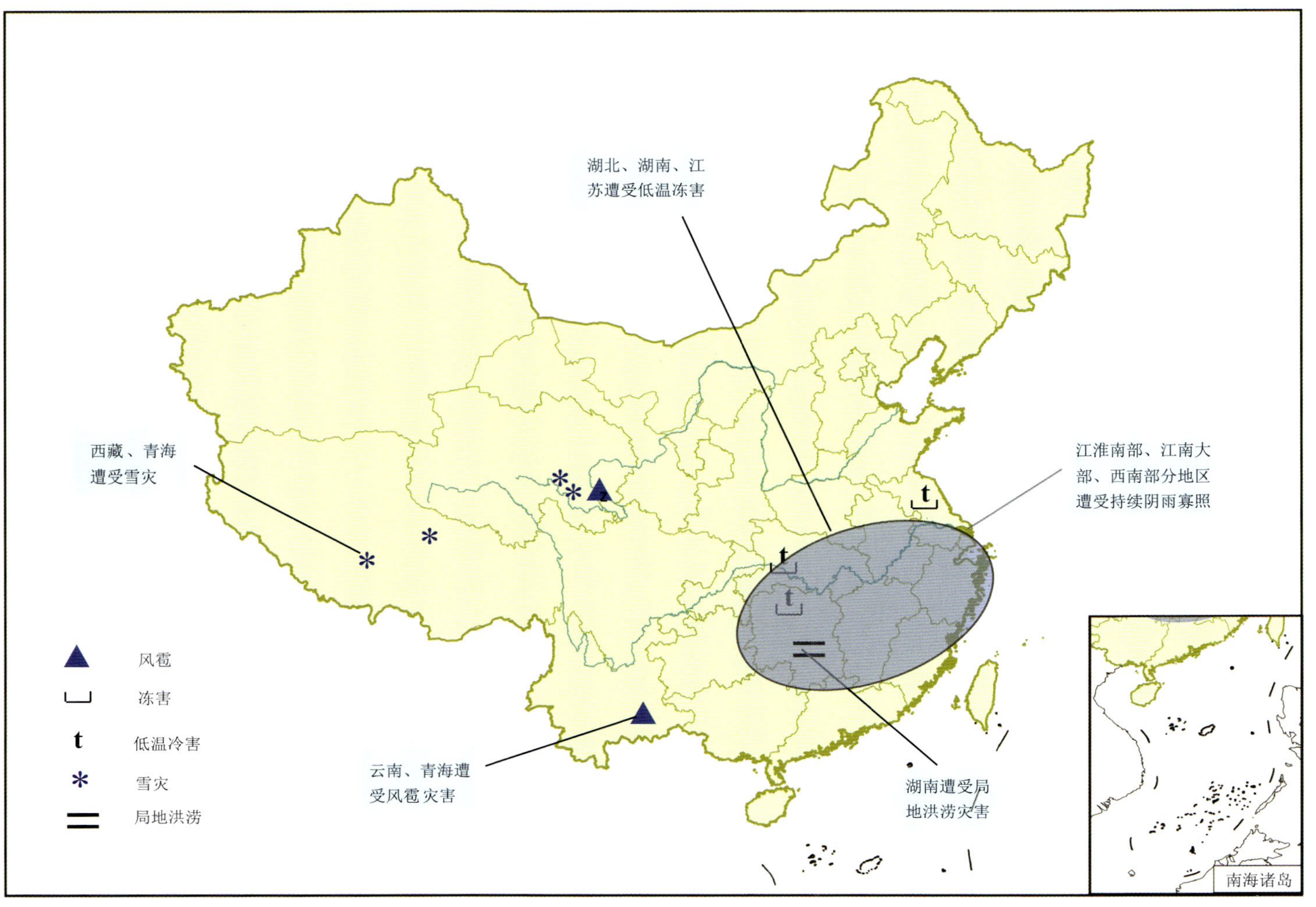

图 B.2　2019 年 2 月全国主要气象灾害分布

Fig. B.2　The distribution of major meteorological disasters over China in February 2019

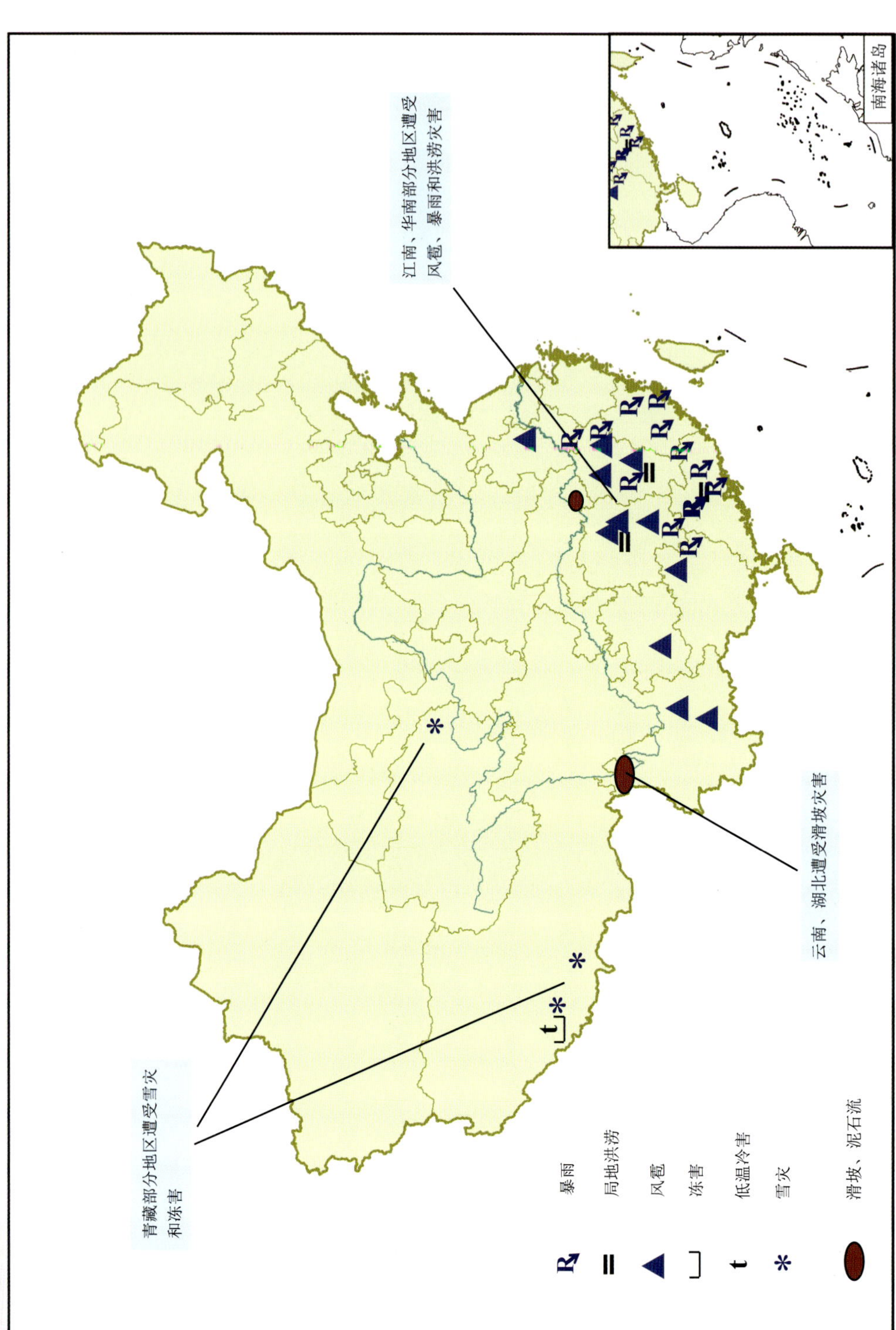

图 B.3　2019 年 3 月全国主要气象灾害分布

Fig. B.3　The distribution of major meteorological disasters over China in March 2019

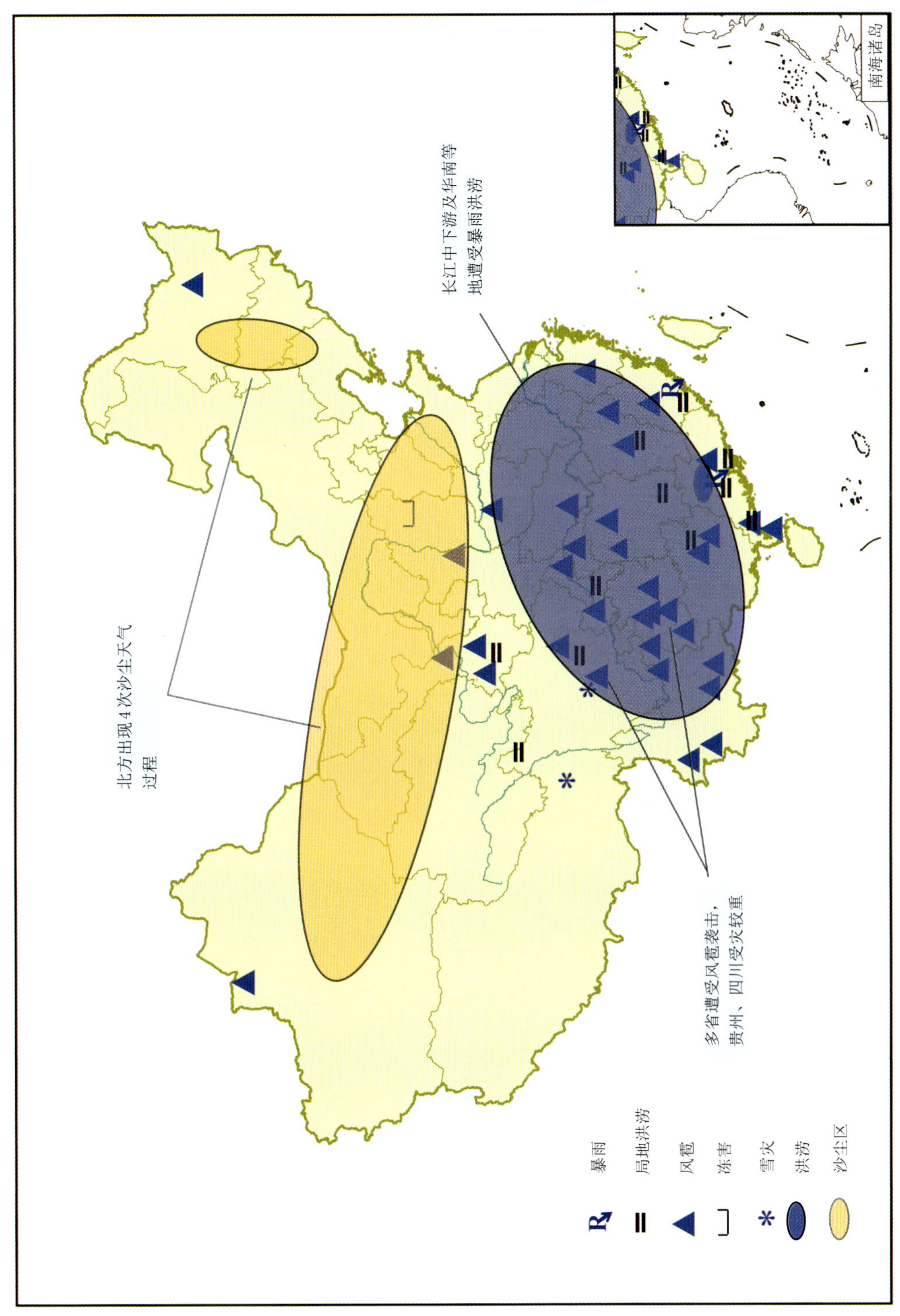

图 B.4　2019 年 4 月全国主要气象灾害分布

Fig. B.4　The distribution of major meteorological disasters over China in April 2019

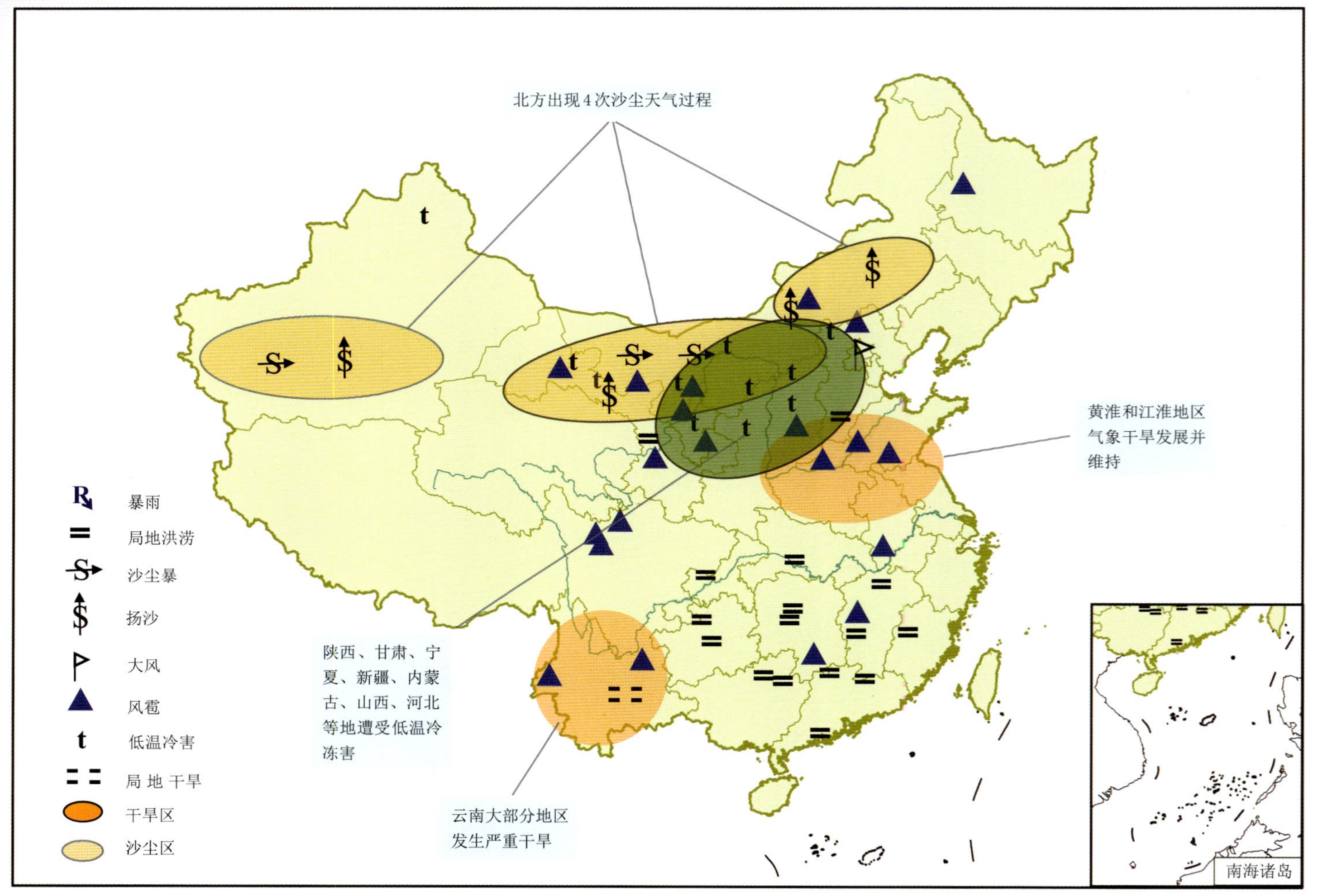

图 B.5 2019 年 5 月全国主要气象灾害分布

Fig. B.5 The distribution of major meteorological disasters over China in May 2019

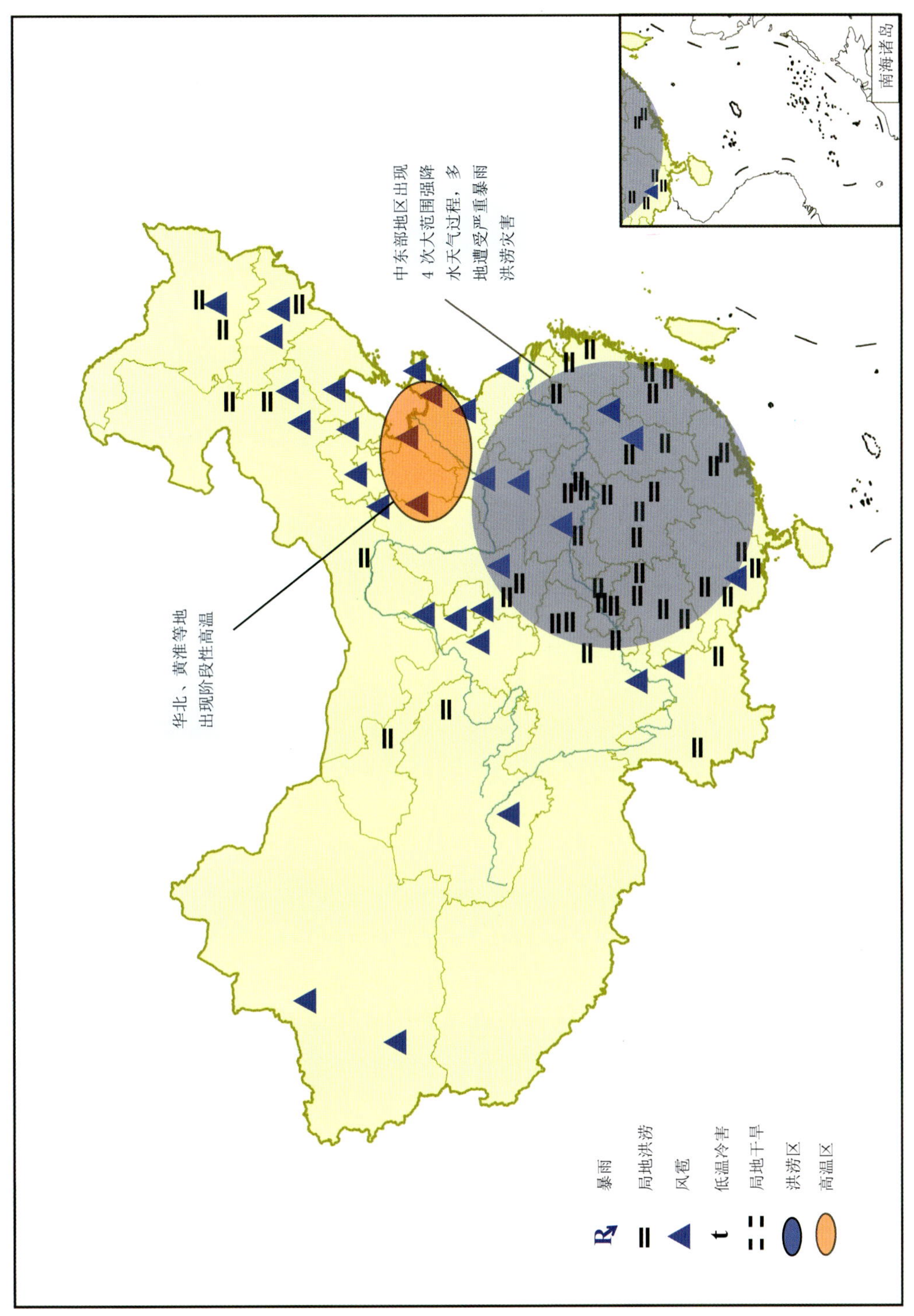

图 B.6　2019 年 6 月全国主要气象灾害分布

Fig. B.6　The distribution of major meteorological disasters over China in June 2019

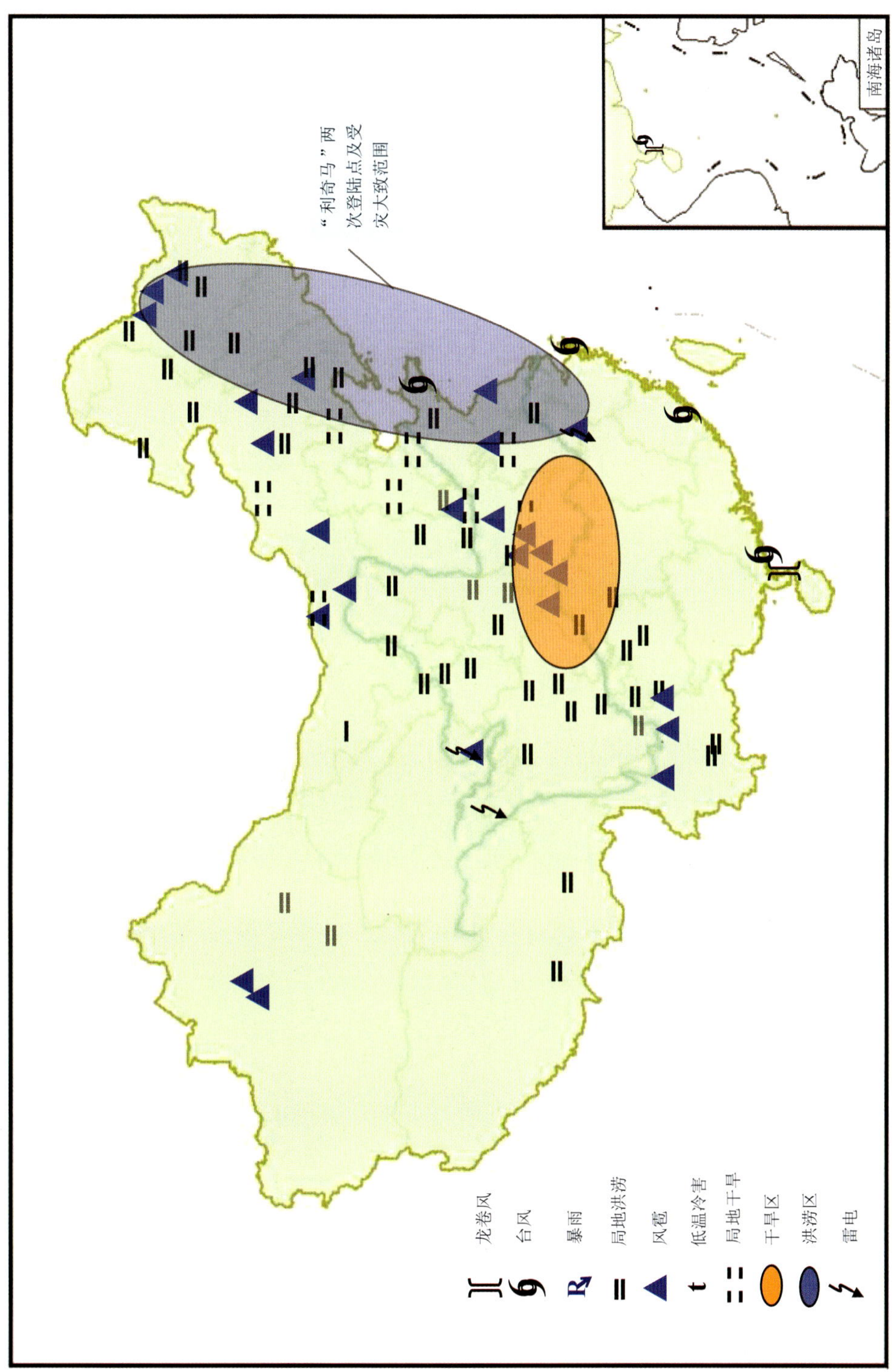

图 B.8　2019年8月全国主要气象灾害分布

Fig. B.8　The distribution of major meteorological disasters over China in August 2019

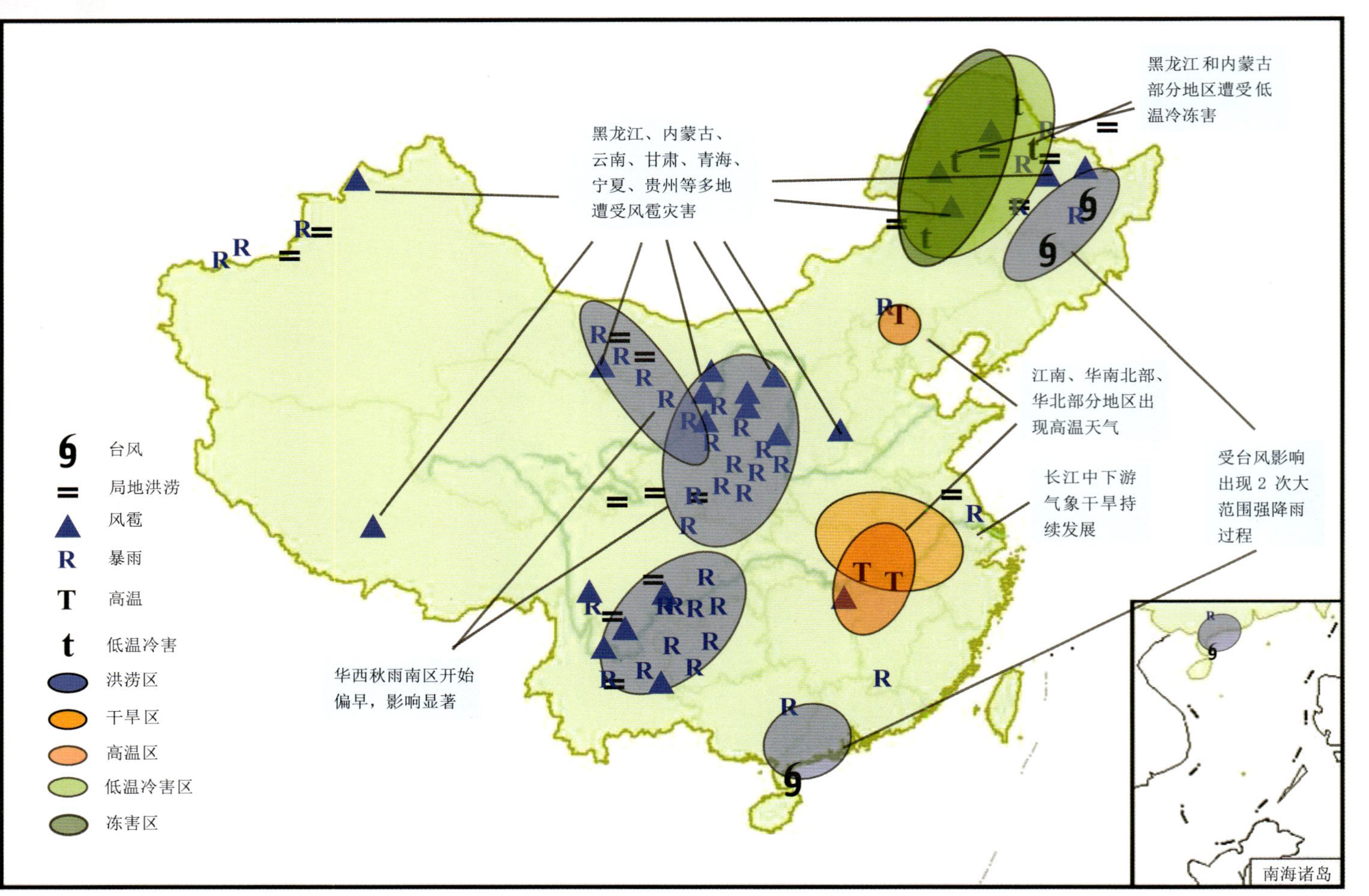

图 B.9　2019 年 9 月全国主要气象灾害分布

Fig. B.9　The distribution of major meteorological disasters over China in September 2019

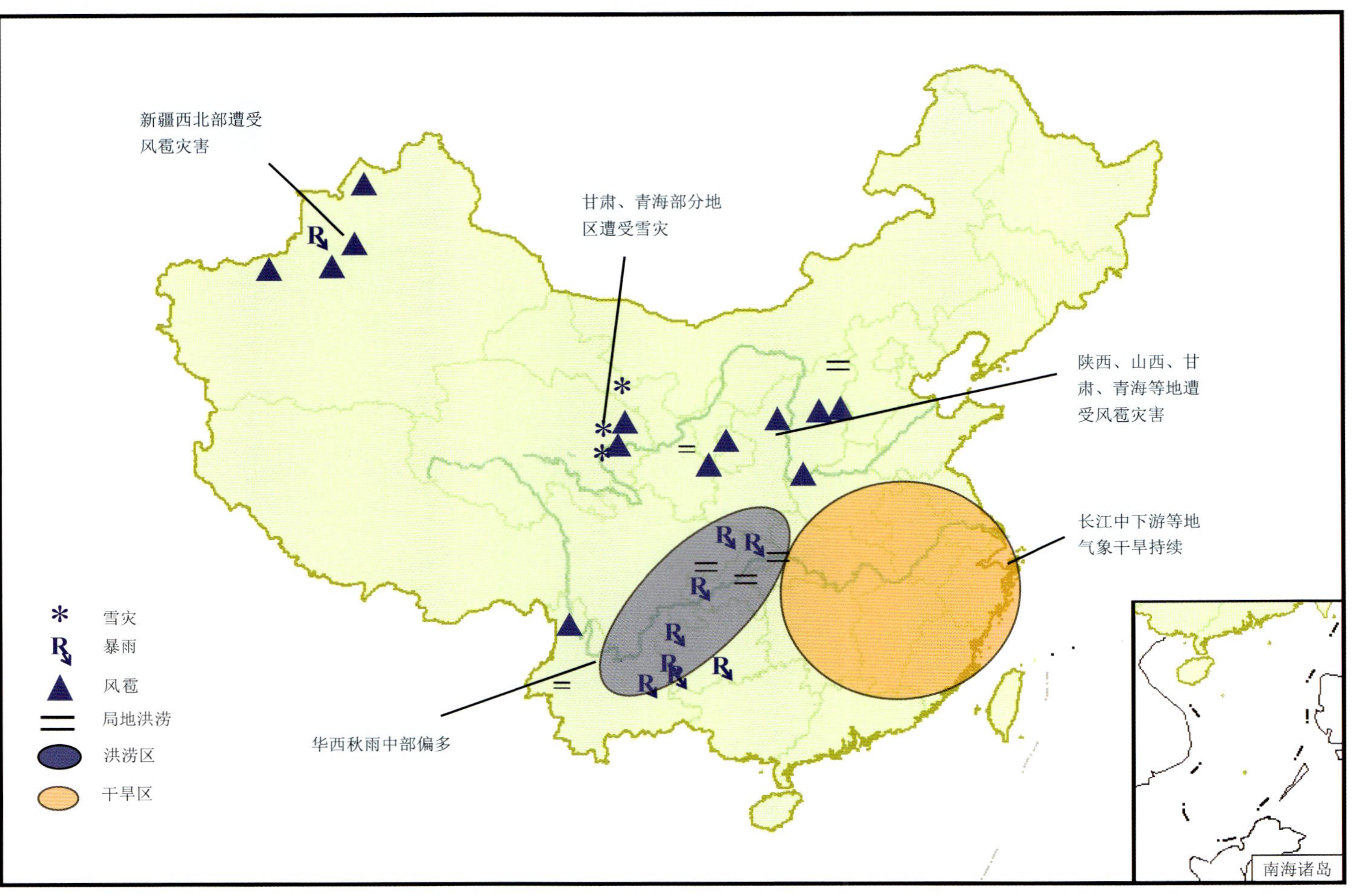

图 B.10　2019 年 10 月全国主要气象灾害分布

Fig. B.10　The distribution of major meteorological disasters over China in October 2019

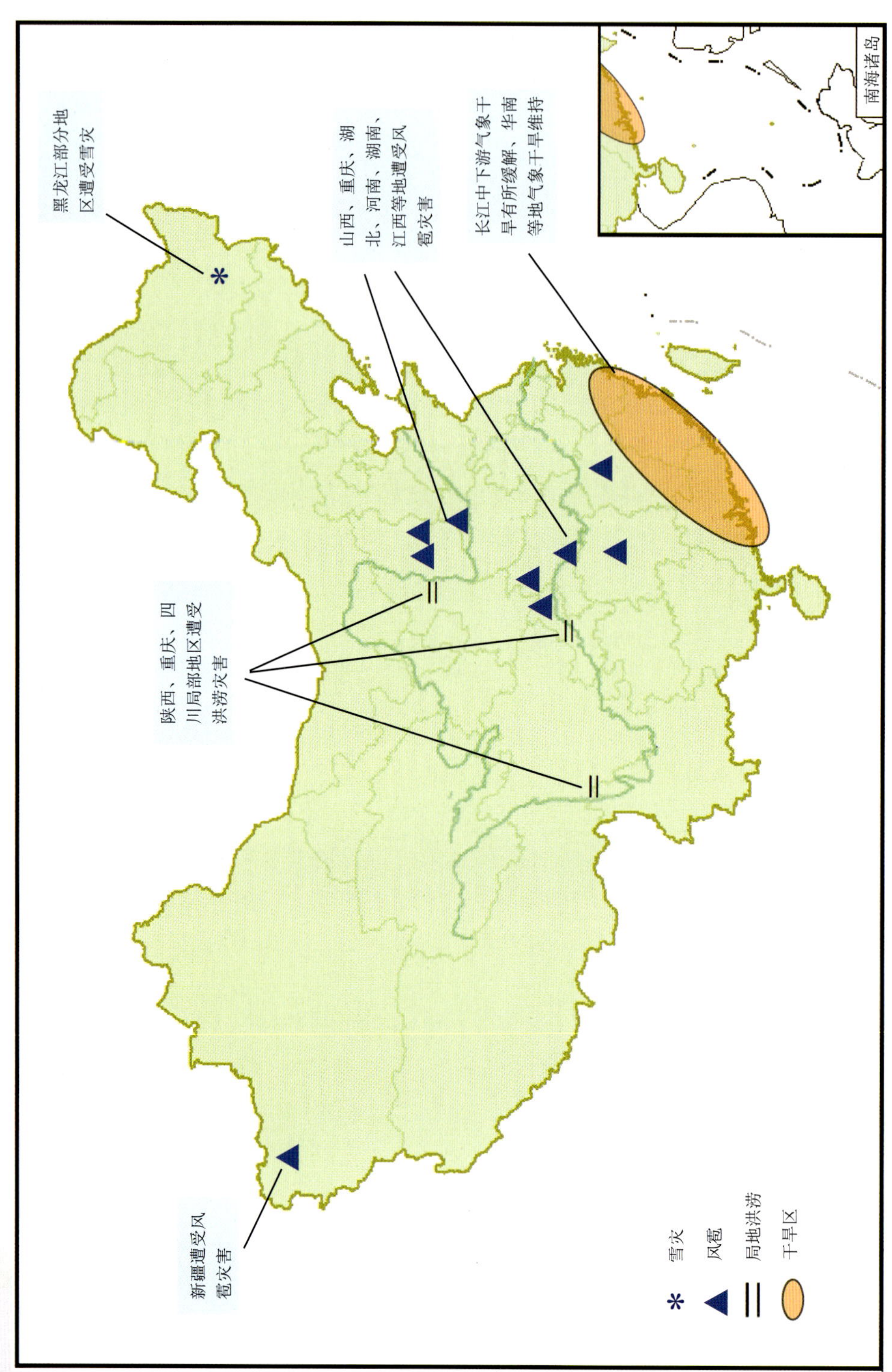

图 B.11　2019 年 11 月全国主要气象灾害分布

Fig. B.11　The distribution of major meteorological disasters over China in November 2019

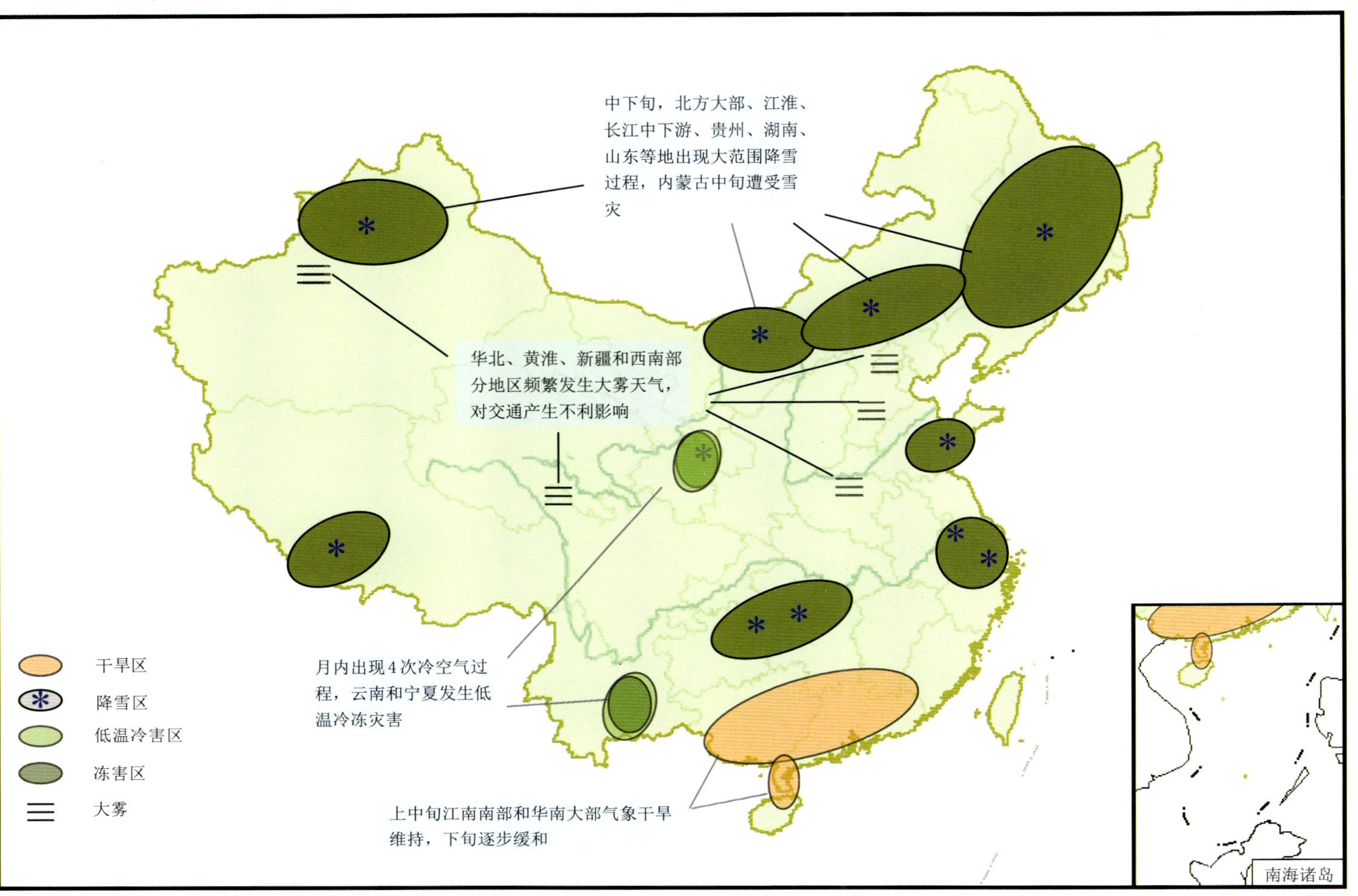

图 B.12　2019 年 12 月全国主要气象灾害分布

Fig. B.12　The distribution of major meteorological disasters over China in December 2019

附录 C　气温特征分布图

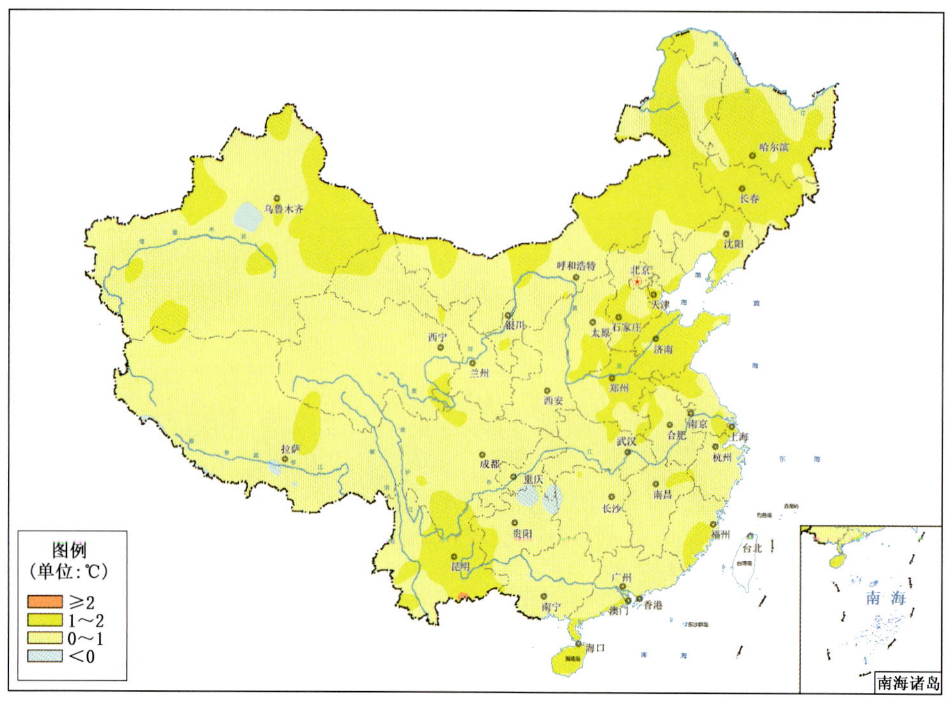

图 C.1　2019 年全国年平均气温距平分布

Fig. C.1　Distribution of annual mean temperature anomalies over China in 2019(unit:℃)

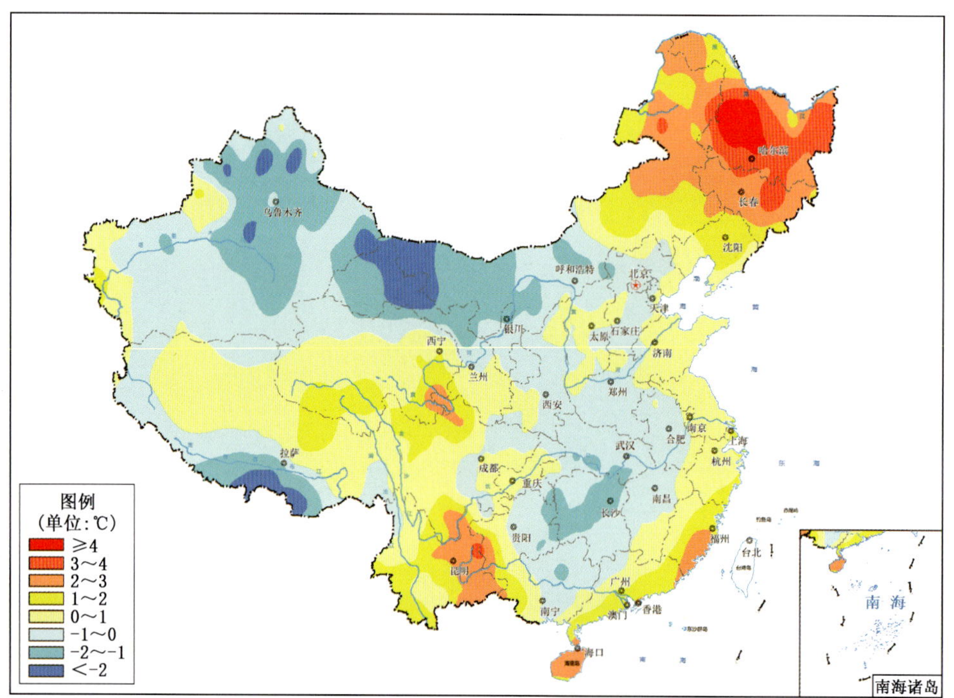

图 C.2　2019 年全国冬季平均气温距平分布

Fig. C.2　Distribution of annual mean temperature anomalies over China in winter of 2019(unit:℃)

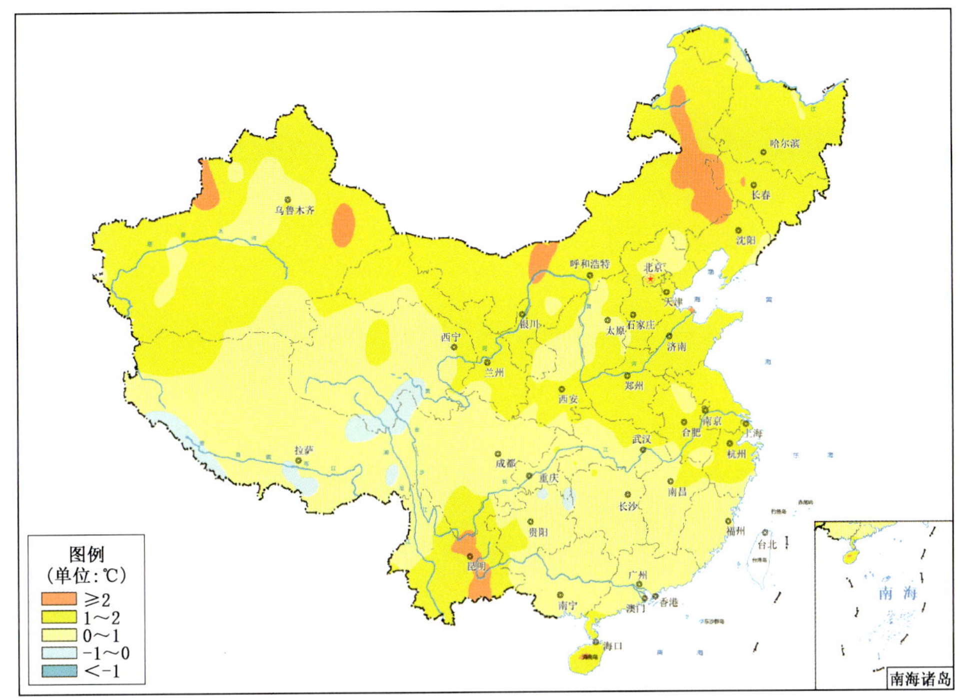

图 C.3　2019 年全国春季平均气温距平分布

Fig. C.3　Distribution of annual mean temperature anomalies over China in spring of 2019(unit:℃)

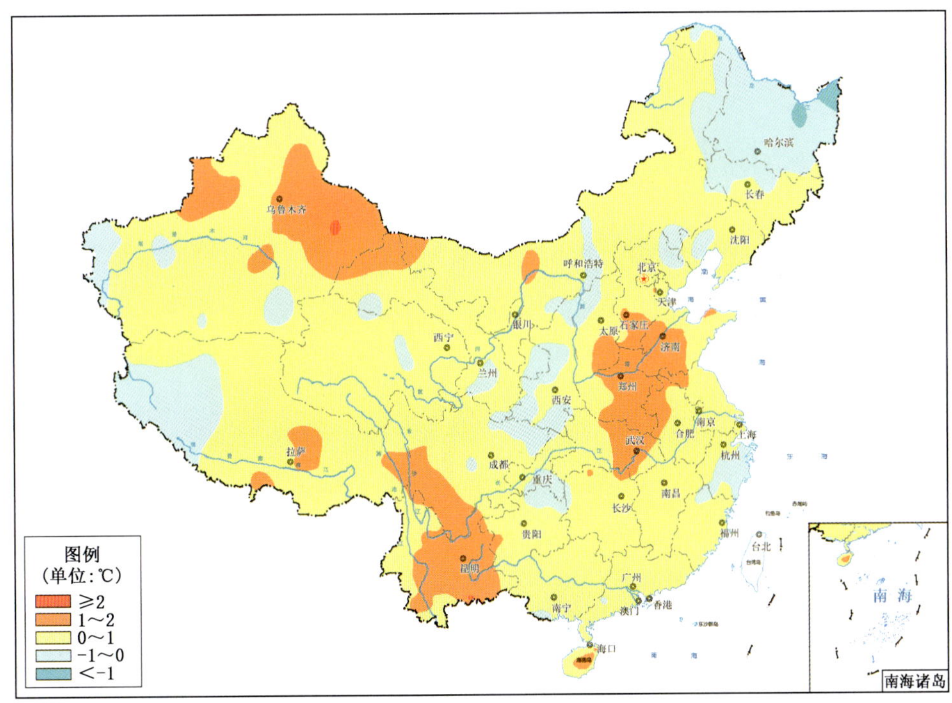

图 C.4　2019 年全国夏季平均气温距平分布

Fig. C.4　Distribution of annual mean temperature anomalies over China in summer of 2019(unit:℃)

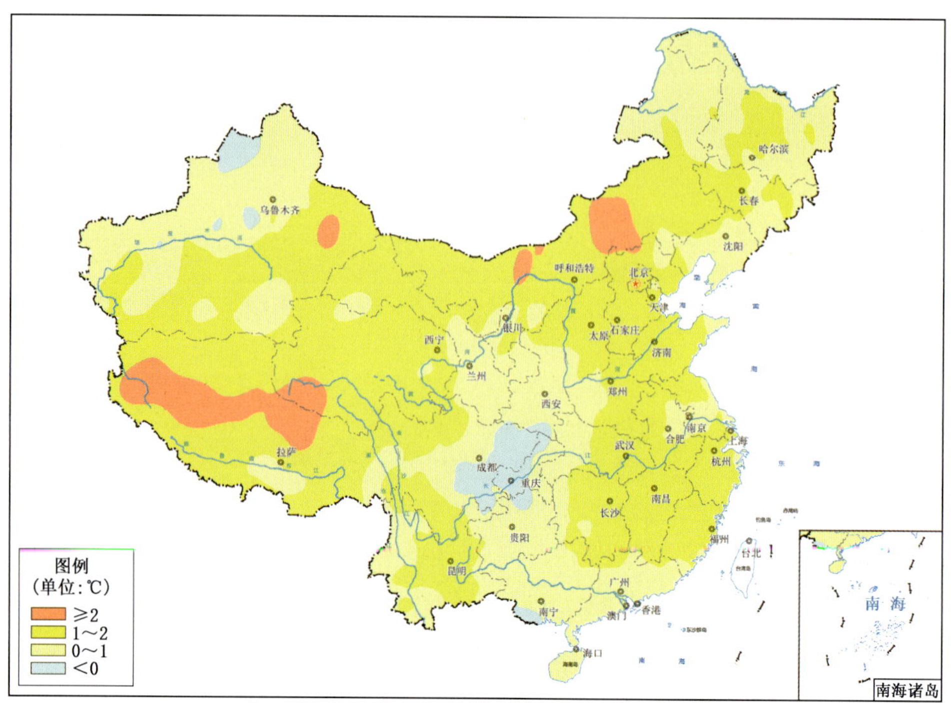

图 C.5　2019 年全国秋季平均气温距平分布

Fig. C.5　Distribution of annual mean temperature anomalies over China in autumn of 2019(unit:℃)

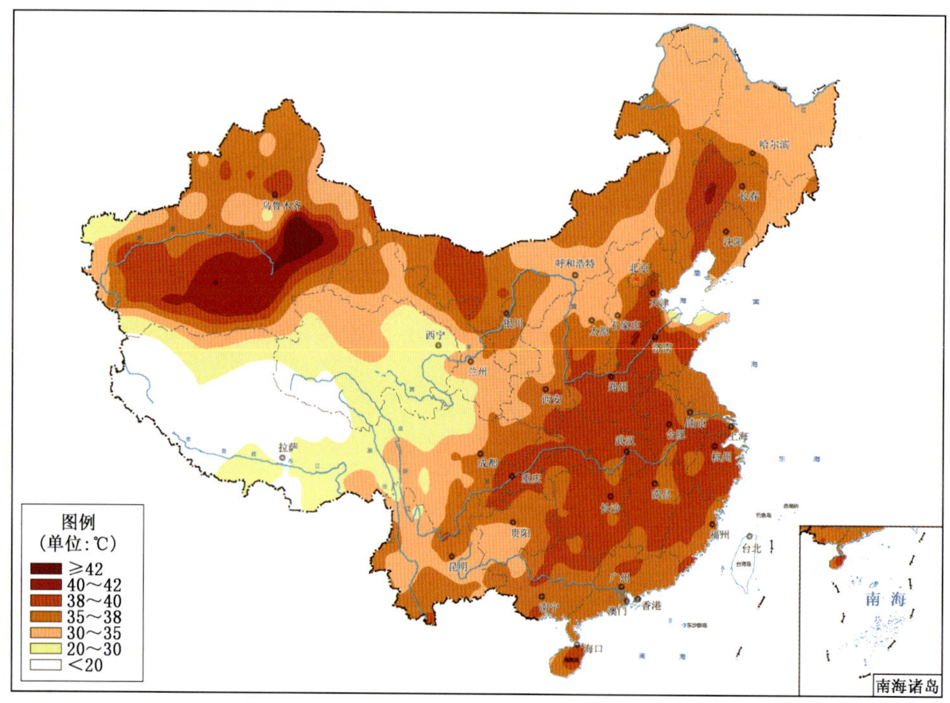

图 C.6　2019 年全国极端最高气温分布

Fig. C.6　Distribution of annual extreme maximum temperature over China in 2019(unit:℃)

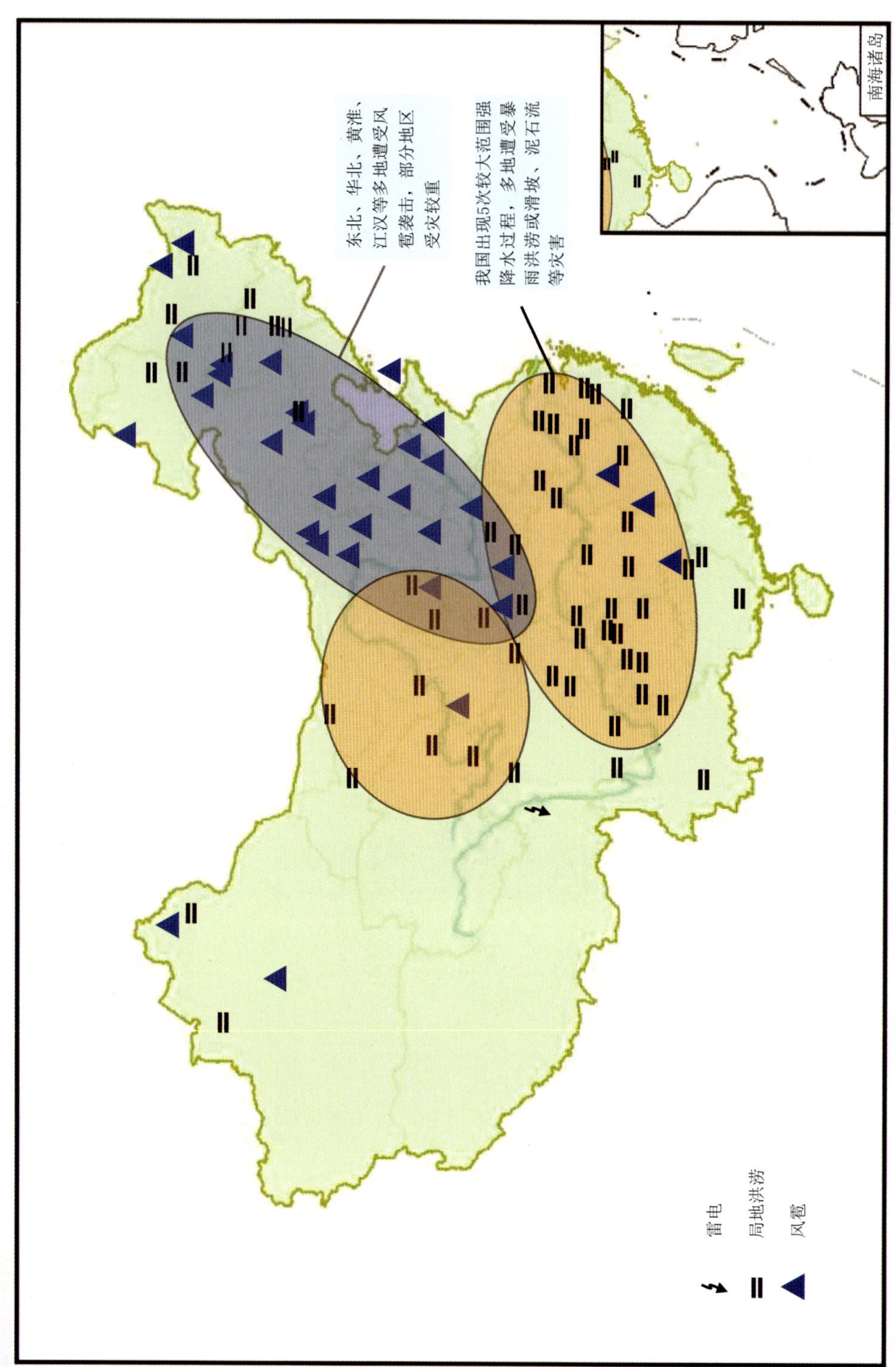

图 B.7 2019 年 7 月全国主要气象灾害分布

Fig. B.7 The distribution of major meteorological disasters over China in July 2019

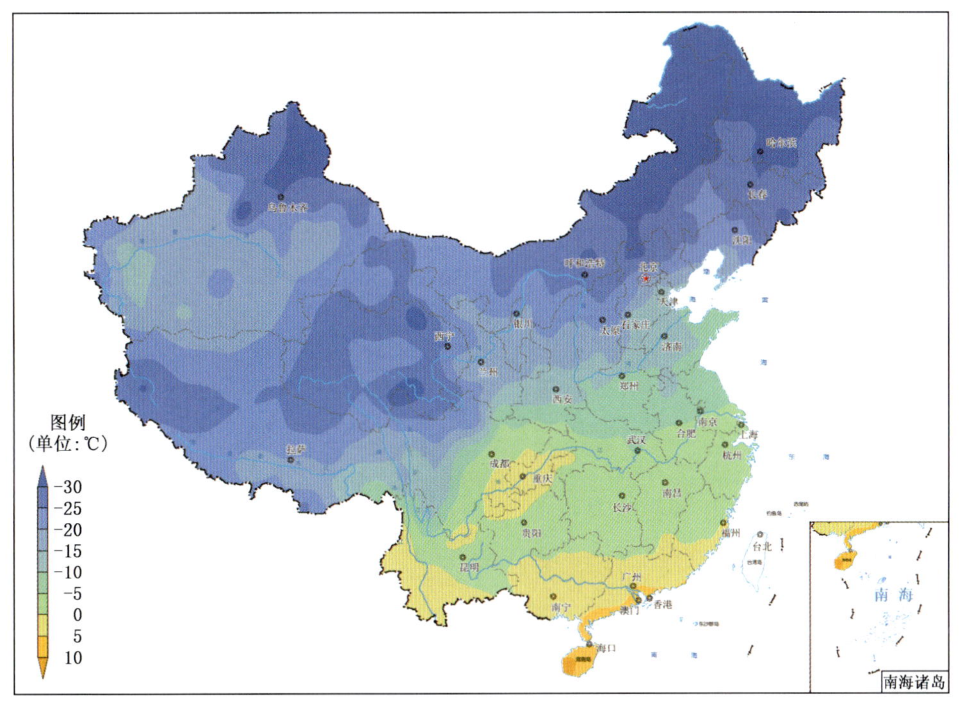

图 C.7　2019 年全国极端最低气温分布

Fig. C.7　Distribution of annual extreme minimum temperature over China in 2019(unit:℃)

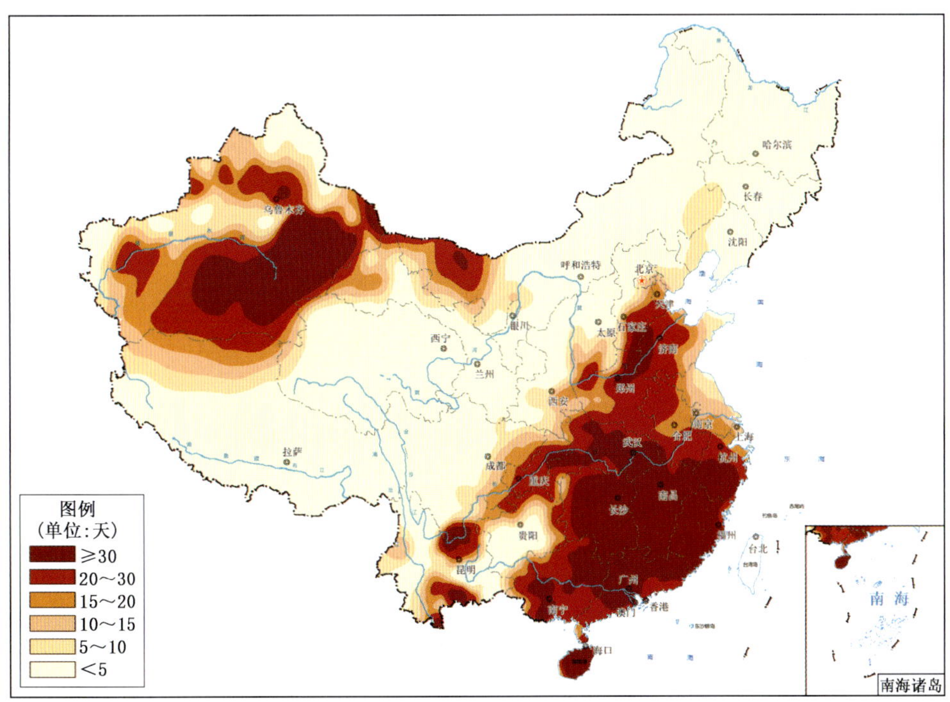

图 C.8　2019 年全国高温(日最高气温≥35℃)日数分布

Fig. C.8　Distribution of hot days (daily maximum temperature ≥35℃) over China in 2019(unit:d)

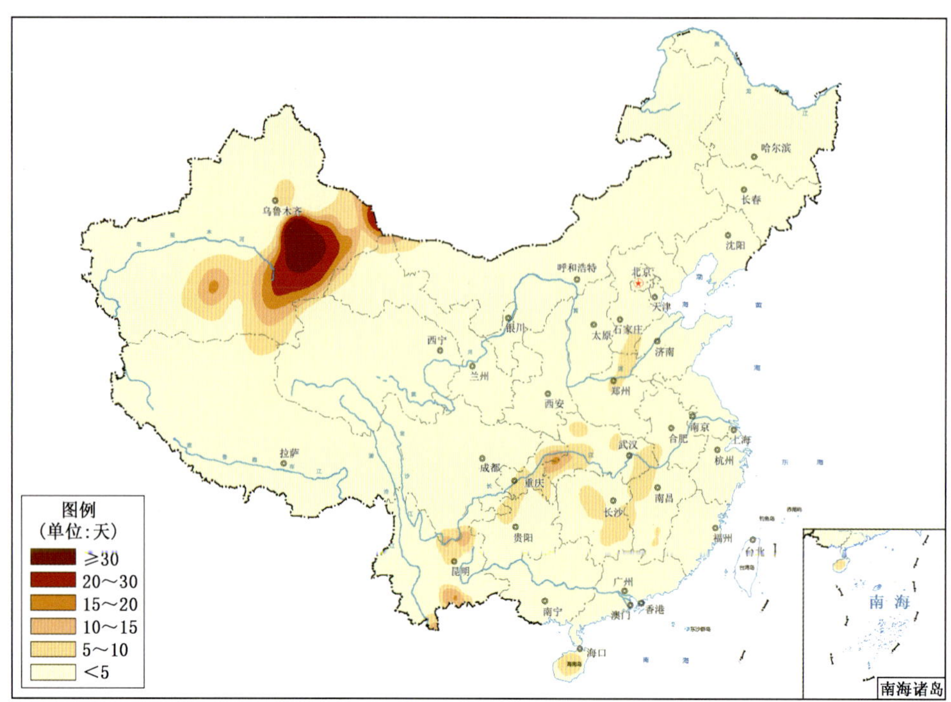

图 C.9　2019 年全国高温(日最高气温⩾38℃)日数分布

Fig. C. 9　Distribution of hot days (daily maximum temperature ⩾38℃) over China in 2019(unit:d)

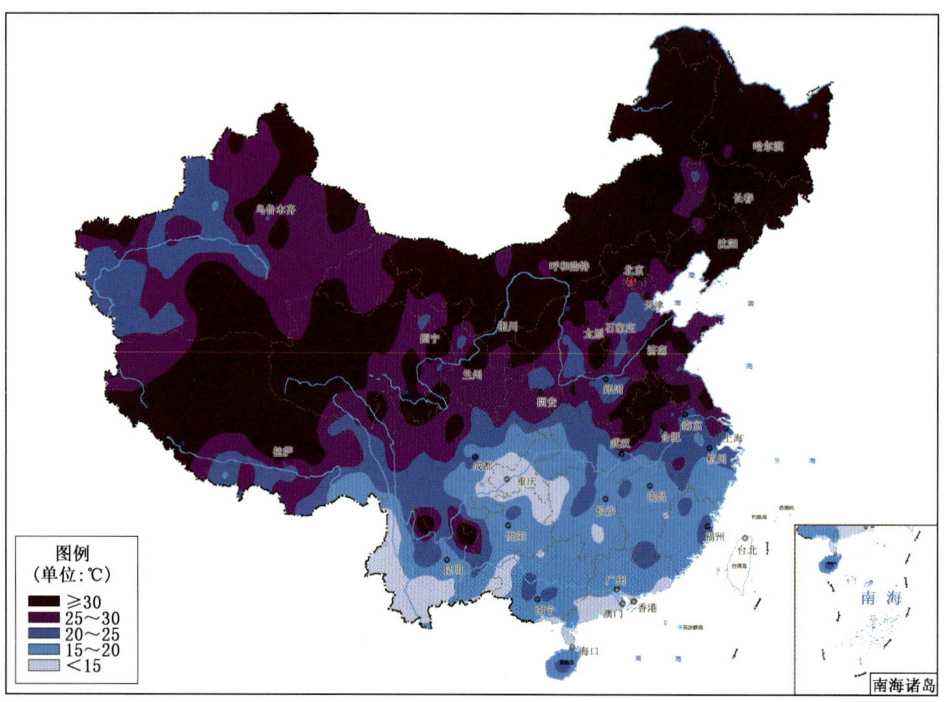

图 C.10　2019 年全国最大过程降温幅度分布

Fig. C. 10　Distribution of the maximum amplitude of temperature dropping over China in 2019(unit:℃)

附录 D 降水特征分布图

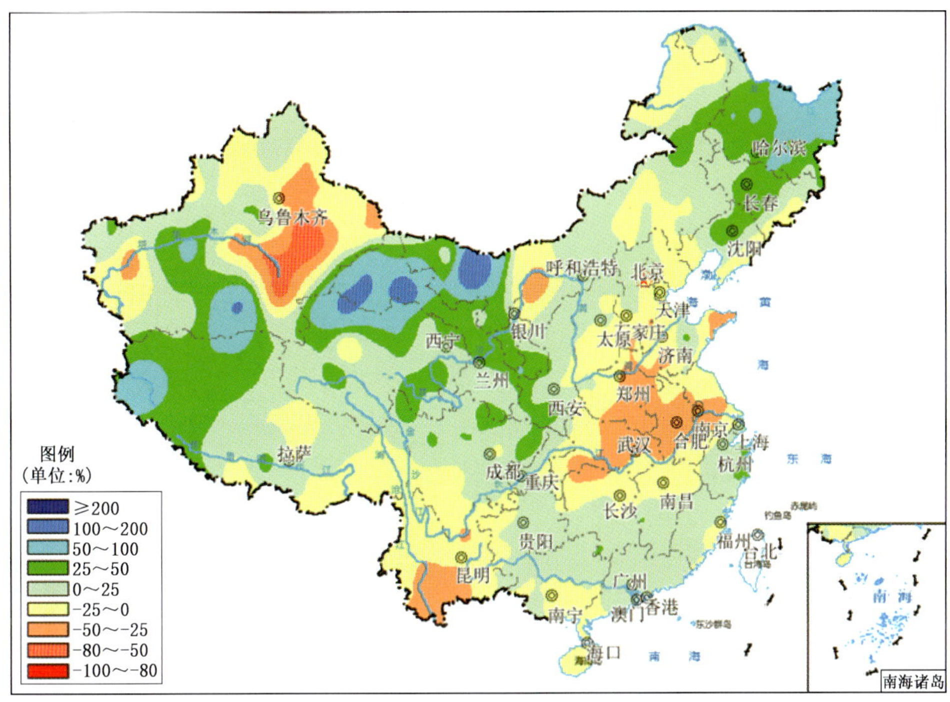

图 D.1 2019 年全国降水量距平百分率分布

Fig. D.1 Distribution of annual precipitation anomalies over China in 2019(unit:%)

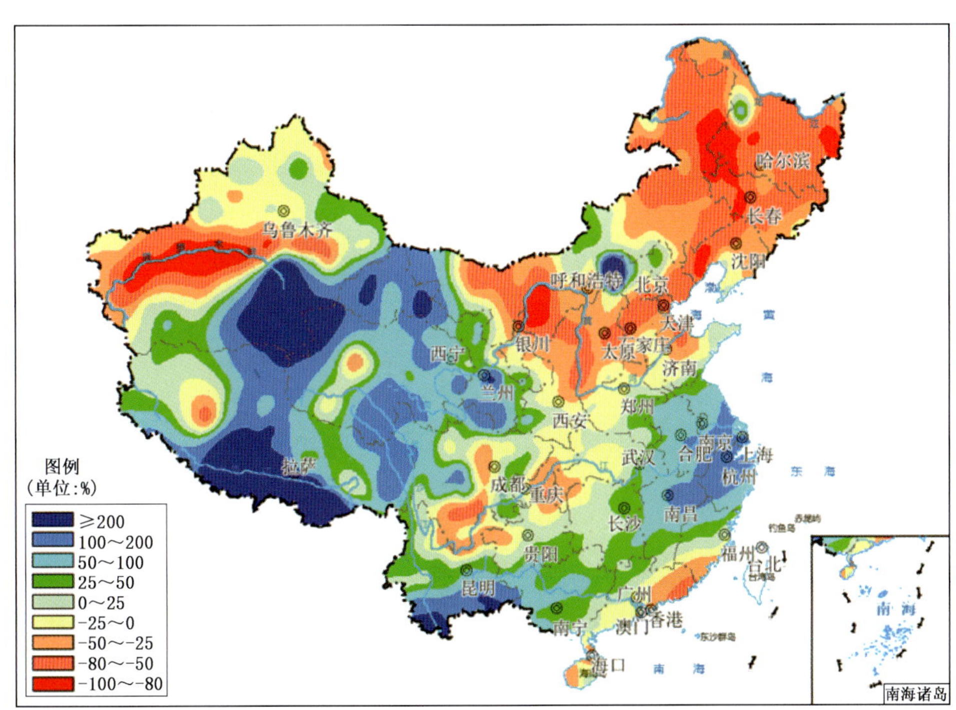

图 D.2 2019 年全国冬季降水量距平百分率分布

Fig. D.2 Distribution of precipitation anomalies over China in winter of 2019(unit:%)

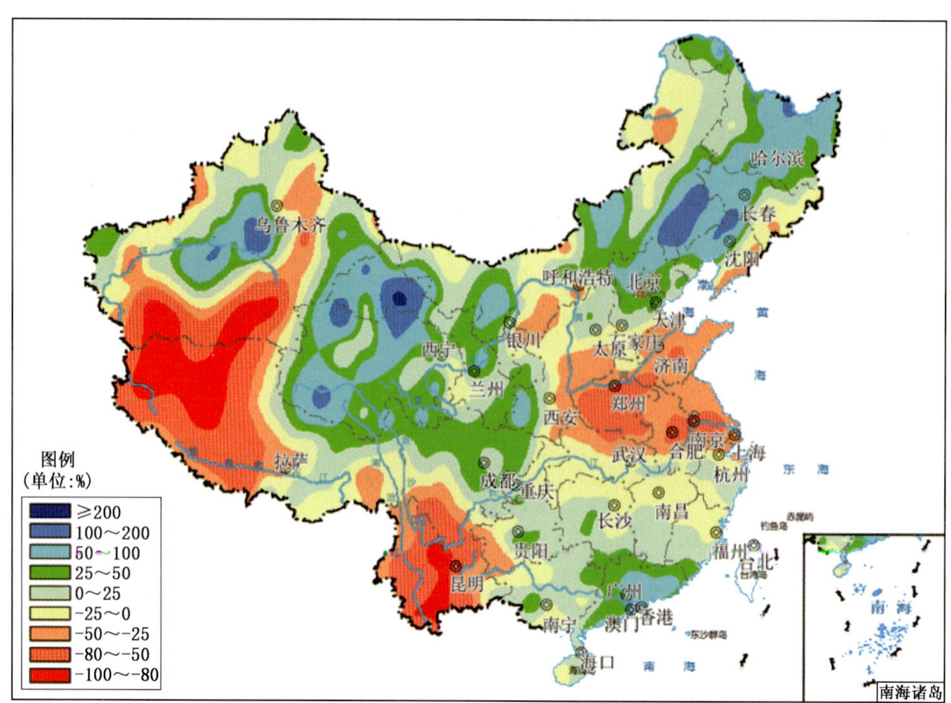

图 D.3　2019 年全国春季降水量距平百分率分布

Fig. D.3　Distribution of precipitation anomalies over China in spring of 2019(unit:%)

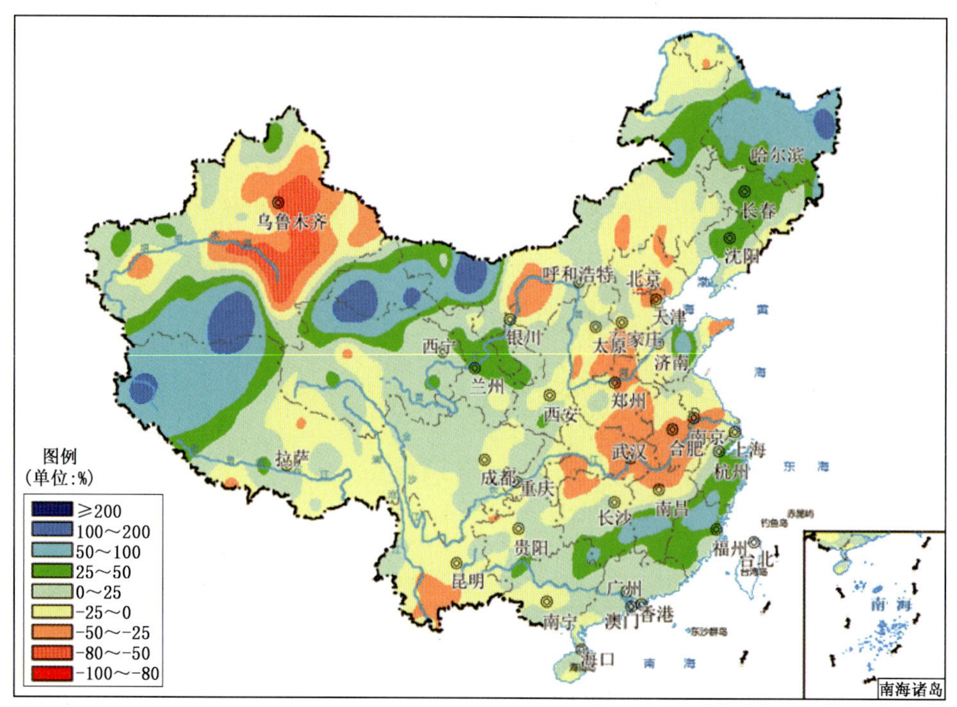

图 D.4　2019 年全国夏季降水量距平百分率分布

Fig. D.4　Distribution of precipitation anomalies over China in summer of 2019(unit:%)

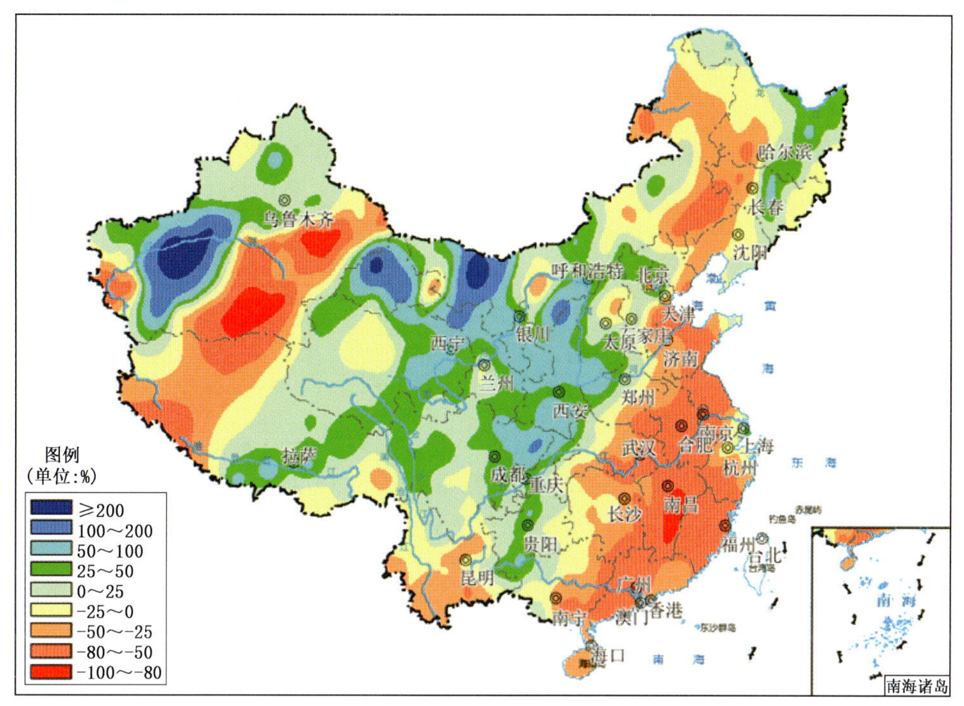

图 D.5 2019 年全国秋季降水量距平百分率分布

Fig. D.5 Distribution of precipitation anomalies over China in autumn of 2019(unit:%)

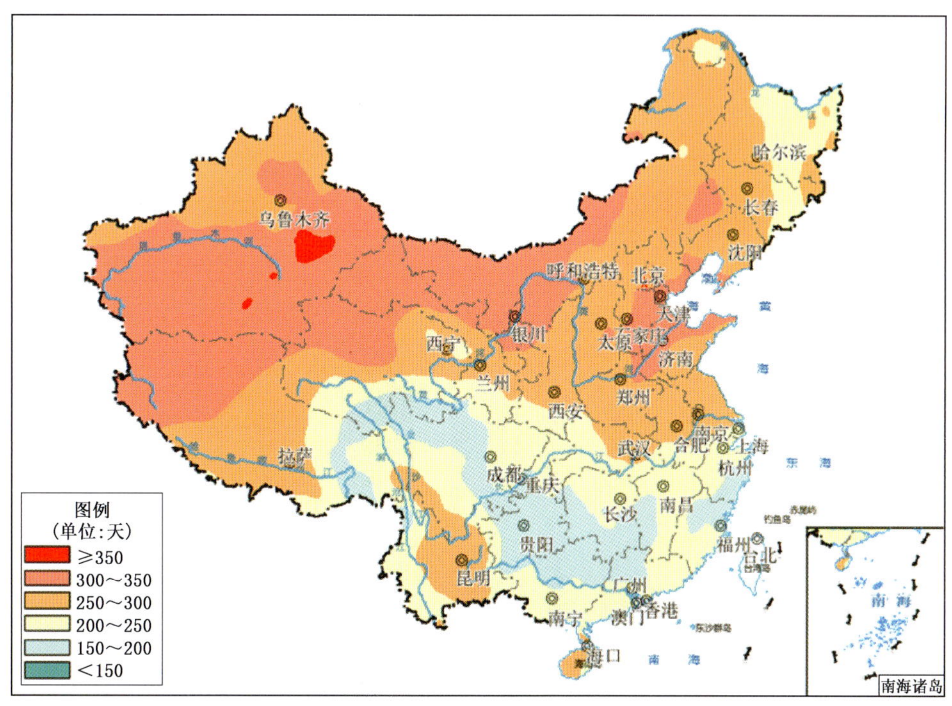

图 D.6 2019 年全国无降水日数分布

Fig. D.6 Distribution of non-precipitation days over China in 2019(unit:d)

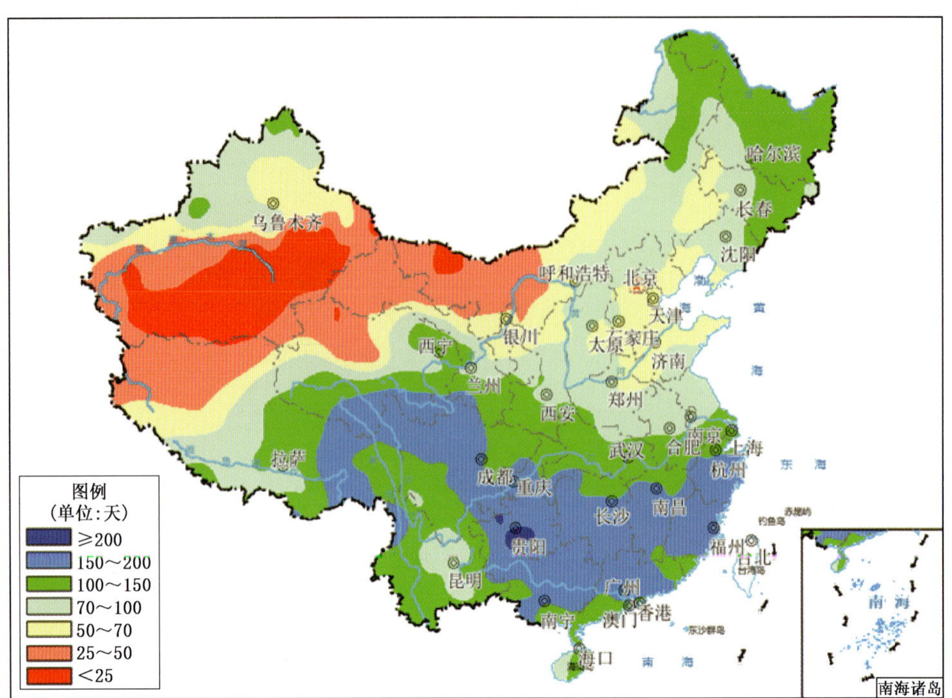

图 D.7　2019 年全国日降水量≥0.1 毫米日数分布

Fig. D.7　Distribution of the number of days with daily precipitation ≥0.1 mm over China in 2019(unit:d)

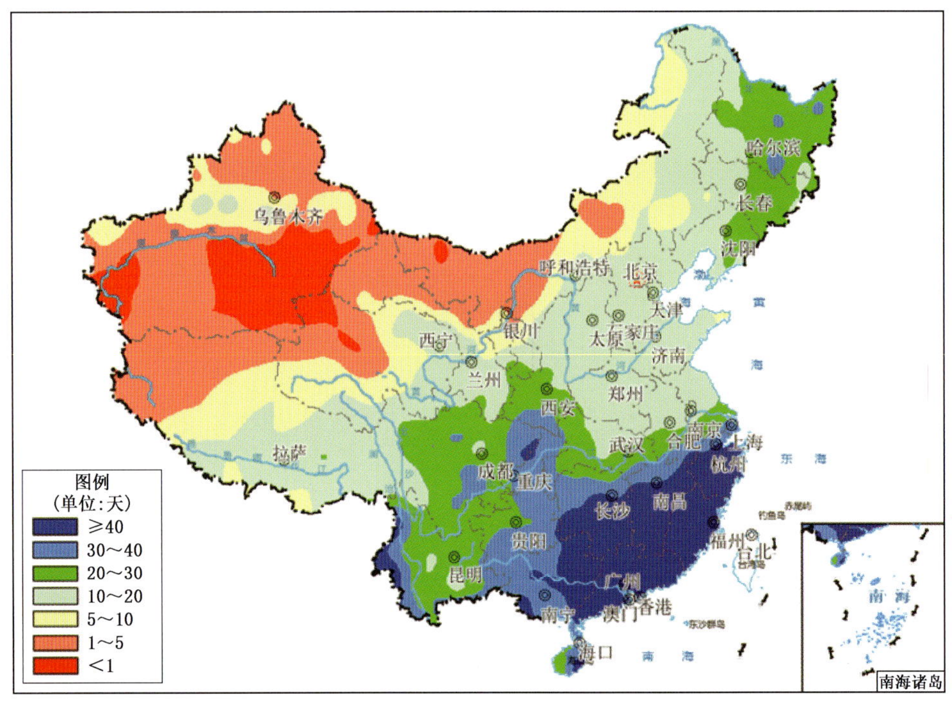

图 D.8　2019 年全国日降水量≥10.0 毫米日数分布

Fig. D.8　Distribution of the number of days with daily precipitation ≥10.0 mm over China in 2019(unit:d)

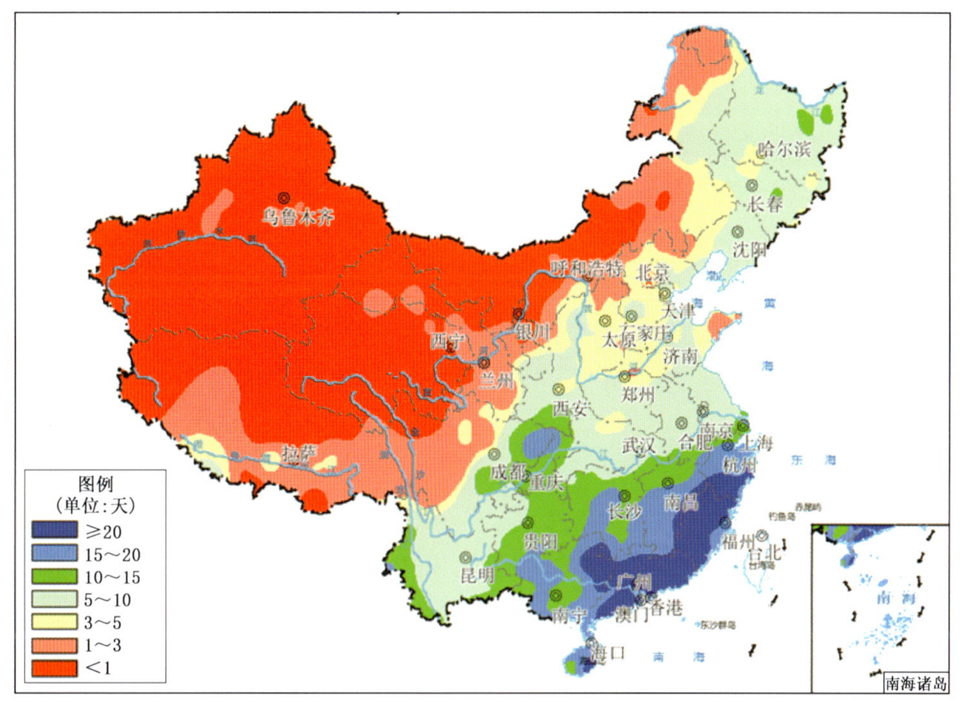

图 D.9　2019 年全国日降水量≥25.0 毫米日数分布

Fig. D. 9　Distribution of the number of days with daily precipitation ≥25.0 mm over China in 2019(unit:d)

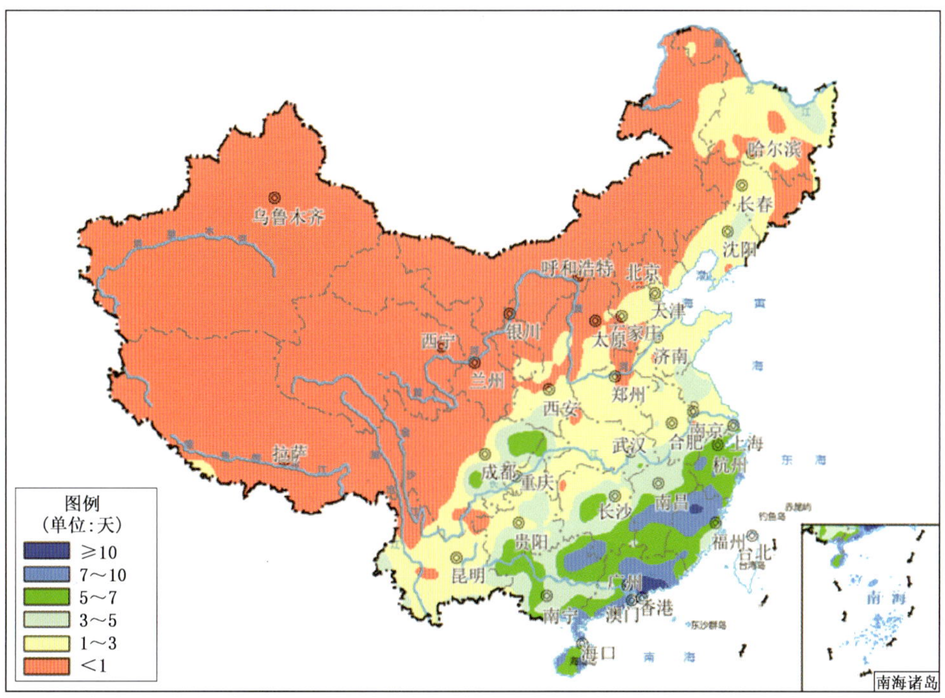

图 D.10　2019 年全国日降水量≥50.0 毫米日数分布

Fig. D. 10　Distribution of the number of days with daily precipitation ≥50.0 mm over China in 2019(unit:d)

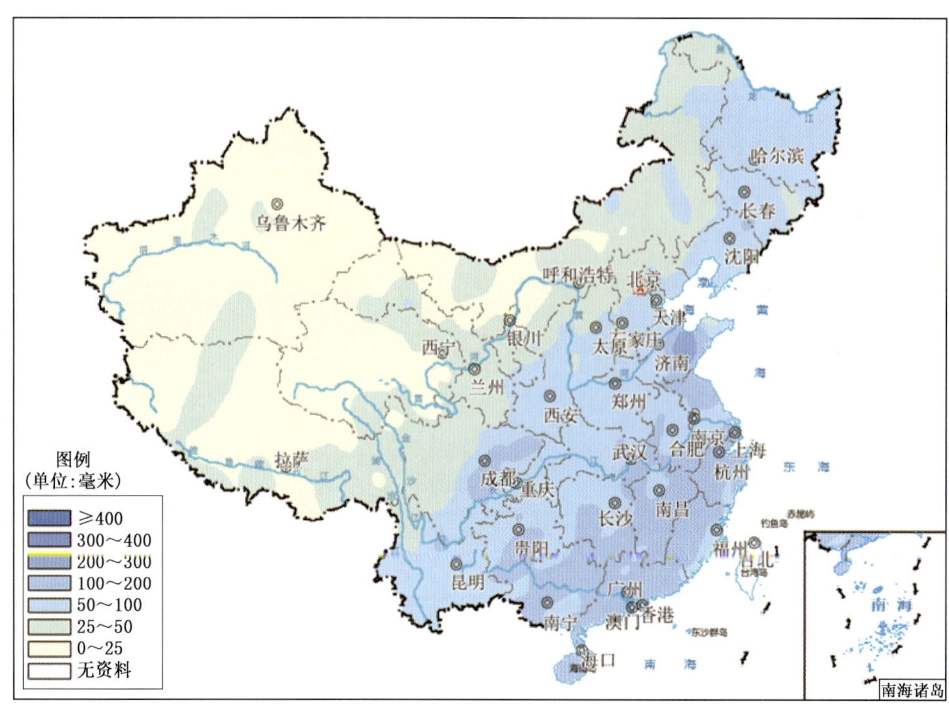

图 D. 11 2019 年全国日最大降水量分布

Fig. D. 11 Distribution of maximum daily precipitation amount over China in 2019(unit:mm)

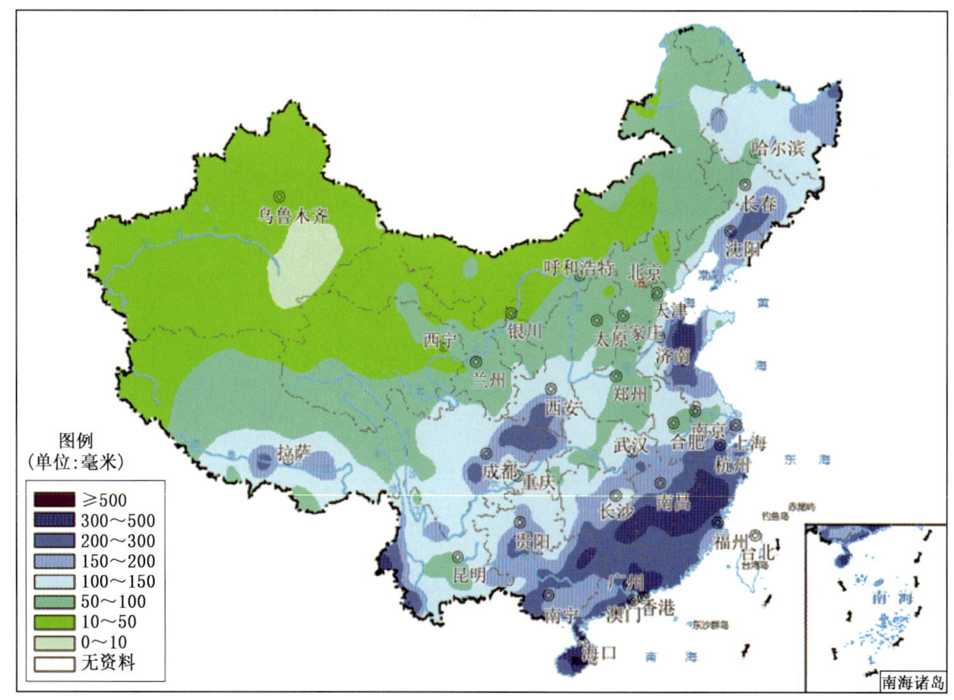

图 D. 12 2019 年全国最大连续降水量分布

Fig. D. 12 Distribution of maximum consecutive precipitation amount over China in 2019(unit:mm)

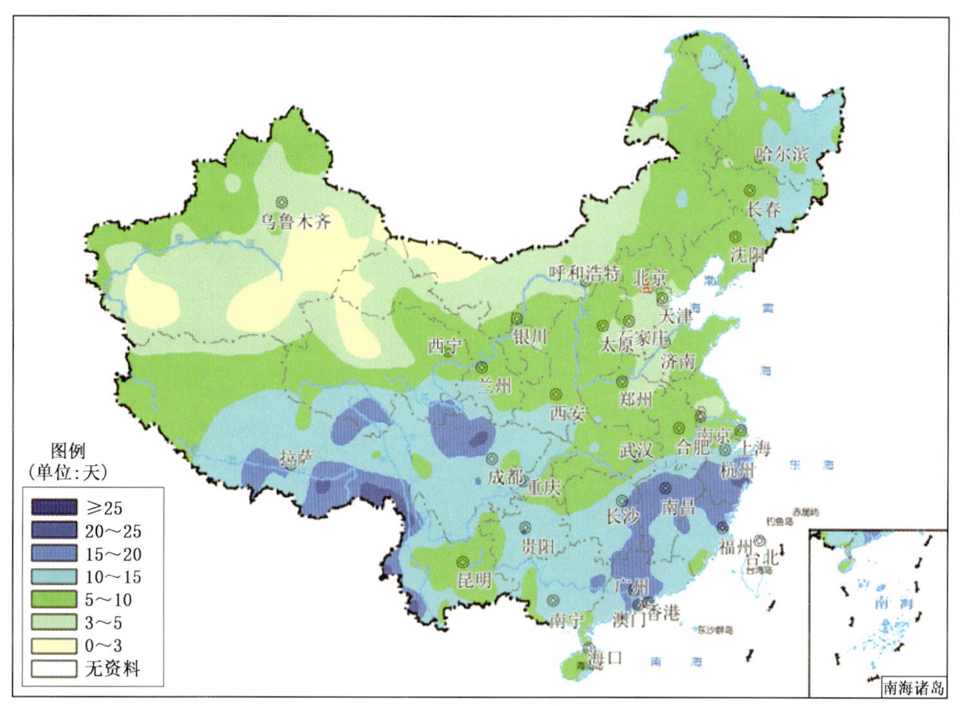

图 D.13　2019 年全国最长连续降水日数分布

Fig. D. 13　Distribution of the maximum consecutive precipitation days over China in 2019(unit:d)

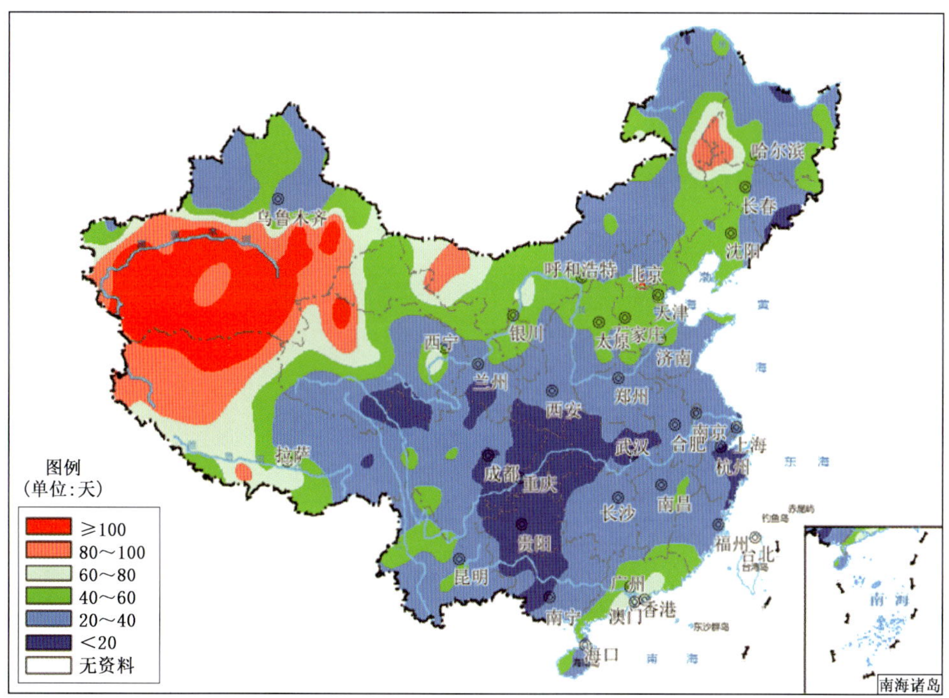

图 D.14　2019 年全国最长连续无降水日数分布

Fig. D. 14　Distribution of the maximum consecutive non-precipitation days over China in 2019(unit:d)

附录 E　天气现象特征分布图

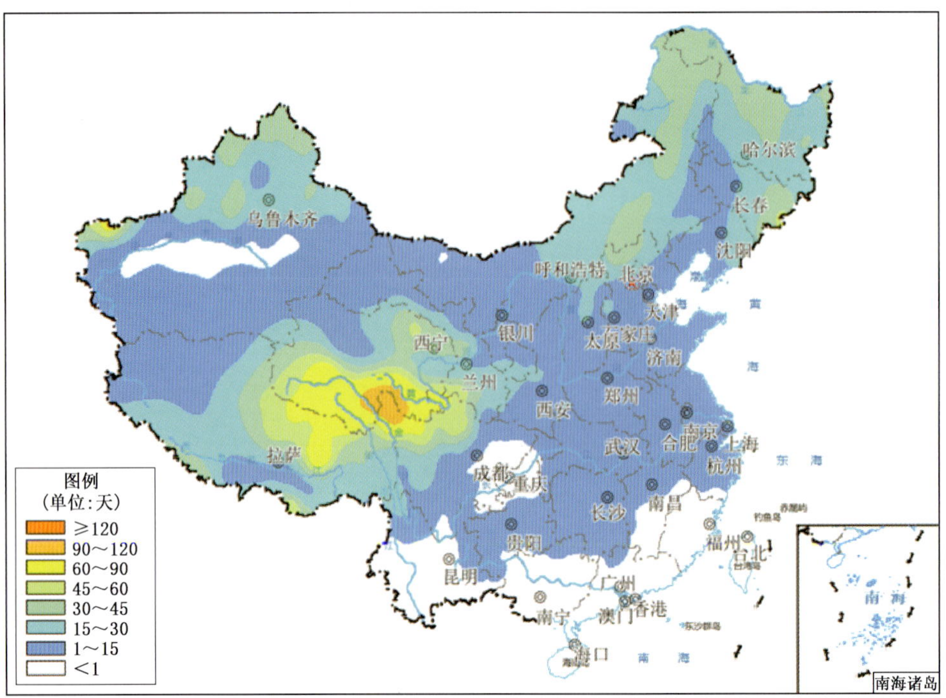

图 E.1　2019 年全国降雪日数分布

Fig. E.1　Distribution of snow days over China in 2019(unit:d)

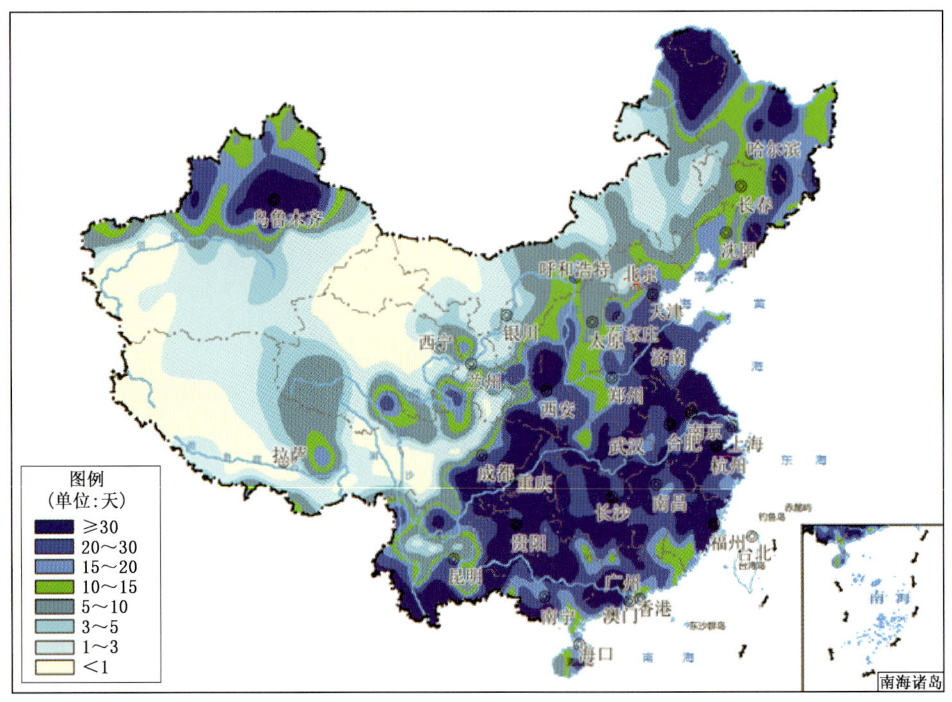

图 E.2　2019 年全国雾日数分布

Fig. E.2　Distribution of fog days over China in 2019(unit:d)

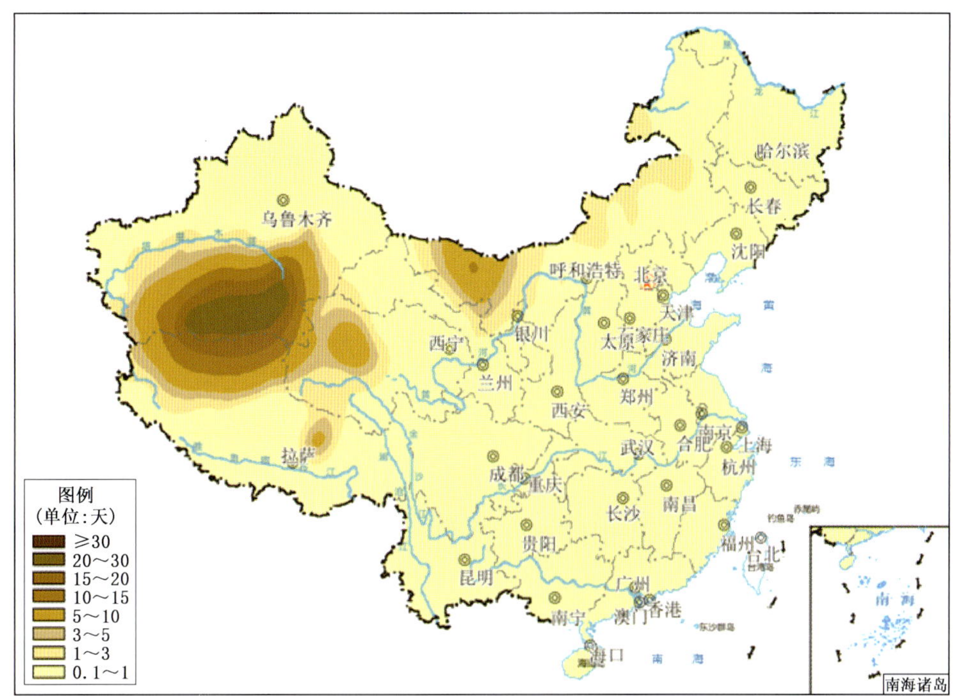

图 E.3　2019 年全国沙尘暴日数分布

Fig. E.3　Distribution of sand and dust storm days over China in 2019(unit:d)

附录 F 2019 年香港、澳门、台湾气象灾害

香港

● 7 月 31 日，热带风暴“韦帕”袭击香港，为香港带来狂风暴雨，不少地区小时雨量超过 30 毫米，香港天文台发出 2019 年首个“八号风球”预警。“八号风球”发出后，香港所有学校停课，公立医院普通科门诊和专科门诊暂停服务，多项公共服务暂停。香港内河码头、三号货柜码头等多个货柜码头暂停货柜交收。香港证券交易所宣布证券(包括沪深港通)及衍生产品市场下午暂停交易。交通方面，往来中环至尖沙咀的渡轮及部分离岛渡轮等停航；往来香港及澳门的渡轮金光飞航宣布暂停服务；香港机场管理局预计 25 个航班取消，693 个航班延误。“韦帕”影响期间，香港特区政府收到 12 宗塌树、水浸及山泥倾泻报告。香港新界约 300 公顷田地几乎全被淹没，造成菜价上涨约 3 成。此外，有 16 名市民在风暴期间受伤前往医院就诊。

● 8 月 8 日，香港天气酷热，13 时许西贡气温高达 34℃。有 2 名游客在爬山途中疑中暑昏迷被送往医院医治。

澳门

● 7 月 31 日，澳门气象局发出 2019 年首个“八号风球”预警，严阵以待抗击台风“韦帕”来袭。澳门教青局当天早上发出通知，中、小、幼及特殊教育全日停止所有教育活动；交通局宣布 19 个公共停车场 15 时关闭。台风“韦帕”对澳门的交通造成了严重影响。中午时分，往来香港的船只停航，公共汽车也陆续停运。澳门国际机场至 16 时，共有 2 个航班延误，109 个航班取消，有 1800 多名乘客滞留在客运大楼。澳氹跨海大桥、莲花大桥于 15 时 25 分封闭；路凼城边检站也于 15 时 10 分停止办理出入境手续。由于受天文潮影响，内港一带低洼地段水浸街，水深至膝，警方一度实施临时交通管制措施。截至 15 时 30 分，民防行动中心共录得 7 宗事故报告。

台湾

● 2018 年 12 月至 2019 年 2 月，台湾明显偏暖，平均气温为 20.5℃，比历史平均高 2.2℃，是 1947 年 12 月有完整观测记录以来最暖的冬季。整个冬季，台中地区降雨量只有正常年的 18%，台南累计雨量 1.5 毫米，只有正常年的 2%，创下自 1898 年开站 121 年来冬天降雨最低纪录。冬暖少雨，造成台湾中南部农业生产大受冲击，苗栗的高接梨、台中的枇杷、台南市的荔枝、云林部分茶区等均出现旱灾。据台湾“农委会”截至 3 月 6 日统计，台湾农业损失估计 5.7242 亿元(新台币，下同)。

● 4 月 8 日，台湾金门出现浓雾，尚义机场从 15 时暂时关闭，总共取消 25 架次航班，造成超过 2000 名旅客滞留。

● 5 月，接连几波梅雨锋面带来的强降雨袭击台湾。据台湾“农委会”22 日灾情报告，5 月 17 日暴雨造成农业产物估计损失 5048 万元，高雄市受灾最重，其次为屏东县、南投县及新竹县；水稻、西瓜、木瓜、香瓜及香蕉等农作物被害面积 1392 公顷，换算无收获面积 300 公顷；损失鸡 9000 只。5 月 20 日台湾自北向南出现暴雨，部分县(市)出现灾情；台北、新北、台中等地出现淹水，有人员受困；南投县 7 所学校停课；桃园机场共有 18 个航班起降受影响。据台湾“中央社”报道，苗栗县“水果之乡”卓兰镇夏季巨峰葡萄因水伤灾情惨重，受损面积约 300 公顷，损失金额达 2 亿多元，是 16 年来灾情最重的一次。

● 7 月 1 日下午，台湾屏东县林边乡镇安村及南州乡万华村遭受龙卷袭击，造成不少民宅铁皮屋受损，农作物损失也不轻。据屏东县有关部门截至 7 月 2 日 16 时统计，农作物损失面积 121.5 公顷，损失金额约 2000 万元，以莲雾受损面积 105 公顷为最大。

● 7 月 18 日，受台风“丹娜丝”影响，台湾海峡出现了 5～7 级风，阵风 8 级。台湾岛内部分航班取消：华信航空台北往返台东及高雄往返花莲航班全天取消，台北松山机场 14 时(含)后航班取消，台

中18时(含)后航班取消;立荣航空台北往返台东、花莲航班全天取消,台北松山机场16时(含)后航班取消,台中傍晚班18时(含)后取消,台南及高雄往返澎湖部分航班提早起飞。"丹娜丝"还造成部分农作物受灾,台湾"农委会农粮署"截至23日下午统计,全台农作物损失742万元,台南市损失最多,其次为屏东县;农作物受害面积169公顷,受损作物主要为西瓜,其次为香瓜、木瓜、苦瓜及香蕉等。

●8月1日下午,台湾高雄市遭受雷雨天气袭击,部分地区积水,因雷击落馈线,还造成冈山、梓官及桥头地区8600多户一度停电。

●8月8—9日,受台风"利奇马"影响,台湾北部出现强降雨,累计降雨量100～360毫米。据"台湾灾害应变中心"截至8月9日20时统计,"利奇马"造成1人死亡(台北市1男子为防台风,爬树修树枝摔落撞头,送医不治身亡),多人受伤;8万多户停电;500多个航班取消,近200个航班延误;多个台铁线路停驶,多个海运航线停航。

●8月12日上午,台湾彰化县鹿港镇与秀水乡交界一带出现小型龙卷风,未酿成重大灾害。

●8月13日凌晨,受西南气流影响,台湾中南部出现短时强降雨,台南、高雄、云林、彰化、屏东共33处积水。台南市政府13日宣布停班、停课,奇美博物馆当日全日休馆。

●8月24日13时前后,2019年第11号台风"白鹿"在台湾省屏东县满州乡沿海登陆,登陆时中心附近最大风力有11级(30米/秒,强热带风暴级),中心气压980百帕。受"白鹿"影响,8月23日00时至24日17时,花莲、台东、屏东三地最大降雨量分别为505毫米、401毫米和391毫米。出现较大阵风区域为兰屿14级,绿岛12级,大武11级,台东、苏澳、金门等地10级。据台湾"灾害应变中心"统计,截至24日16时,"白鹿"已致2人受伤;有5.5万户停电,1700多户自来水停水;岛内航班取消248班,岛外航班取消138班,200多个海运航次停航。台风带来强降雨还导致14处淹水,疏散撤离400多人。高雄、台南、屏东、台东、花莲、澎湖共6县(市)24日停班、停课。台湾"农委会"更新统计,截至8月27日11时,"白鹿"造成农业及民间设施损失累计9639万元,台东县损失5654万元,受灾最重;屏东县损失2354万元,居次;南投县损失604万元,高雄市损失545万元,花莲县损失450万元,受灾也较为严重。共计农作物受害面积1689公顷,换算无收获面积299公顷。受损作物主要是香蕉,其次为番荔枝(释迦)。另外,受损畜禽700多只(主要是鸭)。

●8月26日,台湾花莲县富里乡六十石山出现小型漏斗状龙卷。无灾。

●9月30日,受台风"米娜"影响,台湾沿海出现7～9级、局地10～11级阵风,台湾东部出现大到暴雨,宜兰局地大暴雨。台民航部门截至当天10时,共取消165个航班。台北市、新北市、基隆市、桃园市、新竹县、宜兰县、花莲县等地30日停班、停课。台湾证券交易所、证券柜台买卖中心、台湾期货交易所同步宣布台北股市、期货市场30日休市一天。另据台电统计,截至30日12时,全台累计共1.06万户停电,停电区域主要包括台东县及桃园市。

附录 G 2019 年国内外十大天气气候事件

国内十大天气气候事件

1. 1—2 月南方地区出现罕见阴雨寡照天气
2. 2 月中旬北方降雪覆盖七分之一国土面积
3. 7 月初辽宁开原遭遇罕见强龙卷袭击
4. 云南温高雨少，遭受严重春夏连旱
5. 长江中下游地区发生严重伏秋连旱
6. 华南出现 1961 年以来最长前汛期
7. 华西秋雨期明显偏长，雨日偏多
8. 强降水致水城县发生“7·23”特大山体滑坡
9. 2019 年台风生成多、登陆少、强度偏弱
10. 超强台风“利奇马”严重影响华东地区

国外十大天气气候事件

1. 7—8 月印度等国持续强降雨引发严重洪涝灾害
2. 1 月上半月强暴风雪袭击欧洲多国
3. 5 月美国遭受逾 500 次龙卷袭击
4. 一季度澳大利亚屡遭热浪袭击
5. 6 月高温热浪席卷欧洲和美国西部
6. 3 月中旬飓风“伊代”横扫非洲三国
7. 10 月中旬强台风“海贝思”肆虐日本
8. 8 月亚马孙地区遭遇森林大火
9. 9—12 月澳大利亚森林火灾频发
10. 11—12 月印度新德里被持续雾、霾笼罩

Summary

In 2019, China obtained an average temperature of 10.3 ℃, which was 0.7 ℃ warmer than the climatic normal (9.6 ℃) (Fig. 1). Except of May which was close to the normal, all other months were slightly higher than the normal. April and September were the second-highest and third-highest in the same period since 1961 respectively. The annual mean precipitation over China was 645.5 mm with 2.5% above normal (629.9 mm) and 4.2% less than that in 2018 (673.8 mm). This annual precipitation contributes a continuously 8th rainy year since 2012 (Fig. 2). The precipitations were less than the normal in September and November with 28% less in November, while May and June's precipitations were close to the normal. All other months were above normal with February reached 32% more in precipitation.

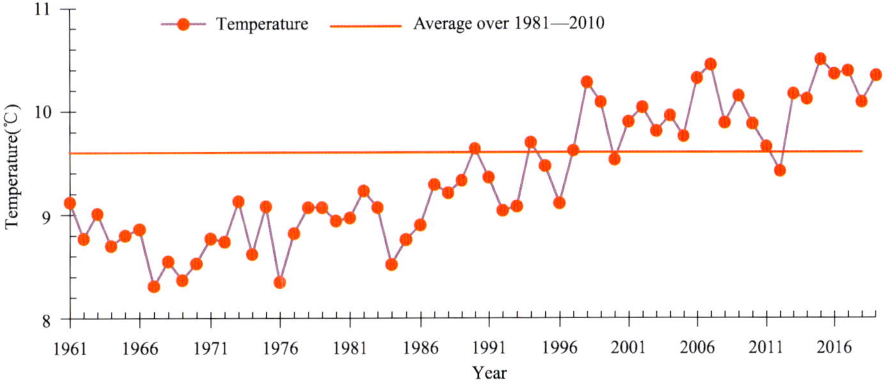

Fig. 1 Annual mean temperature over China during 1961—2019

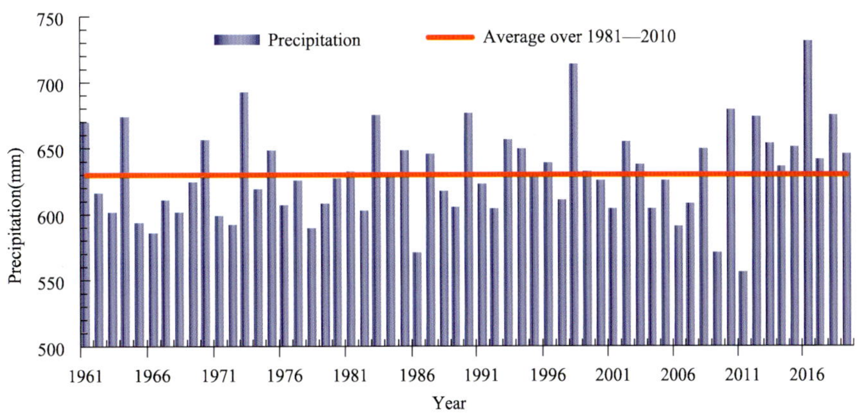

Fig. 2 Annual precipitation over China during 1961—2019

In 2019, China suffered with mild weather disasters e. g. typhoons, rainstorms, droughts, severe convective weathers, low-temperature freezing, snow disasters and sandstorms. The numbers of generated and landed typhoons were more than normal, while the general intensity of landfalling typhoons were weak, although the "Lekima" created a significant loss. The numbers of rainstorm were relatively more while the damages caused by floods were generally light. High temperature days were above normal with obvious regional characteristics. The drought brought slight impact although with obvious regional and staged features. Severe convective weather processes were relatively less and caused light impact. The effect caused by the low-temperature freezing and snow disasters was light. The northern China experienced fewer sandstorms in spring with slight impact.

In 2019, meteorological disasters and their secondary and derivative disasters affected about 140 million people, and caused 828 deaths(including missings), of these, 735 people died. Meteorological disasters also destroyed 1.93×10^{7} hm^2 farmlands with 2.80×10^{6} hm^2 without harvest. The direct economic loss(DEL) reached 317.99 billion RMB(Fig. 3). In general, the direct economic loss caused by meteorological disasters in 2019 were more than the average level of the 1990—2018. However, the death(including missing) toll and affected areas in 2019 were obviously less than the average values of 1990—2018. Overall, the damage of meteorological disaster in 2019 was relatively lighter.

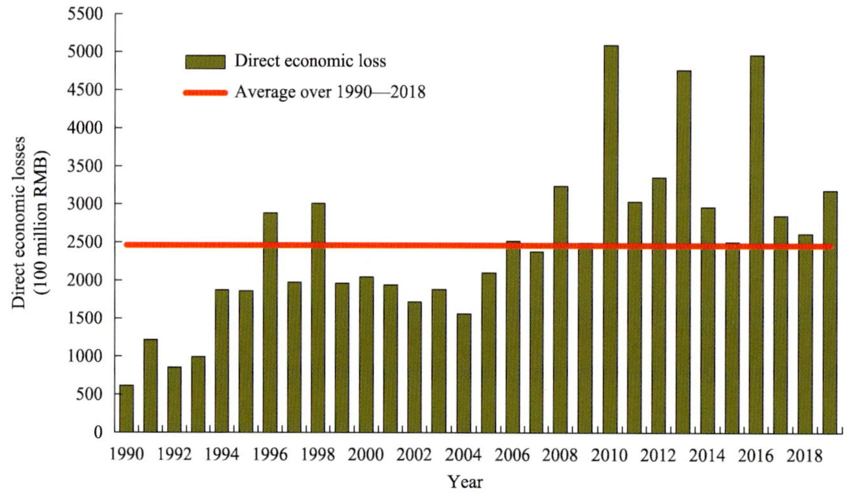

Fig. 3 Direct economic loss caused by meteorological disasters over China during 1990—2019

Figure 4 displayed the relative proportions of the loss caused by major meteorological disasters over China in 2019. Regarding to the direct economic losses, rainstorm and flood disaster had the highest percentage(60.5%), then followed by the tropical cyclones, droughts and local severe convective weather processes. As for the death toll, the farmland without harvest and collapsed houses, rainstorm and flood disaster still had the highest proportion, at 79.5%, 47.2% and 84.4%, respectively. Regarding to affected population and affected area, the drought had the highest percentage (44% and 40.7%, respectively) followed by rainstorm and flood disaster.

In comparison with 2018, the direct economic losses and death toll induced by rainstorm and flood disaster were more in 2019, while that caused by tropical cyclones, low-temperature freezing and snow disaster were less in 2019(Fig. 5).

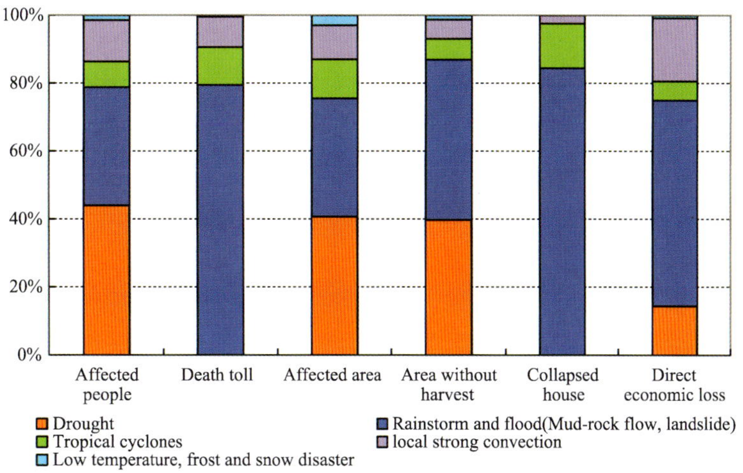

Fig. 4 Relative proportions of loss indices for five major meteorological disasters over China in 2019

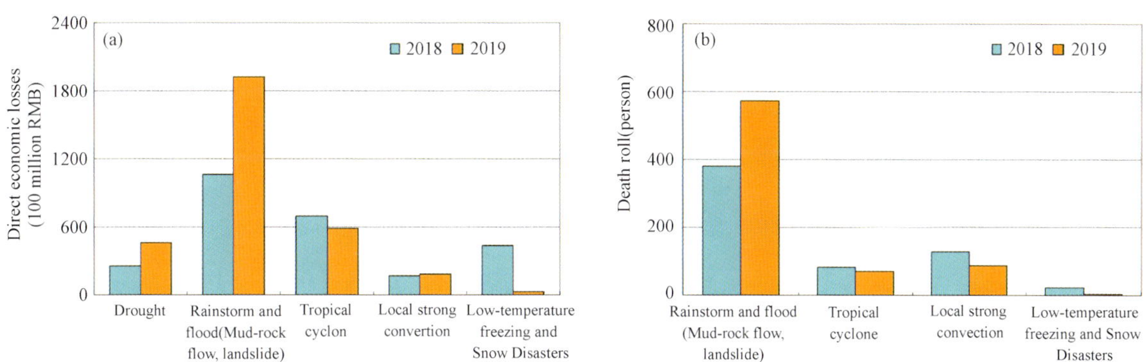

Fig. 5 Direct economic losses(a) and death toll(b) caused by main meteorological disasters over China in 2018 and 2019

General Review of Main Meteorological Disasters in 2019

Droughts In 2019, the affected area by droughts is about 7.84 million hm^2, which was obviously less than the average of 1990—2018 and was the second least since 1990(Fig. 6). The general effect of drought was relatively slight, while it showed obviously regional and staged characteristics. In 2019, staged droughts in spring occurred in the northern China, Huang-huai and Jiang-huai areas.

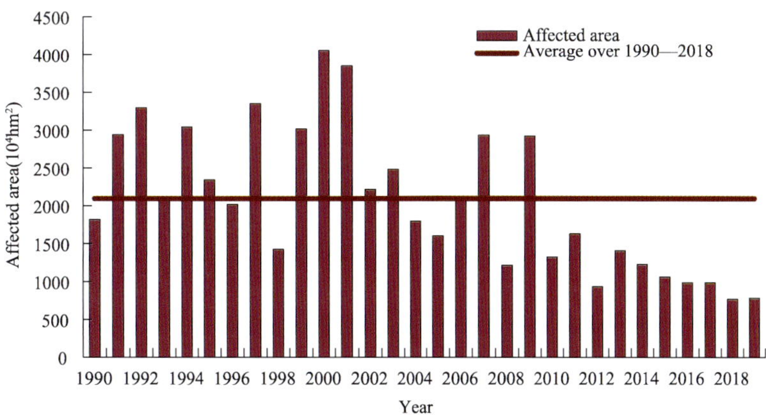

Fig. 6 Histogram of drought-affected areas over China during 1990—2019

Yunnan experienced successive drought from spring to summer. The middle and lower reaches of the Yangtze River suffered from seriously droughts from summer to autumn.

Rainstorm and Associated Flood, Mud-rock Flow and Landslides In 2019, there were 43 rainstorms over China in flood season. This number was 4 times more than the normal(39). There is no large-scale basin rainstorm and flood disaster happened. Rainstorm and floods affected about 6.68 million hm^2, caused 573 deaths and direct economic losses of about 192.3 billion RMB. In comparison with the average level of 1990—2019, the affected areas, death toll including missing were less while the DEL was more. In general, rainstorms and related disasters was relatively slight in 2019. In summer, there was 18 heavy rainstorms, which caused water level raising, farmland and urban waterlogging in many places

From June to July, Jiangnan and Southern China suffered from seriously disasters due to large scale and overlapping rainfalls. From 6th to 13th June, southern central Hunan, Jiangxi, southern Zhejiang, Fujian, Guizhou, northern Guangxi and eastern central Guangdong commonly had precipitations from 100 to 350 mm. Guilin of Guangxi experienced a maximum rainfall of 832 mm followed by 758 mm in Ji'an of Jiangxi. Second wave of heavy precipitations happened in most areas of south of the Yangtze River from 3rd to 10th July. The precipitations reach 250 to 400 mm in south-western Zhejiang, northern Fujian, central Jiangxi and south-eastern Hunan. The continuous precipitations of four stations broke historical records including Pingxiang of Jiangxi(497.3 mm), Xiajiang (461.4 mm), Moyang of Hunan(396 mm) and Hengdong(348.4 mm). Heavy rainfall and its superimposed effects brought floods, landslides and mudslides to many areas, such as Zhejiang, Fujian, Jiangxi, Hunan, Guangdong, Guangxi, Chongqing and Guizhou.

From 1st to 23th July, the accumulative precipitation reached 288.9 mm in Pingdi Village, Jichang Town, Shuicheng County, Liupanshui City, Guizhou Province. During this period, three heavy rainfall happened in 19th(49.0 mm), 20th(37.1 mm) and 23th(98.0 mm) July. The continuous heavy rainfall leaded to saturated soil moisture. At 21:20 23th July, this village suffered from an extraordinary landslide disaster which affected 1600 residents including 52 death or missing, forced 700 residents emergency relocate and caused direct economic loss in amount of 190 million RMB.

From 19th to 22th August, western Sichuan basin experienced a heavy rainfall process with generally accumulative precipitation from 50 mm to 250 mm, 300 mm was even recorded in some places. Twenty times daily precipitations recorded higher than 50 mm. The highest daily precipitation founded in Dujiangyan(155.9 mm). The maximum process precipitation record(316.3 mm) happened in Lushan County. Landslide and mudslide disasters triggered by heavy rainfall happened in 9 cities and 35 counties including Aba, Yaan, Leshan, which affected 446 thousand people, of these, 45 death or missing, 15000 hectares of crop lands ruined, direct economic loss reached 15.89 billion RMB.

The autumn rain of western China started 4 days earlier and ended 29 days later than normal. During this period, most areas in western China obtained more 20% to 50% precipitation than normal, in some places, this figure was higher than 50%. Besides, the number of rainy day was higher than normal. The number of rainy days in central Sichuan, southern Shanxi and north-western Chongqing were above 8～12 days, some places even above more than 12 days. Raising rivers water level, waterlogging farmland and urban area caused by heavy rainfall happened in Shanxi, Sichuan,

Guizhou and Gansu. Besides, some regions suffered from landslide and mudslide which leaded to casualties and property damages, especially in Sichuan and Chongqing.

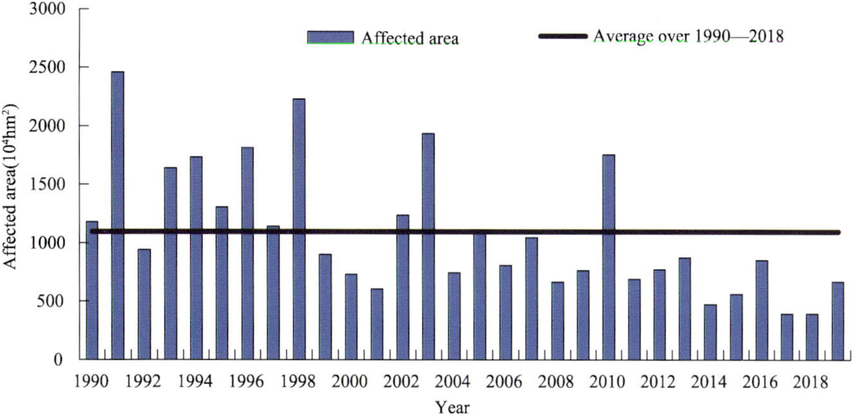

Fig. 7 Histogram of rainstorm and floods affected area over China during 1990—2019

Tropical cyclones(typhoons) In 2019, there were 29 tropical cyclones(the maximum sustained wind speed near the center exceeds 8 degrees) generated in western North Pacific and the South China Sea, which was 3.5 more than the normal(25.5). Five of them made landfall, which are 2.2 less than the normal(7.2). The first landing time of the tropical cyclones was 8 days later and the last landing time was 5 days earlier than the normal. The general intensity of tropical cyclones in 2019 was relatively weak, while the super typhoon "Lekima" caused significant loss. These tropical cyclones caused 74 deaths(including missings) and direct economic loss of 58.87 billion RMB. The direct economic loss was higher than the average level of 1990—2018 although the death toll was less than the average. Overall, the tropical cyclone disaster was relatively heavy in 2019(Fig. 8).

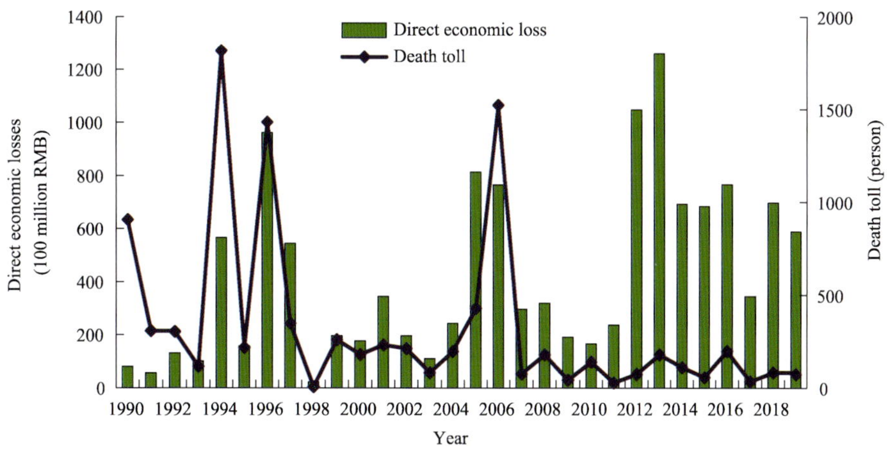

Fig. 8 Histogram of direct economic losses and death toll caused by tropical cyclones over China during 1990—2019

Low-temperature freezing and Snow Disaster In 2019, low temperature freezing and snow disasters across China affected a total of 586 000 hectares of agricultural land, 36 000 hectares of agricultural crops are lost, and direct economic losses reached 2.77 billion yuan. Compared with the average value of the last 10 years (18.07 billion yuan), the economic loss was significantly less, and thus the general loss caused by low temperature freezing and snow disasters was relatively slight in 2019. At the beginning of 2019, snow disasters occurred frequently in Qinghai Province. In January, many areas in southern China suffered from low temperature freezing and snow disaster. In the middle of February, a large range of snowfall occurred in north China, and many areas suffered from low temperature and freezing damage. Rare low temperature cloudy and rainy weather occurred in January and February in the south. Yunnan was hit by low temperature and freezing disaster in December.

Dust storms In 2019, a total of 12 dust processes occurred, 10 of which occurred in spring (March-May). The total number of dust processes in the spring of 2019 is close to the historical average (11.1) since 2000. The starting time of sand dust is a little later than usual, which is 39 days later than that of 2018. The number of dust days is less than that of the same period of the year. The influence of dust weather throughout the year is generally light.